Brandschutz-Bemessung auf einen Blick nach DIN 4102

Q 13

Prof. Dr.-Ing. Nabil A. Fouad
Dipl.-Ing. Astrid Schwedler

Brandschutz-Bemessung auf einen Blick nach DIN 4102

Tafeln für die brandschutztechnische Bemessung von Bauteilen der Feuerwiderstandsklassen F 30 bis F 180

Bauwerk

Bibliografische Information Der Deutschen Bibliothek
Die Deutsche Bibliothek verzeichnet diese Publikation in der Deutschen Nationalbibliografie; detaillierte bibliografische Daten sind im Internet über http://dnb.ddb.de abrufbar.

Fouad / Schwedler
Brandschutz-Bemessung
auf einen Blick nach DIN 4102

1. Aufl. Berlin: Bauwerk, 2006

ISBN 3-934369-46-4

Druck und Bindung:
Druckhaus Köthen

Vorwort

Mit der Einführung der nationalen Bemessungsnormen auf Grundlage von Teilsicherheitsbeiwerten auf der Einwirkungs- und Widerstandsseite wurde es notwendig, die DIN 4102 Teil 4 um die Anwendungsnorm DIN 4102 Teil 22, die zusammen mit den allgemeinen Korrekturen und Berichtigungen im Normteil DIN 4102 Teil 4/A1 im November 2004 erschienen ist, zu erweitern, um die DIN 4102 Teil 4 weiterhin in Verbindung mit den neuen Konstruktionsnormen anwenden zu können. Das Buch „Brandschutzbemessung auf einen Blick“ fasst diese drei Normenteile zusammen mit dem Ziel, auch zukünftig u. a. dem praktisch tätigen Planer die Möglichkeit zu bieten, auf einfache und schnelle Weise mit Hilfe von Bildern und Tabellen die Bauteile entsprechend der geforderten Feuerwiderstandsfähigkeit brandschutztechnisch zu bemessen. Da derzeit die europäischen Vornormen in harmonisierte Bemessungsnormen überführt werden, ist noch mit einer längeren Übergangsfrist bis zur ausschließlichen Anwendbarkeit der europäischen Normen zu rechnen. Die brandschutztechnische Bemessung nach den drei Normenteilen von DIN 4102 wird somit noch mehrere Jahre gültig sein.

Das Buch gliedert sich inhaltlich in zwei Teile:

Im ersten Teil werden die brandschutztechnischen Grundlagen über das Brandverhalten von Baustoffen und Bauteilen und deren Klassifizierung, die Bestimmung der mechanischen Einwirkung im Brandfall nach dem semiprobabilistischen Sicherheitskonzept sowie die Grundlagen zur Bemessung der einzelnen Baustoffe dargestellt.

Im zweiten Teil folgt die katalogartige Brandschutzbemessung nach DIN 4102. Der Anwendungsteil ist gegliedert nach den einzelnen Bauteilen. Innerhalb der Bauteile werden die einzelnen Baustoffe vom Stahlbeton- und Spannbetonbau, über den Stahl- und Verbundbau bis zum Holz- und Mauerwerksbau mit den jeweiligen Anforderungen an die Feuerwiderstandsklassen F 30 bis F 180 in Bildern und Tabellen aufgeführt.

Die Autoren waren bemüht, die DIN 4102 Teil 4 sowie die Erweiterungsteile durchgehend zu erfassen. Der Inhalt wurde mit großer Sorgfalt erstellt und entspricht dem Stand der Normung zum Zeitpunkt der Herausgabe dieses Buches. Die Autoren übernehmen keinerlei Haftung, die im Gebrauch des Nachschlagewerkes begründet sein könnte. Auch sind die Regeln der Technik einem steten Wandel unterworfen.

Die Autoren möchten die Leser an dieser Stelle um konstruktive Kritik bitten, damit das Buch stetig dem aktuellen Stand angepasst werden kann. Abschließend möchten wir dem Bauwerk Verlag, insbesondere Herrn Prof. Dipl.-Ing. K.-J. Schneider für die gute Zusammenarbeit herzlich danken.

Hannover, im November 2005 — Astrid Schwedler und Nabil A. Fouad

Inhaltsverzeichnis

Teil I: Grundlagen

Teil II: Brandschutzbemessung der Bauteile

TEIL I

Grundlagen

1 Brandverhalten von Baustoffen und Bauteilen und deren Klassifizierung

1.1 Bauaufsichtliche Anforderungen an den Brandschutz und das Brandverhalten von Baustoffen und Bauteilen

Mit dem Begriff „Brandschutz“ werden alle Maßnahmen zur Vermeidung von Bränden und zur Minimierung von Brandschäden verstanden. Einen Überblick über die Maßnahmen, gegliedert in den vorbeugenden und abwehrenden Brandschutz, gibt Bild 1.

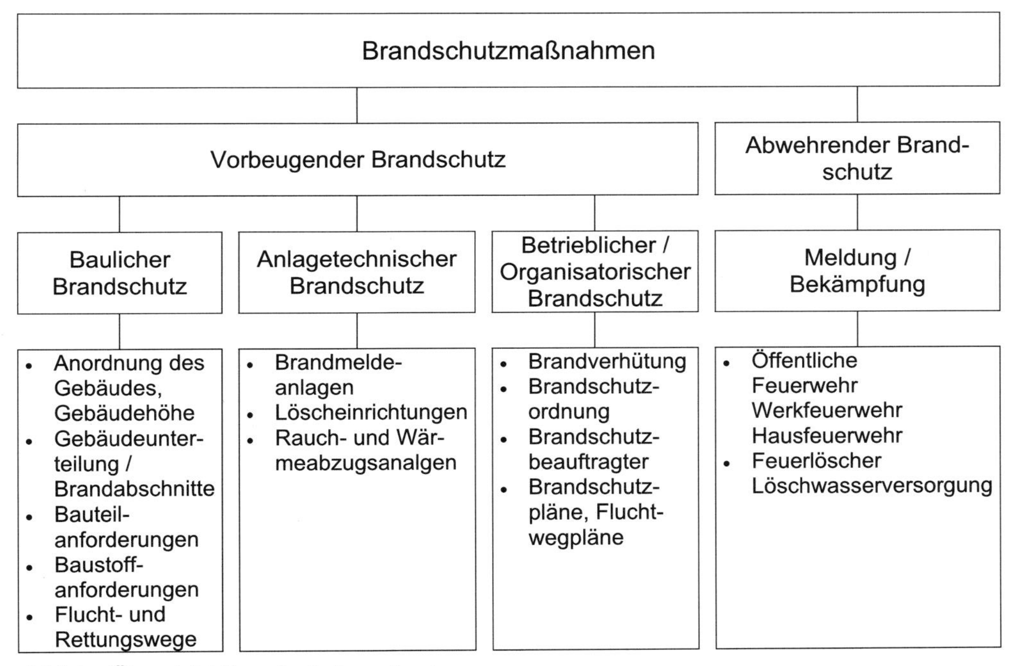

Bild 1: Übersicht Brandschutzmaßnahmen

Die Musterbauordnung (MBO) bzw. die Landesbauordnungen fordern, dass bauliche Anlagen und Einrichtungen so anzuordnen, zu errichten, zu ändern und instand zu halten sind, dass die öffentliche Sicherheit und Ordnung, insbesondere Leben und Gesundheit, nicht gefährdet werden. Des Weiteren besteht die Anforderung an den Brandschutz, dass der Entstehung eines Brandes und der Ausbreitung von Rauch und Feuer vorgebeugt werden muss und dass bei einem Brand die Rettung von Menschen und Tieren sowie wirksame Löscharbeiten möglich sind. Um dies zu erfüllen, werden unter anderem brandschutztechnische Anforderungen hinsichtlich der

- Brennbarkeit der Baustoffe,
- Feuerwiderstandsdauer der Bauteile und
- Dichtheit der Verschlüsse von Öffnungen

gestellt. In der MBO werden die allgemeinen Anforderungen an das Brandverhalten von Baustoffen und Bauteilen mit Hilfe von folgenden Begriffen beschrieben (§ 26):

(1) Baustoffe werden nach den Anforderungen an ihr Brandverhalten unterschieden in

   1. nichtbrennbare,
   2. schwerentflammbare und
   3. normalentflammbare.

   Baustoffe, die nicht mindestens normalentflammbar sind (leichtentflammbare Baustoffe), dürfen nicht verwendet werden; dies gilt nicht, wenn sie in Verbindung mit anderen Baustoffen nicht leichtentflammbar sind.

(2) Bauteile werden nach den Anforderungen an ihre Feuerwiderstandsfähigkeit unterschieden in

   1. feuerbeständige,
   2. hochfeuerhemmende und
   3. feuerhemmende;

   die Feuerwiderstandsfähigkeit bezieht sich bei tragenden und aussteifenden Bauteilen auf deren Standsicherheit im Brandfall, bei raumabschließenden Bauteilen auf deren Widerstand gegen die Brandausbreitung. Bauteile werden zusätzlich nach dem Brandverhalten ihrer Baustoffe unterschieden in

   1. Bauteile aus nichtbrennbaren Baustoffen,
   2. Bauteile, deren tragende und aussteifende Teile aus nichtbrennbaren Baustoffen bestehen und die bei raumabschließenden Bauteilen zusätzlich eine in Bauteilebene durchgehende Schicht aus nichtbrennbaren Baustoffen haben (feuerbeständige Bauteile müssen mindestens diese Anforderungen erfüllen),
   3. Bauteile, deren tragende und aussteifende Teile aus brennbaren Baustoffen bestehen und die allseitig eine brandschutztechnisch wirksame Bekleidung aus nichtbrennbaren Baustoffen (Brandschutzbekleidung) haben (hochfeuerhemmende Bauteile müssen mindestens diese Anforderungen erfüllen),
   4. Bauteile aus brennbaren Baustoffen.

Die unter Punkt (1) und (2) genannten Begriffe der Bauordnung werden durch den Bezug zur Normenreihe DIN 4102 konkretisiert.

1.2 Klassifizierung von Baustoffen nach DIN 4102

Die einheitlichen Prüfverfahren für Baustoffe sind in der DIN 4102-1 festgelegt. Entsprechend ihres Brandverhaltens werden die Baustoffe in die in Bild 2 dargestellten Baustoffklassen nach DIN 4102-1 unterteilt.

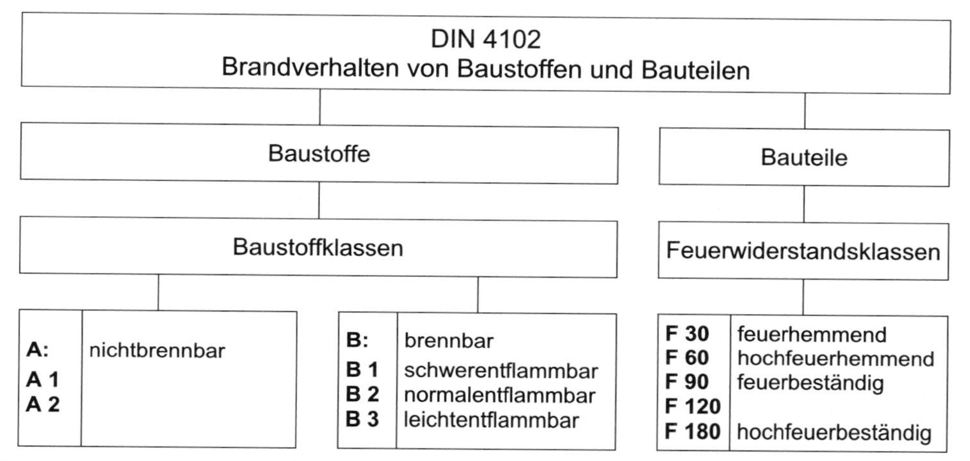

Bild 2: Klassifizierung von Baustoffen und Bauteilen nach DIN 4102 und die zugeordneten bauaufsichtlichen Benennungen

In DIN 4102-4, Abschnitt 2 sind die Baustoffe aufgeführt, die direkt einer Baustoffklasse zugeordnet werden können. Für das Brandverhalten der sonstigen Baustoffe ist ein Verwendbarkeitsnachweis erforderlich.

Das Brandverhalten der Baustoffe ist dabei von den folgenden Größen abhängig:

- Gestalt
- Oberfläche
- Masse
- Verbund mit anderen Baustoffen
- Verarbeitungstechnik
- Anordnung im Raum

1.3 Klassifizierung von Bauteilen nach DIN 4102

Das Brandverhalten von Bauteilen wird im Wesentlichen durch die Feuerwiderstandsdauer gekennzeichnet. Die Feuerwiderstandsdauer ist die Mindestdauer in Minuten, während der ein Bauteil die Prüfanforderungen der DIN 4102-2 erfüllt, ohne seine Tragfähigkeit bzw. seine Raumabschlussfunktion zu verlieren. Die Normbrandbeanspruchung entspricht dabei dem Temperaturverlauf der Einheits-

Temperaturzeitkurve (ETK). Die Bauteile werden entsprechend der in der Prüfung erreichten Feuerwiderstandsdauer in Feuerwiderstandsklassen nach DIN 4102-2 eingeteilt, siehe Bild 2.

Zur weiteren Einstufung der Bauteile erhalten diese eine Zusatzbezeichnung zur Feuerwiderstandsklasse entsprechend dem Brandverhalten ihrer Baustoffe. Es wird unterteilt in Bauteile aus nicht brennbaren Baustoffen (- A), in den wesentlichen Teilen aus nicht brennbaren Baustoffen (- AB, vgl. MBO § 26 Satz 2, Nr. 2), in den wesentlichen Bestandteilen aus brennbare Baustoffen (- BA, vgl. MBO § 26 Satz 2, Nr. 3) und in Bauteile aus brennbaren Baustoffen (- B).

Die Gesamtübersicht des Bildes 3 zeigt die Verknüpfung der Baustoff- und Bauteilanforderungen der Feuerwiderstandsklassen nach DIN 4102 mit den bauordnungsrechtlichen Anforderungen nach MBO (siehe auch Bauregelliste A).

Benennung der Bauteile nach DIN 4102-2	Kurzbezeichnung	bauaufsichtliche Benennung
Feuerwiderstandsklasse F 30	F 30 – B	feuerhemmend
Feuerwiderstandsklasse F 30 und in den wesentlichen Teilen aus nichtbrennbaren Baustoffen	F 30 – AB	feuerhemmend und in den wesentlichen Teilen aus nichtbrennbaren Baustoffen
Feuerwiderstandsklasse F 30 und aus nichtbrennbaren Baustoffen	F 30 – A	feuerhemmend und aus nichtbrennbaren Baustoffen
Feuerwiderstandsklasse F 60	F 60 – B	hochfeuerhemmend
	F 60 – BA	
Feuerwiderstandsklasse F 60 und in den wesentlichen Teilen aus nichtbrennbaren Baustoffen	F 60 – AB	hochfeuerhemmend und in den wesentlichen Teilen aus nichtbrennbaren Baustoffen
Feuerwiderstandsklasse F 60 und aus nichtbrennbaren Baustoffen	F 60 – A	hochfeuerhemmend und aus nichtbrennbaren Baustoffen
Feuerwiderstandsklasse F 90	F 90 – B	-
Feuerwiderstandsklasse F 90 und in den wesentlichen Teilen aus nichtbrennbaren Baustoffen	F 90 – AB	feuerbeständig
Feuerwiderstandsklasse F 90 und aus nichtbrennbaren Baustoffen	F 90 – A	feuerbeständig und aus nichtbrennbaren Baustoffen
Feuerwiderstandsklasse F 90 und aus nichtbrennbaren Baustoffen + zusätzliche Anforderungen	Bauart BW	feuerbeständig und in der Bauart von Brandwänden
Feuerwiderstandsklasse F 90 und aus nichtbrennbaren Baustoffen + zusätzliche Anforderungen	BW	Brandwand
Feuerwiderstandsklasse F 180 und aus nichtbrennbaren Baustoffen + zusätzliche Anforderungen	KTW	Komplextrennwand

Bild 3: Zuordnung der Feuerwiderstandsklasse nach DIN 4102 zu den bauordnungsrechtlichen Anforderungen nach MBO

Die Bauteile, die im Katalog der DIN 4102-4 und im Teil II dieses Buches aufgeführt sind, können ohne Prüfverfahren direkt einer Feuerwiderstandsklasse zugeordnet werden. Für das Brandverhalten der sonstigen Bauteile ist zur Beurteilung eine Prüfung nach DIN 4102-2 erforderlich.

Die DIN 4102 unterscheidet zwischen Bauteilen und Sonderbauteilen. Bauteile haben im Brandfall tragende und/oder raumtrennende Funktionen und werden nach DIN 4102-2 geprüft. Bauteile werden bei der Klassifizierung in die Feuerwiderstandsklassen mit dem Kennbuchstaben „F" gekennzeichnet. Sonderbauteile sollen im Brandfall neben der raumtrennenden Funktion noch spezielle Anforderungen erfüllen und werden in anderen Teilen der DIN 4102 behandelt und erhalten zur Kennzeichnung einen anderen Buchstaben, z. B. „BW" für Brandwand.

Die Feuerwiderstandsdauer von Bauteilen ist dabei von den folgenden Einflussgrößen und Randbedingungen abhängig (DIN 4102-4, Abschnitt 1.2.1):

- Brandbeanspruchung
- Verwendeter Baustoff oder Baustoffverbund
- Bauteilabmessungen
- Bauliche Ausbildung
- Statisches System
- Ausnutzungsgrad
- Anordnung von Bekleidungen

Die für ein Bauteil angegebene Feuerwiderstandsfähigkeit in DIN 4102-4 gilt somit nur unter Berücksichtigung der jeweiligen Randbedingungen.

Des Weiteren wird zur Klassifizierung der Einzelbauteile in DIN 4102-4 vorausgesetzt, dass die anschließenden Bauteile der Gesamtkonstruktion mindestens in derselben Feuerwidersandsklasse ausgeführt werden (DIN 4102-4, Abschnitt 1.3).

2 Grundlagen zur Bemessung

In den folgenden Kapiteln dieses Buches wird seitlich des Textes auf den jeweiligen Abschnitt der Norm verwiesen. Der Verweis bezieht sich nur auf die Bemessungsteile der DIN 4102, die deshalb im Folgenden nicht explizit aufgeführt wird. Der Bezug zu dem jeweiligen Teil der DIN 4102 wird mit „T“ abgekürzt und kursiv dargestellt, danach folgt die Nummer des jeweiligen Abschnitts. In den Teilen 4/A1 und 22 sind nur die Änderungen und Ergänzungen angegeben. Der Verweis bezieht sich erst auf die neue Nummerierung dieses Teils. Nach dem Schrägstrich folgt die Gleichungs-, Bild- oder Tabellennummer bzw. die auch in diesen Teilen angegebene Abschnittsnummer aus Teil 4.

2.1 Bestimmung der Einwirkungen im Brandfall nach dem Teilsicherheitskonzept

T22: 4

In der Anwendungsnorm DIN 4102-22, Abschnitt 4.1 wird für die brandschutztechnische Klassifizierung die Ermittlung der mechanischen Einwirkungen im Brandfall nach den Bemessungsregeln der DIN 1055-100 definiert. Die Bestimmung nach DIN 1055-100 ist erforderlich, wenn der Kaltbemessung das Konzept der Teilsicherheitsbeiwerte zugrunde liegt.

T22: 4.1

Für den Nachweis im Brandfall gegen Versagen des Tragwerks im Grenzzustand der Tragfähigkeit sind die Einwirkungen nach der Kombinationsregel für die außergewöhnliche Bemessungssituation zu bestimmen:

$$E_{dA} = E\left\{\sum_{j\geq 1}\gamma_{GA,j}\times G_{k,j} \oplus \gamma_{PA}\times P_k \oplus A_d \oplus \psi_{1,1}\times Q_{k,1} \oplus \sum_{i>1}\psi_{2,i}\times Q_{k,i}\right\} \qquad (1)$$

T22: 4.1 / Gl. (1)

Der Wert in der Kombinationsregel für die außergewöhnliche Einwirkung A_d darf bei Anwendung der Klassifizierungstabellen für tragende Bauteile nach DIN 4102-4 zu Null gesetzt werden. Die Schnittgrößenermittlung für die brandschutztechnische Bemessung darf somit am Tragsystem im Kaltzustand erfolgen.

Im Abschnitt 4.2 der DIN 4102-22 ist eine vereinfachte Kombinationsregel angegeben. Die Einwirkungen im Brandfall bestimmen sich aus dem Bemessungswert der Einwirkungen bei Normaltemperatur, soweit in den anderen Abschnitten keine anderen Regelungen getroffen werden, wie folgt:

T22: 4.2

$$E_{dA} = 0,7\times E_d \qquad (2)$$

T22: 4.2 / Gl. (2)

mit E_d: Bemessungswert der Einwirkungen für ständige und vorübergehende Bemessungssituationen für den Nachweis des Grenzzustandes der Tragfähigkeit nach DIN 1055-100

2.2 Grundlagen zur Bemessung von Beton, Stahlbeton- und Spannbetonbauteilen

T4: 3.1

Normalbeton: Bei Angaben zu Bauteilen aus Normalbeton handelt es sich um Normalbeton nach DIN 1045-1.

T4: 3.1.1

Leichtbeton: Bei Angaben zu tragenden Bauteilen aus Konstruktionsleichtbeton handelt es sich um gefügedichten Beton nach DIN 1045-1.

T22: 5.2 / 3.1.2

2.2.1 Kritische Temperatur crit *T* des Bewehrungsstahls

T4: 3.1.3

Die kritische Temperatur crit *T* des Bewehrungsstahls ist die Temperatur, bei der die Bruchspannung des Stahls auf die im Bauteil vorhandene Stahlspannung absinkt. Die im Bauteil vorhandene Stahlspannung verändert sich während der Brandeinwirkung. Für die Ermittlung von crit *T* ist die im Bruchzustand bei Brandeinwirkung vorhandene Stahlspannung maßgebend. Sie darf für den Wert $E_{fi,d,t} = 0{,}7 \times E_d$ und $\gamma_{s/p} = 1{,}15$

T22: 5.2 / 3.1.3.1

a) bei Stahlbetonbauteilen näherungsweise zu $\sigma_{s,fi} = 0{,}60 \times f_{yk}$,

b) bei vorgespannten Bauteilen mit sofortigem oder nachträglichen Verbund näherungsweise zu $\sigma_{p,fi} = 0{,}55 \times f_{pk}$ ($f_{p0,1k} / f_{pk} = 0{,}9$) und

c) bei vorgespannten Bauteilen mit Spanngliedern ohne Verbund näherungsweise zu $\sigma_{p,fi} = 0{,}5 \times f_{pk}$

angenommen werden. Für die Stahlspannung nach a) bis c) ergeben sich die in Tabelle 1 angegebenen crit *T*-Werte.

Tabelle 1: crit T von Beton- und Spannstählen sowie Δu-Werte

T22: 5.2 / Tab. 1

Stahlsorte		crit *T*	Δu
Art	Festigkeitsklasse	°C	mm
Betonstahl	nach DIN 1045-1	500	0
Spannstahl, Stäbe	nach allgemeiner bauaufsichtlicher Zulassung	400	10
Spannstahl, Drähte und Litzen		350	15

Für Zugglieder und statisch bestimmt gelagerte biegebeanspruchte Bauteile mit $E_{fi,d,t} < 0{,}7 \times E_d$ (ausgenommen Bauteile mit Vorspannung ohne Verbund) darf crit *T* in Abhängigkeit vom Ausnutzungsgrad der Stähle nach den Kurven von Bild 4 bestimmt werden. Der Ausnutzungsgrad ergibt sich zu:

T22: 5.2 / 3.1.3.2

Stähle: $$\sigma_{s,fi} / f_{yk(20°C)} = E_{fi,d,t} / E_d \times 1/\gamma_s \times A_{s,erf} / A_{s,vorh} \quad (3)$$

T22: 5.2 / Gl. (1.1)

Spannstahl: $$\sigma_{p,fi} / f_{pk(20°C)} = E_{fi,d,t} / E_d \times 1/\gamma_p \times A_{s,erf} / A_{s,vorh} \quad (4)$$

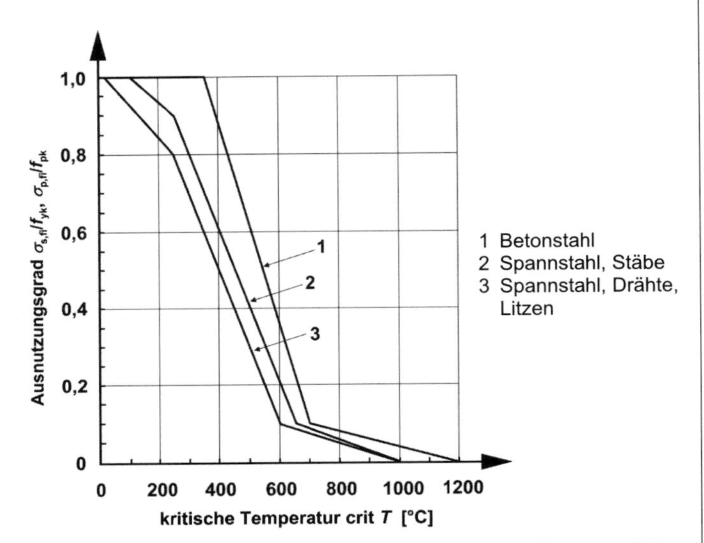

Bild 4: Ausnutzungsgrad von Betonstählen $\sigma_{s,fi}/f_{yk(20°C)}$ und von Spannstählen $\sigma_{p,fi}/f_{pk(20°C)}$ in Abhängigkeit von der kritischen Temperatur

T22: 5.2 / Bild 1

Die aus Brandschutzgründen erforderlichen *u*-Werte dürfen hierauf abgestimmt werden, indem die angegebenen Mindest-*u*-Werte in Abhängigkeit von der nach den Kurven von Bild 4 ermittelten kritischen Temperatur crit *T* vermindert werden dürfen. Als Korrektur gilt:

T22: 5.2 / 3.1.3.2

$$\Delta u = 10 \text{ mm für crit } \Delta T = 100 \text{ K} \tag{5}$$

T22: 5.2 / Gl. (1)

crit ΔT ist dabei als Differenz zu den Angaben von Tabelle 1 zu bestimmen

Bei der Verminderung der *u*-Werte nach Gleichung (5) dürfen die jeweils für F 30 angegebenen *u*-Werte ($u_{F\,30}$) nicht unterschritten werden.

Die kritische Temperatur von Beton- und Spannstählen, die nicht in Bild 4 erfasst ist, ist durch Wärmekriechversuche in Abhängigkeit vom Ausnutzungsgrad zu bestimmen. Andernfalls muss eine auf der sicheren Seite liegende Zuordnung zu den im Bild 4 angegeben Kurven erfolgen.

T22: 5.2 / 3.1.3.3

2.2.2 Achsabstand der Bewehrung

T4: 3.1.4

Der Achsabstand *u* der Bewehrung ist der Abstand zwischen der Längsachse der tragenden Bewehrungslängsstäbe oder Spannglieder und der beflammten Betonoberfläche, siehe Bild 5. Nach der Lage werden weiter unterschieden:

T4: 3.1.4.1

$u_s = u_{seitlich}$ und $u_o = u_{oben}$

Alle Achsabstände sind Nennmaße nach DIN 1045-1.

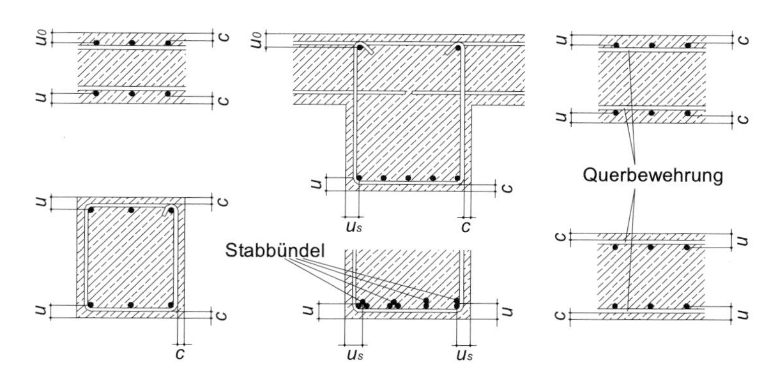

Bild 5: Achsabstände u, u_o und u_s sowie Betondeckung c

T4: Bild 3

Bei Verwendung von Stabbündel beziehen sich alle Werte von u auf die Achse der Bündel.

T4: 3.1.4.2

Die in den Bemessungstabellen angegebenen Mindestachsabstände beziehen sich auf eine kritische Temperatur von crit T = 500 °C. Bei Verwendung von Spannstählen mit crit T = 400 °C bzw. 350 °C sind die Mindestachsabstände u, u_s und u_o um die in Tabelle 1 angegebenen Δu-Werte zu erhöhen, die entsprechend Gleichung (5) bestimmt wurden.

T4: 3.1.4.3

Werden in den Bemessungstabellen keine Angaben für die Achsabstände u gemacht, so ist c_{nom} nach DIN 1045-1 anzusetzen.

T22: 5.2 / 3.1.4.4

2.2.3 Betondeckung der Bewehrung

T4: 3.1.5

Die Betondeckung c ist entsprechend der Definition in DIN 1045-1, Abschnitt 3.1.25 der Abstand zwischen der Oberfläche eines Bewehrungsstabes, eines Spanngliedes im sofortigen Verbund oder des Hüllrohres eines Spanngliedes im nachträglichen Verbund und der nächstgelegenen Betonoberfläche (siehe Bild 5). Die Betondeckung c in den Bemessungstabellen entspricht c_{nom} nach DIN 1045-1, Abschnitt 6.3.

T22: 5.2 / 3.1.5.1

Bei Betondeckungen $c > 50$ mm von biegebeanspruchten Bauteilen ist zur Vermeidung eines frühzeitigen Abfallens von Betonschichten eine Schutzbewehrung erforderlich. Die Betondeckung ist an der Unterseite mit kreuzweise angeordneten, an den Knotenpunkten fest verbundenen Stäben zu bewehren:

T4: 3.1.5.2

Stabdurchmesser $\geq$ 2,5 mm

Maschenweite $\geq$ 150 mm x 150 mm und $\leq$ 500 mm x 500 mm

Betondeckung c_{nom}

Dabei dürfen Bügel als Schutzbewehrung herangezogen werden. *T4:* 3.1.5.3

Kunststoffabstandhalter der Baustoffklasse B dürfen als Abstandhalter für die Bewehrung verwendet werden, ohne dass die Klassifizierung verloren geht. *T4:* 3.1.5.4

2.2.4 Putzbekleidungen

T4: 3.1.6

Für Stahlbeton- oder Spannbetonbauteile, bei denen der mögliche Achsabstand der Bewehrung konstruktiv begrenzt ist und die den Mindestanforderungen für F 30 entsprechen oder für Bauteile, die in brandschutztechnischer Hinsicht nachträglich verstärkt werden müssen, kann der für höhere Feuerwiderstandsklassen notwendige Achsabstand oder die erforderlichen Querschnittsabmessungen durch Putzbekleidungen ersetzt werden. Die in der Tabelle 2 angegebenen Werte gelten als Ersatz für den Achsabstand *u* oder eine Querschnittsabmessung, dabei darf die Putzdicke die in der letzten Spalte angegebene Maximaldicke nicht überschreiten. *T4:* 3.1.6.1 *T4:* 3.1.6.2

2.2.4.1 Putze ohne Putzträger

T4: 3.1.6.3

Putze ohne Putzträger sind Putze der Mörtelgruppe P II oder P IVa, P IVb und P IVc nach DIN 18550-2. Voraussetzung für die brandschutztechnische Wirksamkeit ist eine ausreichende Haftung am Putzgrund. Hierfür muss der Putzgrund:

a) die Anforderungen nach DIN 18550-2 erfüllen,

b) einen Spritzbewurf nach DIN 18550-2 erhalten und

c) aus Beton und/oder Zwischenbauteilen der folgenden Arten bestehen:

- Beton nach DIN 1045-1 unter Verwendung üblicher Schalungen,
- Beton nach DIN 1045-1 in Verbindung mit Zwischenbauteilen nach DIN 4158, DIN 4159 und DIN 278,
- haufwerksporiger Leichtbeton,
- Porenbeton.

Ansonsten ist die Verwendbarkeit nachzuweisen.

2.2.4.2 Putze auf Putzträger

T4: 3.1.6.4

Putze auf Putzträgern der Baustoffklasse A (z. B. Drahtgewebe, Ziegeldrahtgewebe oder Rippenstreckmetall) sind Putze der Mörtelgruppe I, II oder P IVa, P IVb und P IVc nach DIN 18550-2 sowie Putze nach Abschnitt I/2.2.4.3. Voraussetzungen für die brandschutztechnische Wirksamkeit der Putze auf nichtbrennbaren Putzträgern sind:

a) der Putzträger muss ausreichend am zu schützenden Bauteil verankert sein,

b) die Spannweite der Putzträger muss ≤ 500 mm sein,

c) Stöße von Putzträgern sind mit einer Überlappungsbreite von etwa 10 cm auszuführen und

d) der Putz muss die Putzträger ≥ 10 mm durchdringen.

2.2.4.3 Dämmputze

T4: 3.1.6.5

Als brandschutztechnisch geeignete Dämmputze, die auf Putzträgern nach Abschnitt I/2.2.4.2 aufzubringen sind, gelten:

- zweilagige Vermiculite- oder Perlite-Zementputze oder
- zweilagige Vermiculite- oder Perlite-Gipsputze mit den Mischungsverhältnissen nach DIN 4102-4, Abschnitt 3.1.6.5.

2.2.4.4 Putze auf Holzwolle-Leichtbauplatten

T4: 3.1.6.6

Putze nach Abschnitt I/2.2.4.2 können auch auf Holzwolle-Leichtbauplatten nach DIN 1101 aufgebracht werden. Voraussetzungen für die brandschutztechnische Wirksamkeit der Putze auf brennbaren Putzträgern sind:

a) Ausführung von dichten Stößen und

b) Befestigung der Holzwolle-Leichtbauplatten mit ≥ 6 Haftsicherungsankern/m^2 aus Stahl.

Tabelle 2: Putzdicke als Ersatz für den Achsabstand u oder eine Querschnittsabmessung

T4: Tab. 2

Putzart	erforderliche Putzdicke als Ersatz für 10 mm		maximal zulässige Putzdicke
	Normalbeton	Leicht- oder Porenbeton	mm
Putze ohne Putzträger nach Abschnitt I/2.2.4.1: Putzmörtel der Gruppe P II und P IVc Putzmörtel der Gruppe P IVa und P IVb	 15 10	 18 12	 20 25
Putze nach Abschnitt I/2.2.4.2	8	10	25[1]
Putze nach Abschnitt I/2.2.4.3	5	6	30[1]
Putze auf Holzwolle-Leichtbauplatten nach den Angaben von Abschnitt I/2.2.4.4	Angaben hierzu siehe Abschnitt II/2.1.1		

[1] Gemessen über Putzträger.

2.2.5 Feuchtegehalt und Abplatzverhalten

T4: 3.1.7

T22: 5.2 / 3.1.7.1

Die in den Bemessungstabellen angegebenen Mindestquerschnittsabmessungen wurden so festgelegt, dass es bei Brandbeanspruchung zu geringfügigen Oberflächenabplatzungen kommen kann. Zerstörende

Abplatzungen werden jedoch für den Regelfall mit einem Feuchtegehalt ≤ 4 % Massenanteil ausgeschlossen. Zerstörende Abplatzungen sind bei Bauteilen, die nach den Expositionsklassen entsprechend DIN 1045-1, Tabelle 3 bemessen sind in der Regel nicht zu untersuchen.

Da über das Abplatzverhalten von tragenden Bauteilen aus Leichtbeton mit geschlossenem Gefüge nach DIN 1045-1 nur begrenzte Erkenntnisse vorliegen, werden bei Verwendung dieser Bauart bei den entsprechenden Bauteilen weitergehende Einschränkungen gemacht. *T4:* 3.1.7.2

2.3 Grundlagen zur Bemessung von Stahlbauteilen *T4:* 6.1

2.3.1 Kritische Stahltemperatur crit *T* und Stahlsorte *T4:* 6.1.1

Die kritische Temperatur crit *T* des Stahls ist die Temperatur, bei der die Streckgrenze des Stahls auf die im Bauteil vorhandene Stahlspannung absinkt. *T4:* 6.1.1.1 Die kritische Temperatur ist bei Bauteilen aus S 235 und S 355 nach DIN EN 10025, die nach DIN 18800 Teil 1 bis Teil 4 bemessen werden, von verschiedenen Parametern abhängig. Wird die Beanspruchbarkeit nicht voll ausgenutzt, darf crit *T* in Abhängigkeit vom Ausnutzungsgrad vereinfachend nach Bild 6 bestimmt werden. *T4:* 6.1.1.2 Der Ausnutzungsgrad der Stähle ergibt sich zu:

$$\frac{f_{y,k}(T)}{f_{y,k}(20°C) \cdot \alpha_{pl}} \qquad (6)$$ *T4:* Gl. 26

mit $f_{y,k}(T)$: temperaturabhängige Streckgrenze des Stahls zum Versagenszeitpunkt

$f_{y,k}(20°C)$: Streckgrenze des Stahls bei 20 °C Raumtemperatur

α_{pl}: Formfaktor nach Tabelle 3 für Profile mit Biegebeanspruchung bei Bemessung nach der Elastizitätstheorie, ansonsten gilt $\alpha_{pl} = 1$

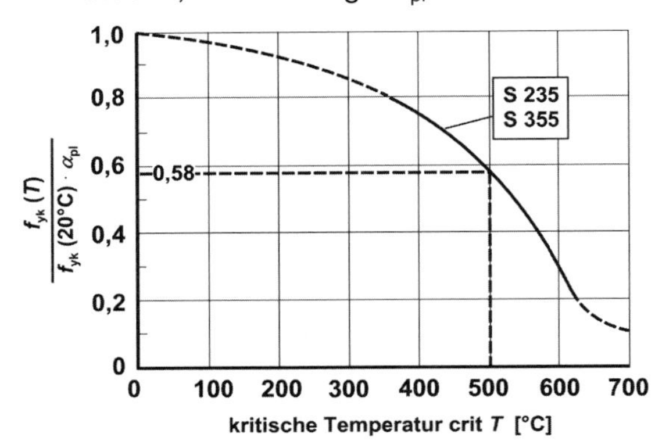

Bild 6: Abfall der bezogenen Streckgrenze von Baustählen in Abhängigkeit von der Temperatur *T4:* Bild 68

Tabelle 3: Formfaktor für unterschiedliche Profilformen bei Biegebeanspruchung

T4: Tab. 87

Profil	 I-Profil	 Hohlprofil 1:1	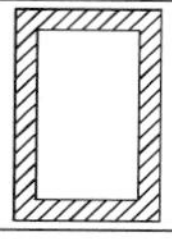 Hohlprofil 1:2	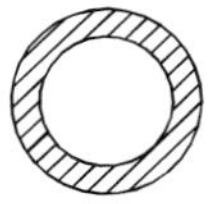 Rohr	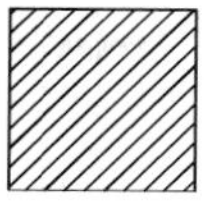 Vollquadrat	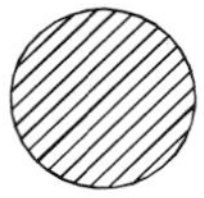 Vollkreis
α_{pl}	1,14	1,18	1,26	1,27	1,50	1,70

Wird die kritische Temperatur nach Gleichung (6) bestimmt, darf die Mindestdicke von Putzbekleidungen bei auf Biegung beanspruchten Trägern für die Feuerwiderstandsklassen F 30 bis F 180 und bei auf Druck beanspruchten Stützen für die Feuerwiderstandsklassen F 30 und F 60 um den Betrag Δd der abgemindert werden.

Tabelle 4: Abminderungsbetrag Δd zur Bekleidungsdicke d bei Putzbekleidungen für crit ΔT = 100 K

T4: Tab. 88

Feuerwiderstandsklasse	F 30-A bis F 90-A	F 120-A bis F180-A
Δd: Abminderungsbetrag (mm)	Δd	Δd
Putz der Mörtelgruppe P II oder P IVc nach DIN 18550-2		
$U/A < 90$	0	0
$90 \leq U/A < 300$	0	5
Putz der Mörtelgruppe P IVa oder P IVb nach DIN 18550-2		
$U/A < 90$	0	5
$90 \leq U/A < 300$	5	5
für Vermulite- oder Perlite-Mörtel nach Abschnitt I/2.2.4.3		
$U/A < 90$	5	5
$90 < U/A < 300$	5	5

Die kritische Temperatur der Baustähle die nicht Bild 6 dargestellt sind, ist durch Warmkriechversuche in Abhängigkeit vom Ausnutzungsgrad zu bestimmen.

T4: 6.1.1.3

Damit sich die Stahlbauteile bei Brandbeanspruchung nur auf eine Temperatur kleiner crit *T* erwärmen, ist im Allgemeinen die Anordnung einer Bekleidung erforderlich. Die Bemessung der Bekleidung ist abhängig vom Verhältniswert *U/A* in m^{-1}.

T4: 6.1.1.4

2.3.2 Berechnung des Verhältniswertes *U/A*

T4: 6.1.2

Der Verhältniswert *U/A* in m^{-1} berechnet sich mit den nachstehenden Größen wie folgt:

A: Querschnittsfläche des Profils
h: Querschnittshöhe
b: Querschnittsbreite
t: Dicke des Profilteils

- Bei vierseitiger Beflammung und profilfolgender Bekleidung *T4: 6.1.2.1*

$$U/A = \frac{\text{Abwicklung}}{A} \quad (7)$$ *T4: Gl. 27*

- Bei vierseitiger Beflammung und kastenförmiger Bekleidung *T4: 6.1.2.2*

$$U/A = \frac{2 \cdot h + 2 \cdot b}{A} \quad (8)$$ *T4: Gl. 28*

- Bei dreiseitiger Beflammung und profilfolgender Bekleidung *T4: 6.1.2.3*

$$U/A = \frac{\text{Abwicklung} - b}{A} \quad (9)$$ *T4: Gl. 29*

  Das Versagen des gesamten Profils erfolgt meist aufgrund der Erhitzung eines dem Feuer zugekehrten Profilteils. Für das am Schnellsten erhitzte Profilteil ist ein modifizierter *U/A*-Wert zu berechnen:

$$(U/A)_{\text{mod}} = \frac{200}{t} \quad (10)$$ *T4: Gl. 30*

  Der größere *U/A*-Wert der Gleichungen (9) und (10) ist für die Ermittlung der Mindestbekleidungsdicke maßgebend.

- Bei dreiseitiger Beflammung und kastenförmiger Bekleidung *T4: 6.1.2.4*

$$U/A = \frac{2 \cdot h + b}{A} \quad (11)$$ *T4: Gl. 31*

- Bei einseitiger Beflammung, z. B. bei eingemauerten oder einbetonierten Trägern, bei denen nur die Flanschaußenfläche erwärmt wird *T4: 6.1.2.5*

$$U/A = \frac{100}{t} \quad (12)$$ *T4: Gl. 32*

Beispiele für die *U/A*-Berechnung können dem Bild 7 entnommen werden. Für die klassifizierten Stahlbauteile nach DIN 4102-4 ist der *U/A*-Wert auf $\leq 300\ m^{-1}$ begrenzt. Für *U/A*-Werte > $300\ m^{-1}$ wird eine Prüfung des Stahlbauteils nach DIN 4102-2 notwendig. *T4: 6.1.2.6 und T4: 6.1.3*

b, h und t in cm, Fläche A in cm^2	Brandbeanspruchung	U/A in m^{-1}
Flachstahl 	4seitig	$\frac{200}{t}$
Flansch 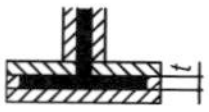	4seitig	$\frac{200}{t}$
Flansch, Beton oder Mauerwerk 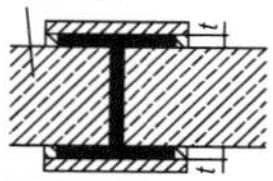	3seitig	$\frac{100}{t}$
Winkel 	4seitig	$\frac{200}{t}$
Winkel 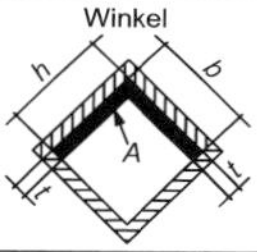	4seitig	$\frac{2 \cdot b + 2 \cdot h}{A} \cdot 10^2$
Doppelwinkel 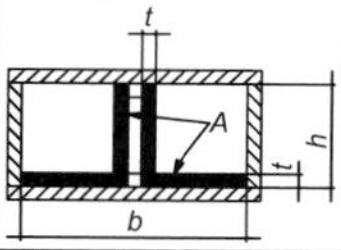	4seitig	$\frac{2 \cdot b + 2 \cdot h}{A} \cdot 10^2$
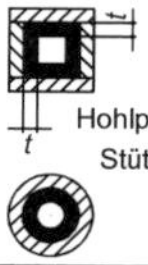 Hohlprofile, Stützen	4seitig	$\frac{100}{t}$
Hohlprofile, Stützen 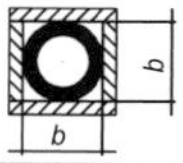	4seitig	$\frac{4 \cdot b}{A} \cdot 10^2$
Träger oder Stütze 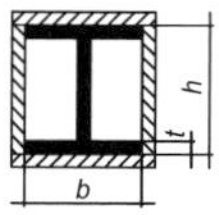	4seitig	$\frac{2 \cdot b + 2 \cdot h}{A} \cdot 10^2$
Träger oder Stütze 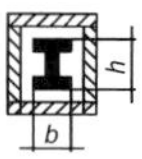	4seitig	$\frac{2 \cdot b + 2 \cdot h}{A} \cdot 10^2$

b, h und t in cm, Fläche A in cm^2	Brandbeanspruchung	U/A in m^{-1}
Abwicklung, Fläche A; 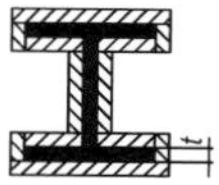 Träger oder Stütze	4seitig	$\max\begin{cases} \frac{\text{Abwicklung}}{A} \cdot 10^4 \\ \frac{200}{t} \end{cases}$
Träger oder Stütze 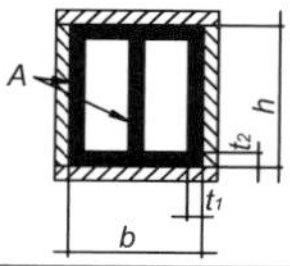	4seitig	$\frac{2 \cdot b + 2 \cdot h}{A} \cdot 10^2$
Träger oder Stütze 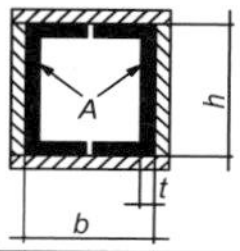	4seitig	$\frac{2 \cdot b + 2 \cdot h}{A} \cdot 10^2$
Träger 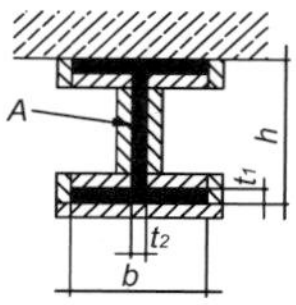	3seitig	$\max\begin{cases} \frac{\text{Abwicklung} - \frac{b}{10^2}}{A} \cdot 10^4 \\ \frac{200}{t_1} \\ \frac{200}{t_2} \text{ bei } h > 600\text{mm} \end{cases}$
Träger 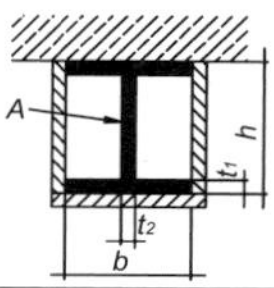	3seitig	$\frac{b + 2 \cdot h}{A} \cdot 10^2$
Träger 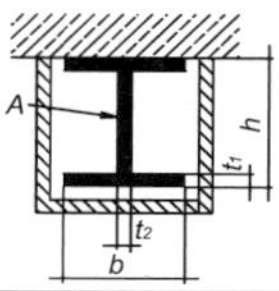	3seitig	$\frac{b + 2 \cdot h}{A} \cdot 10^2$
Träger 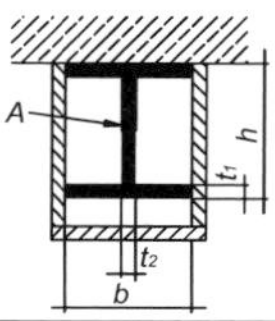	3seitig	$\frac{b + 2 \cdot h}{A} \cdot 10^2$

Bild 7: Beispiele für U/A-Berechnungen

T4: Tab. 89

2.3.3 Konstruktionsgrundsätze

T4: 6.1.4

T4: 6.1.4.1

Werden an tragende oder aussteifende Stahlbauteile einer bestimmten Feuerwiderstandsklasse Stahlbauteile angeschlossen, die keiner Feuerwiderstandsklasse angehören, so sind die Anschlüsse und angrenzenden Stahlteile auf einer Länge, gerechnet vom Rand des zu schützenden Stahlbauteils, bei den Feuerwiderstandsklassen F 30 bis F 90 von mindestens 30 cm und bei F 120 bis F 180 von mindestens 60 cm in Abhängigkeit vom *U/A*-Wert der anzuschließenden Stahlbauteile zu bekleiden.

T4: 6.1.4.2

Verbindungsmittel müssen in denselben Dicken wie die angeschlossenen Profile bekleidet werden.

T4: 6.1.4.3

Ränder von Aussparungen müssen in denselben Dicken wie die angeschlossenen Profile bekleidet werden.

T4: 6.1.4.4

Bei Leitungen, die durch Aussparungen oder durch die Felder von Fachwerkträgern geführt werden, muss durch ihre Feuerwiderstandsdauer sichergestellt werden, dass diese die Bekleidung bei Brandbeanspruchung nicht beschädigen. Dafür sind Leitungen in diesen Bereichen durch Abhängung und/oder Auflagerung mit Konstruktionsteilen der Baustoffklasse A so zu befestigen, dass sie keine ungünstig wirkenden Verformungen erfahren oder ganz versagen.

T4: 6.1.4.5

Die Putzbekleidungen für Stahlträger, Stahlstützen und Stahlträgerdecken müssen durch Putzträger wie Rippenstreckmetall, Drahtgewebe oder Ähnliches am Bauteil gehalten werden, ansonsten ist ein Nachweis der Verwendbarkeit erforderlich.

2.4 Grundlagen zur Bemessung von Verbundbauteilen

T4: 7.1 und *T22:* 9.1

Grundlage für die Bemessung von Verbundbauteilen ist DIN V 18800-5. Die Konstruktionshinweise für die brandschutztechnische Bemessung nach DIN 4102 gelten für handelsübliche Walzprofile aus Stahlsorten der Werkstoffnummern 1.0037, 1.0116 und 1.0570 nach DIN EN 10025 und für Schweißprofile, wenn die in den Bemessungstabellen angegebenen Randbedingungen eingehalten werden. Der Beton muss mindestens die Anforderungen an Normalbeton der Festigkeitsklasse C 20/25 nach DIN 1045-1 erfüllen.

2.5 Grundlagen zur Bemessung von Holzbauteilen

T4: 5.1

Grundlage für die Bemessung von Holzbauteilen ist DIN 1052. Für werksmäßig hergestellte Holzwerkstoffe ist DIN V 20000-1 zu beachten. Des Weiteren ist, sofern nichts anderes geregelt ist, Balkenschichtholz oder Brettschichtholz mindestens wie Vollholz aus Nadelholz zu betrachten. OSB-Platten nach DIN EN 300 der technischen Klassen OSB/2, OSB/3 und OSB/4 sind wie Spanplatten zu behandeln.

T4: 6.1 und *TA1:* 3.4.1 und *T22:* 6.1

Abweichend von der Regel in DIN 4102-22, Abschnitt 4.2 darf zur vereinfachten Bestimmung des Bemessungswertes der Einwirkung E_{dA} für den Brandfall im Holzbau mit η_{fi} = 0,65 gerechnet werden:

T22: 6.1

$$E_{dA} = \eta_{fi} \times E_d = 0{,}65 \times E_d \quad (13)$$

T22: 6.1 / Gl. (3)

mit E_{dA}: Bemessungswert der Einwirkungen im Brandfall

E_d: Bemessungswert der Einwirkungen für die ständige und vorübergehende Bemessungssituation beim Nachweis des Grenzzustandes der Tragfähigkeit nach DIN 1055-100

η_{fi}: Faktor zur Berücksichtigung verminderter Sicherheitsbeiwerte

2.6 Grundlagen zur Bemessung von Wänden

T4: 4.1

2.6.1 Wandarten und Wandfunktionen

T4: 4.1.1

Aus Sicht des Brandschutzes wird zwischen nichttragenden und tragenden sowie zwischen raumabschließenden und nichtraumabschließenden Wänden unterschieden.

T4: 4.1.1.1

- Nichttragende Wände: Scheibenartige Bauteile, die auch im Brandfall überwiegend nur durch ihre Eigenlast beansprucht werden und die nicht zur Knickaussteifung tragender Wände beitragen. Die auf ihre Fläche wirkenden Windlasten müssen an tragende Bauteile weitergeleitet werden. Die Bauteile, die die nichttragenden Wände aussteifen, müssen für ihre aussteifende Wirkung mindestens die gleiche Feuerwiderstandsklasse besitzen.

  T4: 4.1.1.2

- Tragende Wände: Überwiegend auf Druck beanspruchte scheibenartige Bauwerke zur Aufnahme vertikaler und horizontaler Lasten.

  T4: 4.1.1.3

- Aussteifende Wände: Scheibenartige Bauteile zur Aussteifung des Gebäudes oder zur Knickaussteifung tragender Wände. Sie sind hinsichtlich des Brandschutzes wie tragende Wände zu bemessen.

- Raumabschließende Wände: Wände in Rettungswegen, Treppenraumwände, Wohnungstrennwände und Brandwände gelten als raumabschließende Wände. Sie dienen zur Verhinderung der Brandübertragung von einem Raum zum anderen und werden nur einseitig vom Brand beansprucht. Raumabschließende Wände müssen eine Mindestbreite von 1,0 m haben und können tragende oder nichttragende Wände sein. *T4:* 4.1.1.4
- Nichtraumabschließende Wände: Tragende Wände, die zweiseitig – bei teilweise oder ganz freistehenden Wänden auch drei- oder vierseitig – vom Brand beansprucht werden. Querschnitte, deren Fläche $\geq 0{,}10$ m^2 und deren Breite $\leq 1{,}0$ m ist, gelten als nichtraumabschließende Wandabschnitte aus Mauerwerk. Als Pfeiler oder kurze Wände aus Mauerwerk gelten Querschnitte, die aus einem oder mehreren ungetrennten Steinen oder aus getrennten Steinen mit einem Lochanteil < 35 % bestehen und nicht durch Schlitze oder Aussparungen geschwächt sind oder deren Querschnittsfläche < 0,10 m^2 ist. Gemauerte Querschnitte, deren Flächen < 0,04 m^2 sind, sind als tragende Teile unzulässig. *TA1:* 3.2 / 4.1.1.5

Zweischalige Außenwände aus Mauerwerk mit oder ohne Dämmschicht bzw. Luftschicht sind Wände, die durch Anker verbunden sind und deren innere Schale tragend und deren äußere Schale nichttragend ist. *T4:* 4.1.1.6

Zweischalige Haustrennwände bzw. Gebäudeabschlusswände aus Mauerwerk mit oder ohne Dämmschicht bzw. Luftschicht sind Wände, die nicht miteinander verbunden sind. Bei tragenden Wänden bildet jede Schale für sich jeweils das Endauflager einer Decke bzw. eines Daches. *T4:* 4.1.1.7

Stürze, Balken, Unterzüge usw. über Wandöffnungen sind mindestens für eine dreiseitige Brandbeanspruchung zu bemessen. *T4:* 4.1.1.8

2.6.2 Wanddicken und Wandhöhen

T4: 4.1.2

Die in den Bemessungstabellen angegebenen Mindestdicken *d* beziehen sich, soweit nichts anderes angegeben ist, immer auf die unbekleidete Wand oder auf eine unbekleidete Wandschale. *T4:* 4.1.2.1

Die maximalen Wandhöhen ergeben sich aus den Normen DIN 1045-1, DIN 1052, DIN 1053 Teil 1 bis Teil 4, DIN 4103 Teil 1 bis Teil 4 und DIN 18183. *T4:* 4.1.2.2

2.6.3 Bekleidungen und Dampfsperren

T4: 4.1.3

Bei den klassifizierten Wänden ist die Anordnung von zusätzlichen Bekleidungen z. B. Putz oder Verblendung, mit Ausnahme von Bekleidungen aus Stahlblech, erlaubt. Bei Verwendung von Baustoffen der Klasse B sind gegebenenfalls bauaufsichtliche Anforderungen zu beachten. Dampfsperren haben keinen Einfluss auf die Feuerwiderstandsklassen.

2.6.4 Zweischalige Wände

T4: 4.1.5

Stützen, Riegel, Verbände usw., die zwischen den Schalen zweischaliger Wände angeordnet werden, sind für sich allein zu bemessen.

2.6.5 Anschlüsse und Fugen

T4: 4.1.4

Die brandschutztechnischen Angaben gelten für Wände, die von Rohdecke bis Rohdecke spannen. Für raumabschließende Wände die z. B. an Unterdecken befestigt sind oder auf Doppelböden stehen ist die Feuerwiderstandsklasse durch Prüfungen nachzuweisen.

T4: 4.1.4.1

Anschlüsse nichttragender Massivwände müssen nach DIN 1045-1, DIN 1053-1 und DIN 4103-1 oder nach Angaben von Bild 8 bzw. Bild 9 ausgeführt werden.

T4: 4.1.4.2

Anschlüsse tragender Massivwände müssen nach DIN 1045-1 oder DIN 1053-1 oder nach den Angaben von Bild 10 bzw. Bild 11 ausgeführt werden.

T4: 4.1.4.3

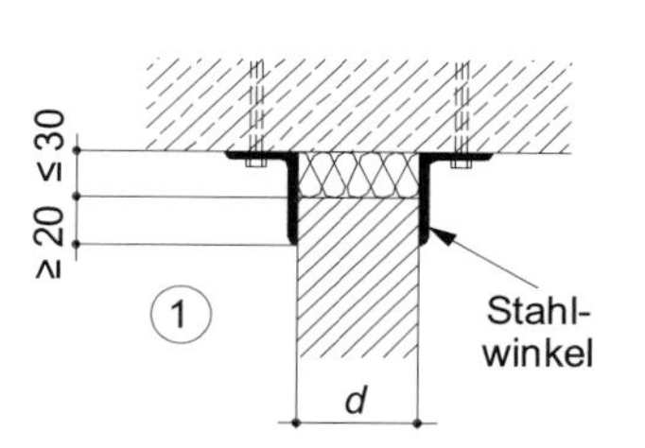

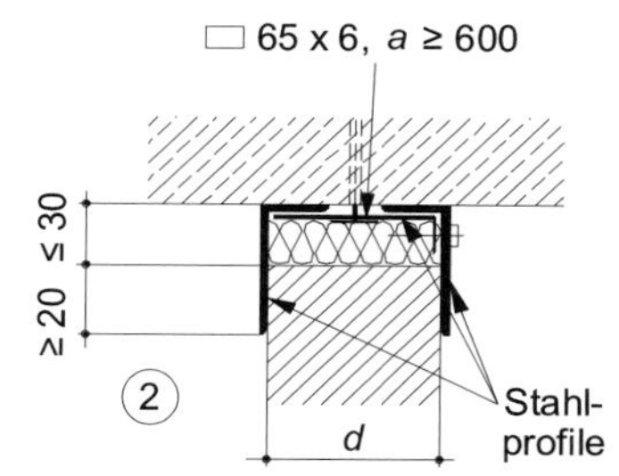

Dämmschicht nach Abschnitt II/7.3.1

Bild 8: Anschlüsse Wand – Decke nichttragender Massivwände

T4: Bild 17

Anschluss durch Einputzen:
(nur im Einbaubereich I
nach DIN 4103-1)

Putzdicke
≥ 10 mm

①

Anschluss durch Nut:

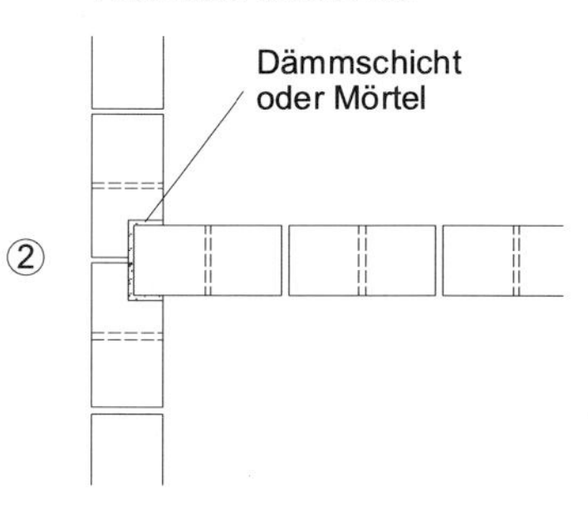

Anschluss mit Anker:

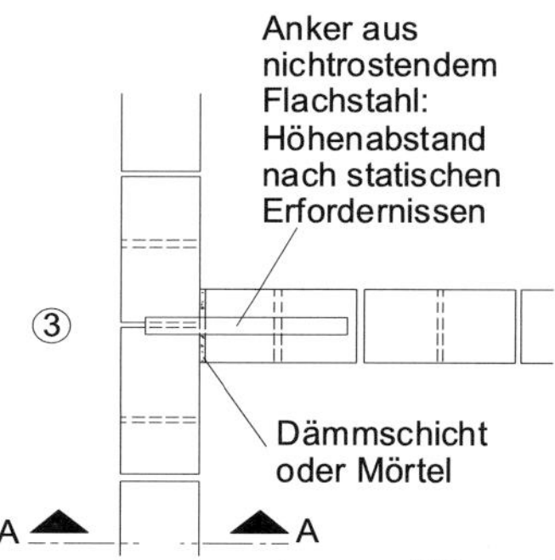

Schnitt A - A:

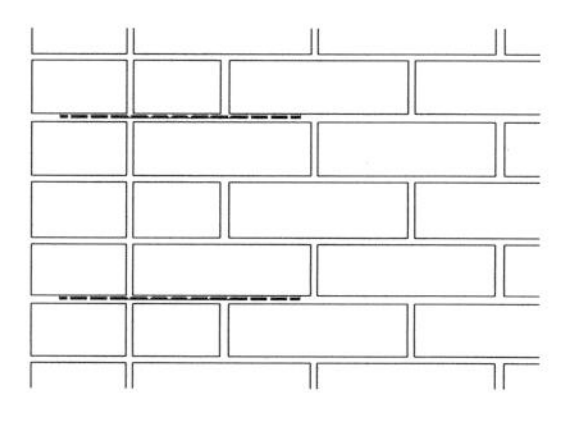

Dämmschicht nach Abschnitt II/7.3.1

Bild 9: Anschlüsse Wand (Pfeiler/Stütze) – Wand nichttragender Massivwände (Beispiel Mauerwerk)

T4: Bild 18

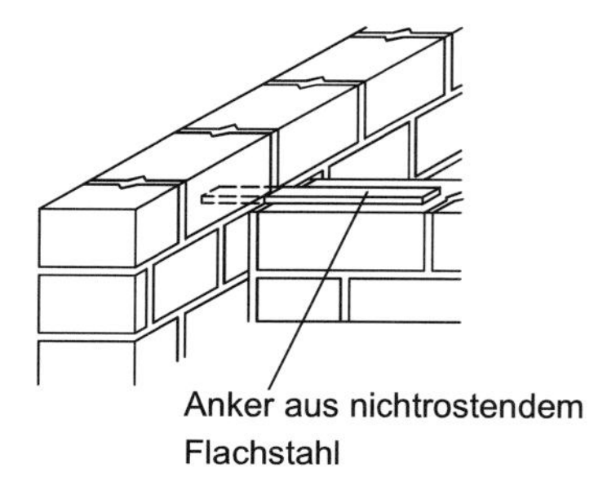

Bild 10: Stumpfstoß Wand – Wand tragender Wände (Beispiel Mauerwerk)

T4: Bild 19

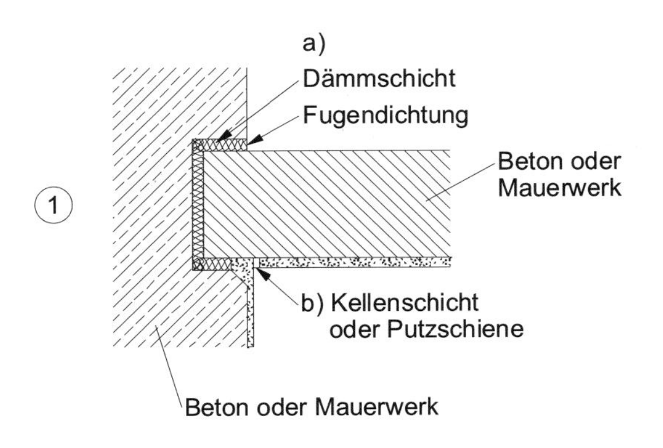

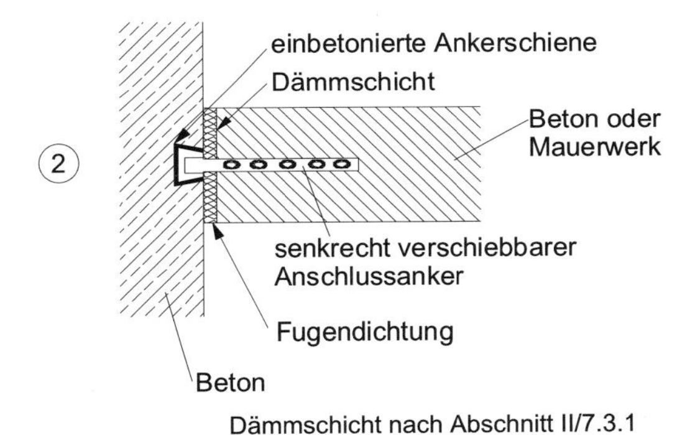

Dämmschicht nach Abschnitt II/7.3.1

Bild 11: Gleitender Stoß Wand (Stütze) – Wand tragender Wände

T4: Bild 20

2.6.6 Einbauten und Installationen

T4: 4.1.6

T4: 4.1.6.1

Die Feuerwiderstandsklassen der klassifizierten Wände beziehen sich stets auf Wände ohne Einbauten. Ausnahmen hiervon für Einbauten und Installationen sind in DIN 4102-4, Abschnitt 4.1.6.2 bis Abschnitt 4.1.6.4 angegeben.

TEIL II

Brandschutzbemessung der Bauteile

Hinweise zum Teil II

Zu Anfang eines jeden Kapitels stehen die allgemeinen Anforderungen und Randbedingungen zur Anwendbarkeit der Tabellen, die für alle Ausführungssituationen gelten. Im Folgenden werden die Mindestabmessungen der Querschnitte bzw. die Achsabstände der Bewehrung zur brandschutztechnischen Bemessung in Tabellen angegeben. Den Tabellen ist ein erklärendes Bild mit Darstellung des Bauteils und der Abmessungen vorangestellt. Nach den Tabellen werden die weiteren Anforderungen für bestimmte Ausführungsvarianten aufgeführt.

Die Bilder sind zur besseren Übersichtlichkeit farbig hinterlegt. Jedem Baustoff ist eine Farbe zugewiesen, die im Schnitt dunkler dargestellt ist als in der Ansicht:

- Beton grün
- Stahl blau
- Holz braun
- Mauerwerk rot

Ist eine Fläche im farbigen Schnitt grau abgesetzt, so bezieht sich die aufgezeigte Anforderung nur auf diesen Teil der Fläche.

Anmerkung zur Holzbauweise:

Nach Musterbauordnung (MBO) ist nun die Anwendung der Holzbauweise in Gebäuden mit bis zu fünf Geschossen zulässig, da für die Gebäudeklasse 4 die Anforderung hochfeuerhemmend besteht. Bauteile aus brennbaren Baustoffen mit einer allseitig brandschutztechnisch wirksamen Bekleidung aus nichtbrennbaren Baustoffen und nichtbrennbaren Dämmstoffen werden nach MBO als hochfeuerhemmend bezeichnet (siehe Abschnitt I/1.1). Die MBO gilt in Verbindung mit der Muster-Richtlinie für Brandschutzanforderungen an hochfeuerhemmende Bauteile in Holzbauweise „Muster-Holzbaurichtlinie“ (M-HFHHolz-R), die diese Anforderung an die Bauteile weiter konkretisiert. Die brandschutztechnisch wirksame Bekleidung muss bei tragenden und/oder aussteifenden Holzbauteilen das Erreichen bzw. Überschreiten der Entzündungstemperatur von ca. 300 °C an der Oberfläche während des Zeitraumes von 60 Minuten verhindern (Klassifizierung nach DIN EN 13501-2 als K 60). Somit entsprechen die Ausführungsvarianten nach DIN 4102-4 für die Feuerwiderstandsklasse F 60 nicht unbedingt der Anforderung hochfeuerhemmend nach MBO in Verbindung mit der Muster-Holzbaurichtlinie.

1 Balken

1.1 Stahlbeton- und Spannbetonbalken

Allgemeine Anforderungen und Randbedingungen

Brandbeanspruchung: *T4:* 3.2.1.2

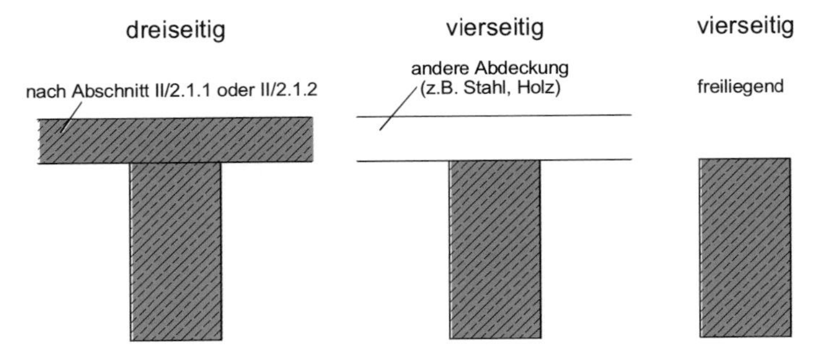

Stürze in Wänden aus Mauerwerk werden nach Abschnitt II/7.3.2 bemessen. *T4:* 3.2.1.3

1.1.1 Statisch bestimmt gelagerter Balken

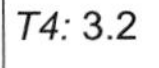

T4: 3.2

1.1.1.1 Mindestquerschnittsabmessungen bei maximal dreiseitiger Brandbeanspruchung

T4: 3.2.2

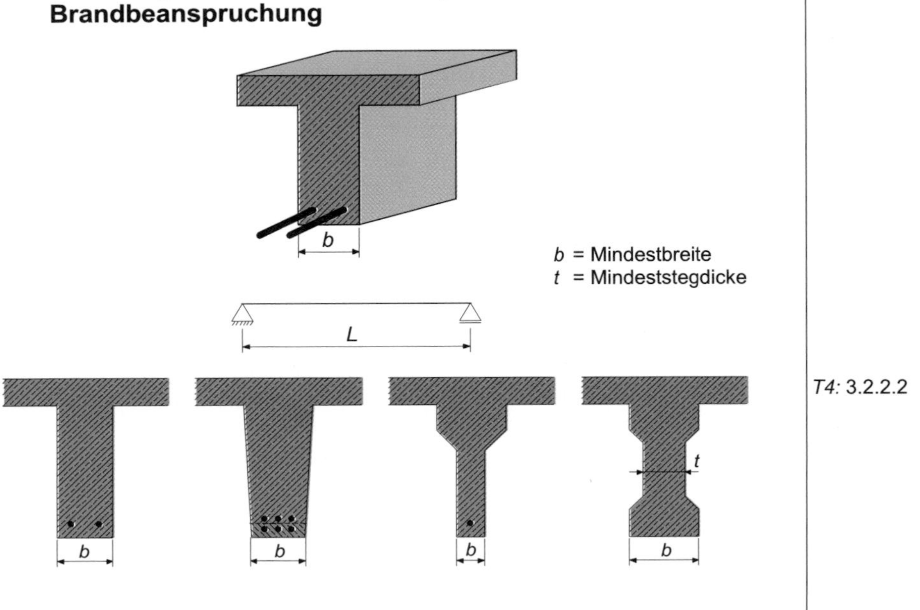

T4: 3.2.2.2

Tabelle 5: Mindestquerschnittsabmessungen von max. dreiseitig beanspruchten, statisch bestimmt gelagerten Stahlbeton- und Spannbetonbalken aus Normalbeton

T4: Tab. 3

Feuerwiderstandsklasse	F 30-A	F 60-A	F 90-A	F 120-A	F 180-A
Biegezugzone bzw. vorgedrückte Zugzone mit Ausnahme der Auflagerbereiche					
Stahlbeton und Spannbeton mit crit $T \geq 450$ °C nach Tabelle 1					
b: Mindestbreite (mm)	80[1)2)]	120[2)]	150	200	240
t: Mindeststegdicke (mm)	80[1)2)]	90[1)2)]	100[1)2)]	120[2)]	140[2)]
Spannbeton mit crit $T = 350$ °C nach Tabelle 1					
b: Mindestbreite (mm)	120[2)]	160	190	240	280
t: Mindeststegdicke (mm)	80[1)2)]	90[1)2)]	100[1)2)]	120[2)]	140[2)]
Druck- oder Biegedruckzone bzw. vorgedrückte Zugzone in Auflagerbereichen					
b: Mindestbreite (mm)	90[1)2)] – 140[2)] Die Bedingungen von Tabelle 6 sind einzuhalten			160	240
t: Mindeststegdicke (mm)	90[1)2)] - 140[2)] Die Bedingungen von Tabelle 6 sind einzuhalten				140[2)]
mit Bekleidung aus					
Putzen nach Abschnitt I/2.2.4.1 bis Abschnitt I/2.2.4.3	*b* und *t* nach dieser Tabelle, Abminderungen nach Tabelle 2 möglich, jedoch *b* und $t \geq 80$ mm				
Unterdecken	*b* und $t \geq 50$ mm, Konstruktionen nach Abschnitt II/2.2				

[1)] Bei Betonfeuchtegehalten > 4 % Massenanteil (s. Abschnitt I/2.2.5) sowie bei Balken mit sehr dichter Bügelbewehrung (Stababstände < 100 mm) müssen die Breite *b* oder die Stegdicke *t* mindestens 120 mm betragen.

[2)] Wird die Bewehrung in der Symmetrieachse konzentriert und werden dabei mehr als zwei Bewehrungsstäbe oder Spannglieder übereinander angeordnet, dann sind die angegebenen Mindestabmessungen unabhängig vom Betonfeuchtegehalt um den zweifachen Wert des verwendeten Bewehrungsstabdurchmessers – bei Stabbündeln um den zweifachen Wert des Vergleichsdurchmessers d_{sV} – zu vergrößern. Bei Dicken *b* oder $t \geq 150$ mm braucht diese Zusatzmaßnahme nicht mehr angewendet zu werden.

Tabelle 6: [(max μ_{Eds}) $\times f_{ck}$]-Werte bei Stahlbeton- und Spannbetonbalken in Abhängigkeit von der Mindestbalkenbreite b bzw. der Mindeststegdicke t

T22: 5.2 / Tab. 4

Mindestbalkenbreite *b* in mm bzw. Mindeststegdicke *t* in mm	[(max μ_{Eds}) $\times f_{ck}$]-Werte bei Stahlbetonbalken der Betonfestigkeitsklasse C 12/15 C 16/20	C 20/25 C 25/30	C 30/37	C 35/45 C 40/50	C 45/55 C 50/60	bei Spannbetonbalken der Betonfestigkeitsklasse C 25/30 bis C 50/60
90	1,8	2,1	2,7	1,5	0,8	2,9
100	2,5	2,7	3,9	3,1	1,8	5,8
110	5,1	4,3	5,1	4,6	3,6	8,2
120		8,5	11,0	6,1	5,1	11,1
130				12,6	6,8	13,6
140	keine Begrenzung				14,6	16,5
> 140						

I-Querschnitte:

T4: 3.2.2.3

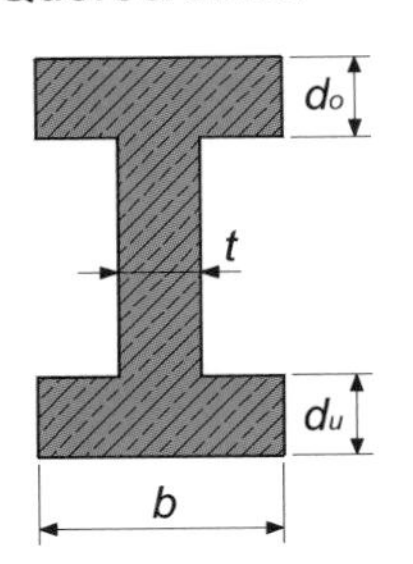

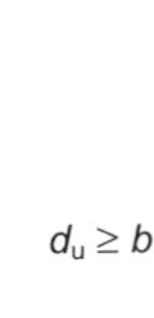

$d_u \geq b$

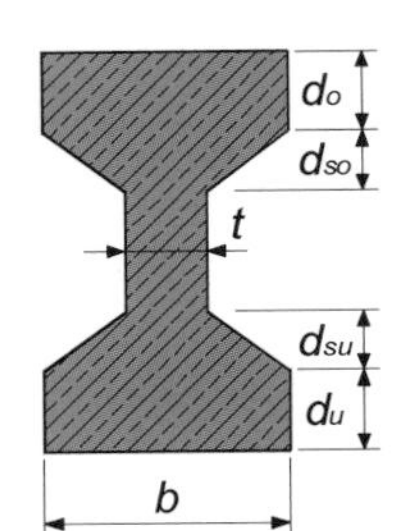

d_u = Höhe des Untergurtes
b = Mindestbreite nach Tabelle 5 für die Biegezugzone

$$d_u^* = d_u + \frac{d_{su}}{2} \geq b \qquad (14)$$

T4: Gl. (2)

Bei b/t > 3,5 ist der Untergurt als Zugglied nach Abschnitt II/5.1 zu bemessen.

⊥-Querschnitte:

T4: 3.2.2.4

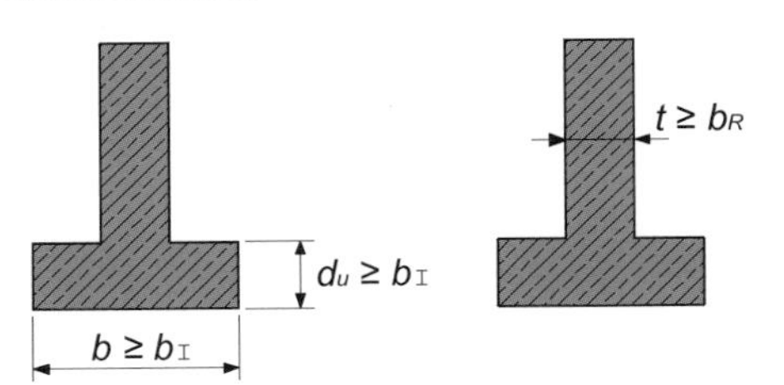

d_u = Höhe des Untergurtes
b = Mindestbreite
b_I = Mindestbreite von I-Querschnitten nach Tabelle 5 für die Biegezugzone
t = Mindeststegdicke
b_R = Mindestbreite von Rechteckbalken nach Tabelle 5

Vernachlässigung von Aussparungen bei folgenden Randbedingungen:

T4: 3.2.2.5

Rechteckquerschnitt:

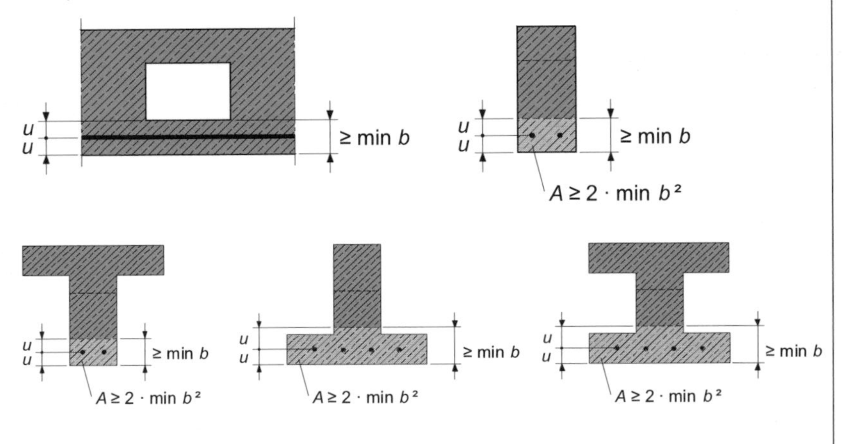

Kreis- / Quadratquerschnitt: (kreisförmige sind wie flächengleiche quadratische zu bemessen)

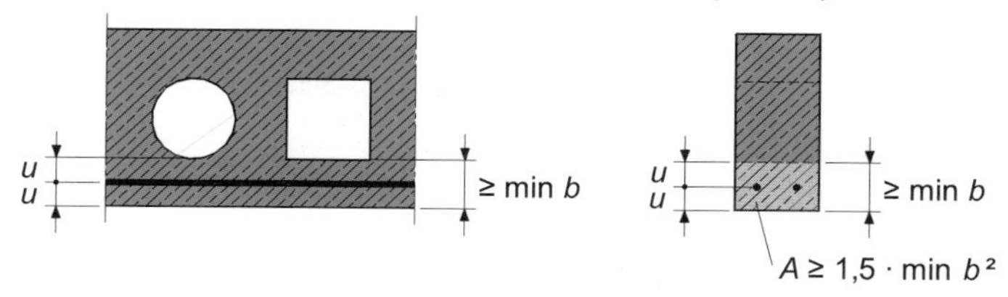

Randabstand zwischen den Aussparungen:

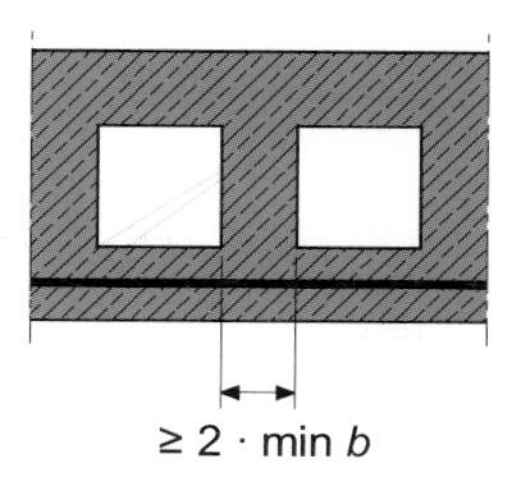

min b = kleinster Wert nach Tabelle 5 für die Biegezugzone der geforderten Feuerwiderstandsklasse

u = Mindestachsabstand der Bewehrung zum Rand und zur Aussparung nach Tabelle 7 der geforderten Feuerwiderstandsklasse

Aussparungen mit einem Durchmesser ≤ 100 mm:

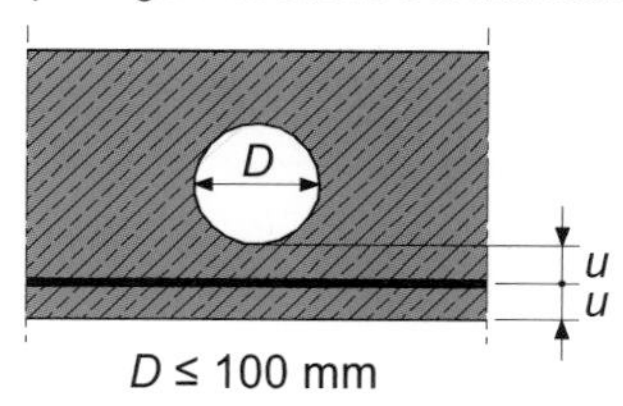

Aussparungen mit einem Durchmesser ≤ 50 mm dürfen ganz vernachlässigt werden.

Balkenauflager:

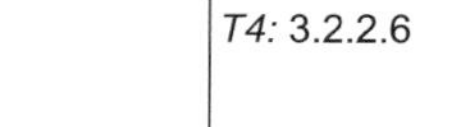

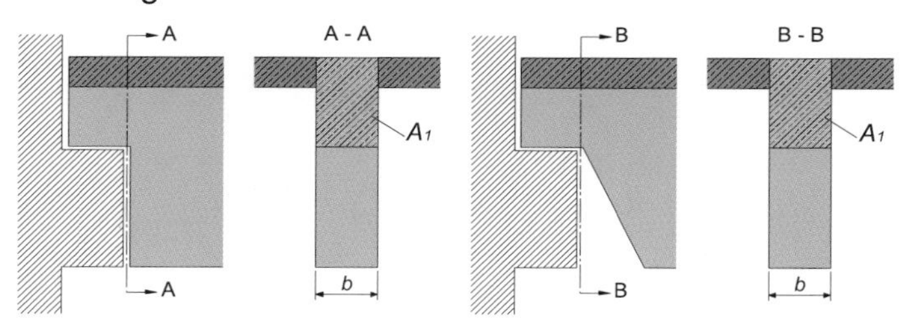

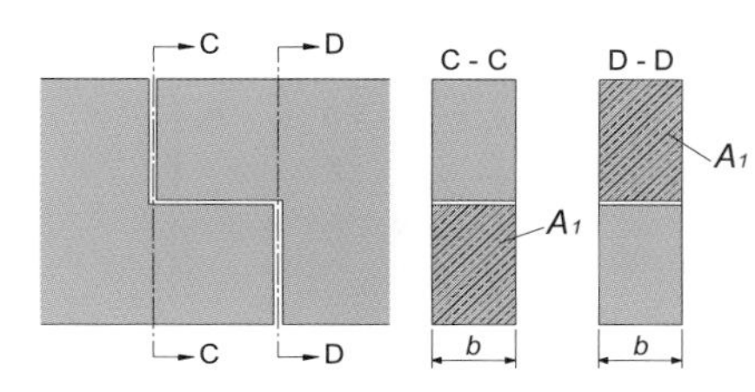

Querschnittsfläche an der schwächsten Stelle:

$A_1 \geq 1{,}5 \cdot \min b^2$

min b = kleinster Wert nach Tabelle 5 für die Biegezugzone der geforderten Feuerwiderstandsklasse

1.1.1.2 Mindestquerschnittsabmessungen bei vierseitiger Brandbeanspruchung

T4: 3.2.3

T4: 3.2.3.1

Für die Mindestquerschnittsabmessungen gelten dieselben Anforderungen wie für dreiseitige Brandbeanspruchung. Des Weiteren gelten die folgenden zusätzlichen Mindestquerschnittswerte:

Mindesthöhe:

T4: 3.2.3.2

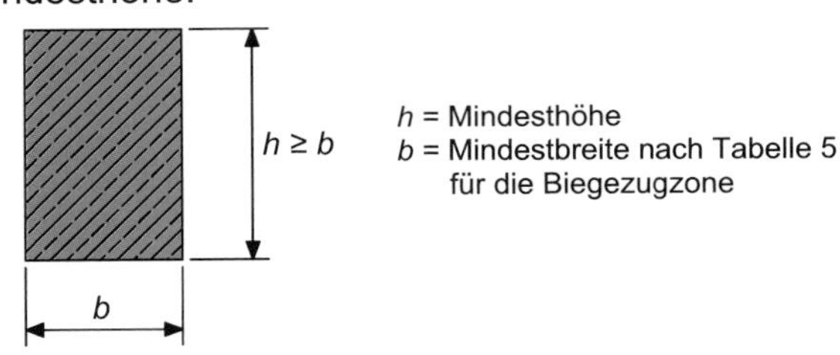

Mindestquerschnittsfläche:

T4: 3.2.3.3

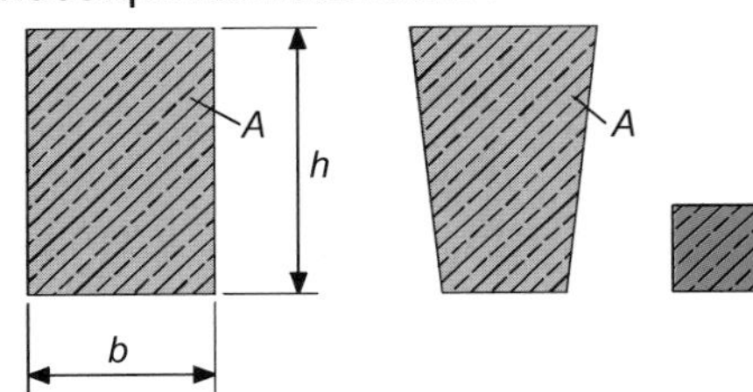

Querschnittsfläche:

$A \geq 2 \cdot \min b^2$

min b = kleinster Wert nach Tabelle 5 für die Biegezugzone

T- und I-Querschnitte:

T4: 3.2.3.4

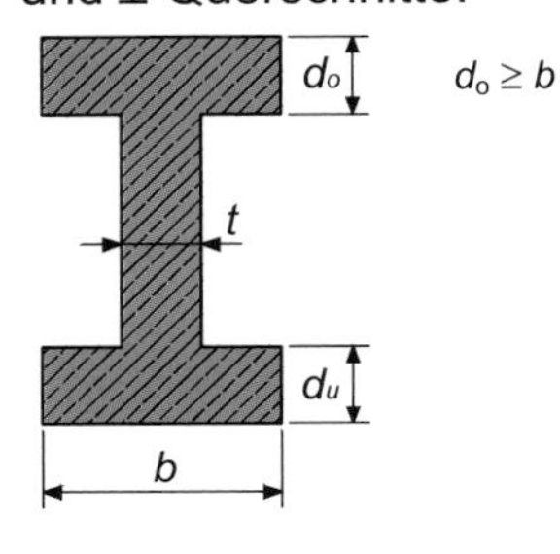

$d_o \geq b$

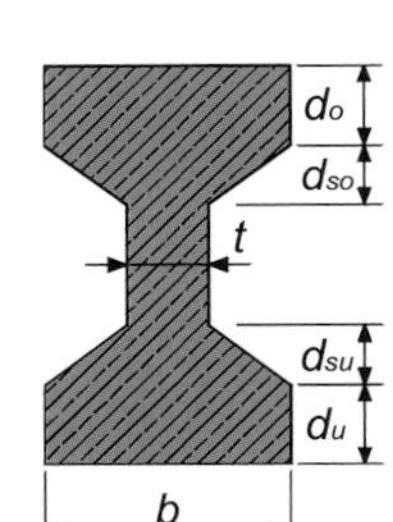

$$d_o^* = d_o + \frac{d_{so}}{2} \geq b \quad (15)$$

T4: Gl. (3)

d_o = Höhe des Obergurtes
b = Mindetsbreite nach Tabelle 5 für die Biegezugzone und crit T > 450 °C

Balkenauflager:

T4: 3.2.3.5

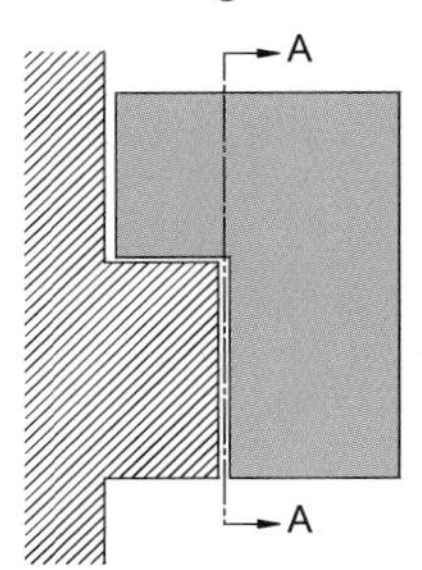

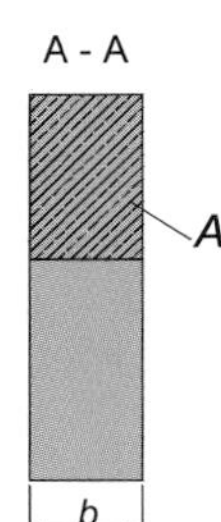

A_2

Querschnittsfläche an der schwächsten Stelle:

$A_2 \geq 2 \cdot \min b^2$

min b = kleinster Wert nach Tabelle 5 für die Biegezugzone der geforderten Feuerwiderstandsklasse

1.1.1.3 Mindestachsabstände und Mindeststabanzahl der Bewehrung bei ein- bis vierseitiger Brandbeanspruchung

T4: 3.2.4

u, u_s = Mindestachsabstand der Bewehrung
c = Mindestbetonüberdeckung der Stahleinlage nach DIN 1045-1

Tabelle 7: Mindestachsabstände sowie Mindeststabanzahl der Zugbewehrung von ein- bis vierseitig beanspruchten, statisch bestimmt gelagerten Stahlbetonbalken[1] aus Normalbeton

T4: Tab. 6

Feuerwiderstandsklasse	F 30-A	F 60-A	F 90-A	F 120-A	F 180-A
unbekleidete, einlagig bewehrte Balken					
bei einer Balkenbreite *b*[5] (mm) von	80	≤ 120	≤ 150	≤ 200	≤ 240
u[2]: Mindestachsabstand (mm)	25	40	55[4]	65[4]	80[4]
u_s[2]: Mindestachsabstand (mm)	35	50	65	75	90
n[3]: Mindeststabanzahl	1	2	2	2	2
bei einer Balkenbreite *b* (mm) von	120	160	200	240	300
u[2]: Mindestachsabstand (mm)	15	35	45	55[4]	70[4]
u_s[2]: Mindestachsabstand (mm)	25	45	55	65	80
n[3]: Mindeststabanzahl	2	2	3	3	3
bei einer Balkenbreite *b* (mm) von	160	200	250	300	400
u[2]: Mindestachsabstand (mm)	10	30	40	50	65[4]
u_s[2]: Mindestachsabstand (mm)	20	40	50	60	75
n[3]: Mindeststabanzahl	2	3	4	4	4
bei einer Balkenbreite *b* (mm) von	≥ 200	≥ 300	≥ 400	≥ 500	≥ 600
u[2]: Mindestachsabstand (mm)	10	25	35	45	60[4]
u_s[2]: Mindestachsabstand (mm)	10	25	35	45	60[4]
n[3]: Mindeststabanzahl	3	4	5	5	5
unbekleidete, mehrlagig bewehrte Balken					
u_m: Mindestachsabstand (mm) nach Gleichung 16	$u_m \geq u$ für unbekleidete, einlagig bewehrte Balken				
u, u_s: Mindestachsabstand (mm)	*u* und $u_s \geq u_{F\,30}$ für unbekleidete, einlagig bewehrte Balken sowie *u* und $u_s \geq 0{,}5 \cdot u$ für unbekleidete, einlagig bewehrte Balken				
n: Mindeststabanzahl	keine Anforderungen				
Balken mit Bekleidung aus					
Putzen nach Abschnitt I/2.2.4.1 bis Abschnitt I/2.2.4.3	*u*, u_m und u_s nach dieser Tabelle, Abminderungen nach Tabelle 2 möglich, jedoch $u \geq u_{F30}$				
Unterdecken	*u* und $u_s \geq 10$ mm Konstruktionen nach Abschnitt II/2.2				

[1] Die Tabellenwerte gelten auch für Spannbetonbalken, die Mindestachsabstände *u*, u_m und u_s sind um die Δu-Werte der Tabelle 1 zu erhöhen.
[2] Zwischen den *u*- bzw. u_s-Werten darf in Abhängigkeit der Balkenbreite *b* geradlinig interpoliert werden.
[3] Die geforderte Mindeststabanzahl *n* darf unterschritten werden, wenn der seitliche Abstand u_s je entfallendem Stab um jeweils 10 mm vergrößert wird; Stabbündel gelten in diesem Fall als ein Stab.
[4] Bei einer Betondeckung *c* > 50 mm ist eine Schutzbewehrung nach Abschnitt I/2.2.3 erforderlich.
[5] Bei F 60 bis F 180 sind kleinere Balkenbreiten zulässig, wenn die Abminderung z. B. für Balken mit Bekleidung entsprechend Tabelle 5 erfolgt.

Einlagige Bewehrung mit unterschiedlichen Stabdurchmessern und mehrlagige Bewehrung:

T4: 3.2.4.2 und *T4:* 3.2.4.3

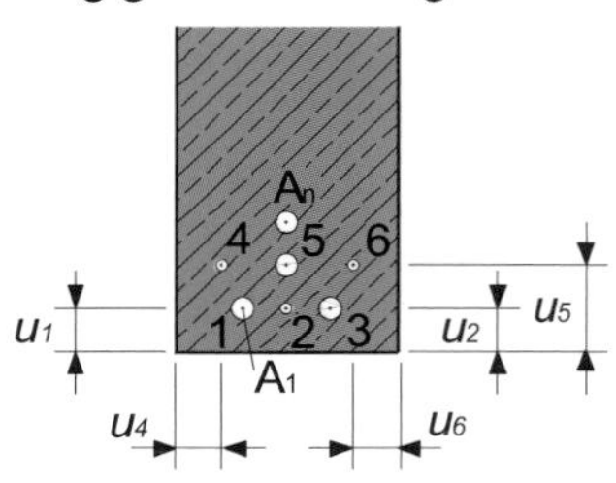

Achsabstand u = der gemittelte Achabstand u_m

$A_1 - A_n$ = Fläche der Bewehrungsstäbe
$u_1 - u_n$ = kleinste Achsabstand unten oder seitlich der Bewehrungsstäbe

$$u_m = \frac{A_1 \cdot u_1 + A_2 \cdot u_2 + \ldots + A_n \cdot u_n}{\sum_1^n A_n} \qquad (16)$$

T4: Gl. (4)

I- und ⊥-Querschnitte:

T4: 3.2.4.4 und *T4:* 3.2.4.5

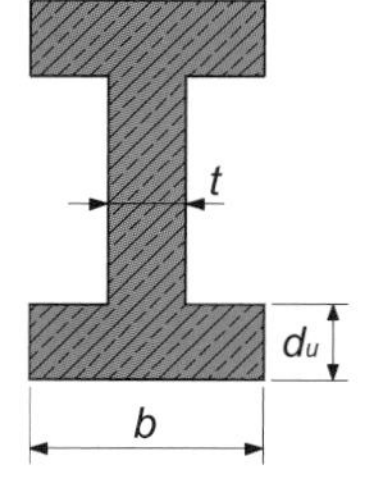

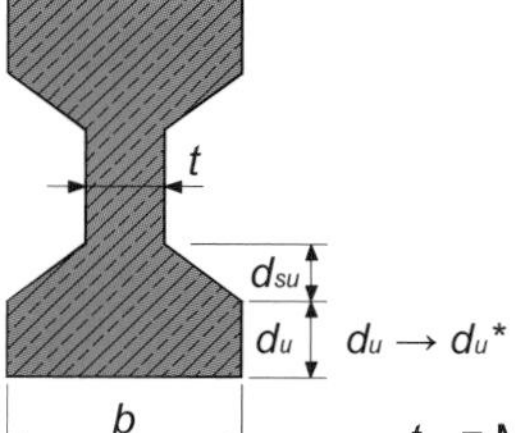

t = Mindeststegdicke
b = Mindestbreite
min b = Wert der Mindestbreite b ohne Bekleidung nach Tabelle 5 der geforderten Feuerwiderstandsklasse
d_u = Höhe des Untergurtes
d_u* nach Gleichung 14

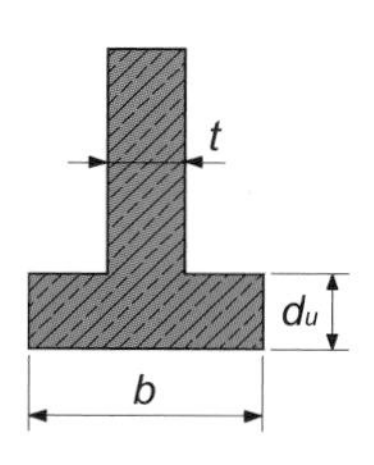

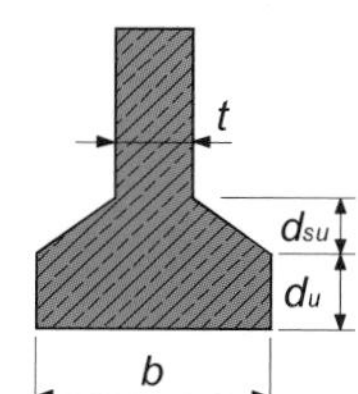

für $b/t \leq 1{,}4$

$d_u/\min b \geq 1{,}4$

→ u und u_s nach Tabelle 7

für $b/t > 1{,}4$

$d_u/\min b < 1{,}4$

→ $u' = u \times \alpha$ und $u_s' = u_s \times \alpha$ (17) *T4:* Gl. (5)

$$\alpha = 1{,}85 - \sqrt{t/b} \times \frac{d_u}{\min b} \geq 1{,}0 \qquad (18)$$

T4: Gl. (6)

u und u_s nach Tabelle 7

Mindestachsabstände bei Aussparungen in Balken oder Stegen:

T4: 3.2.4.6

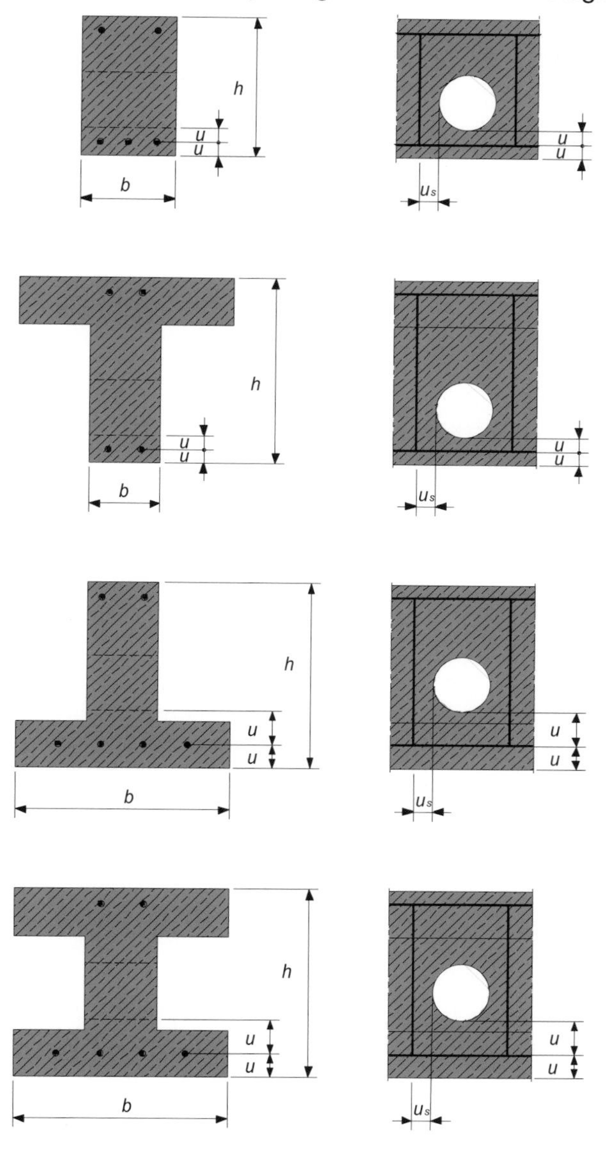

b = Mindestbreite
h = Mindesthöhe
u, u_s = Mindestachsabstand der Bewehrung

Balkenauflager:

T4: 3.2.4.7

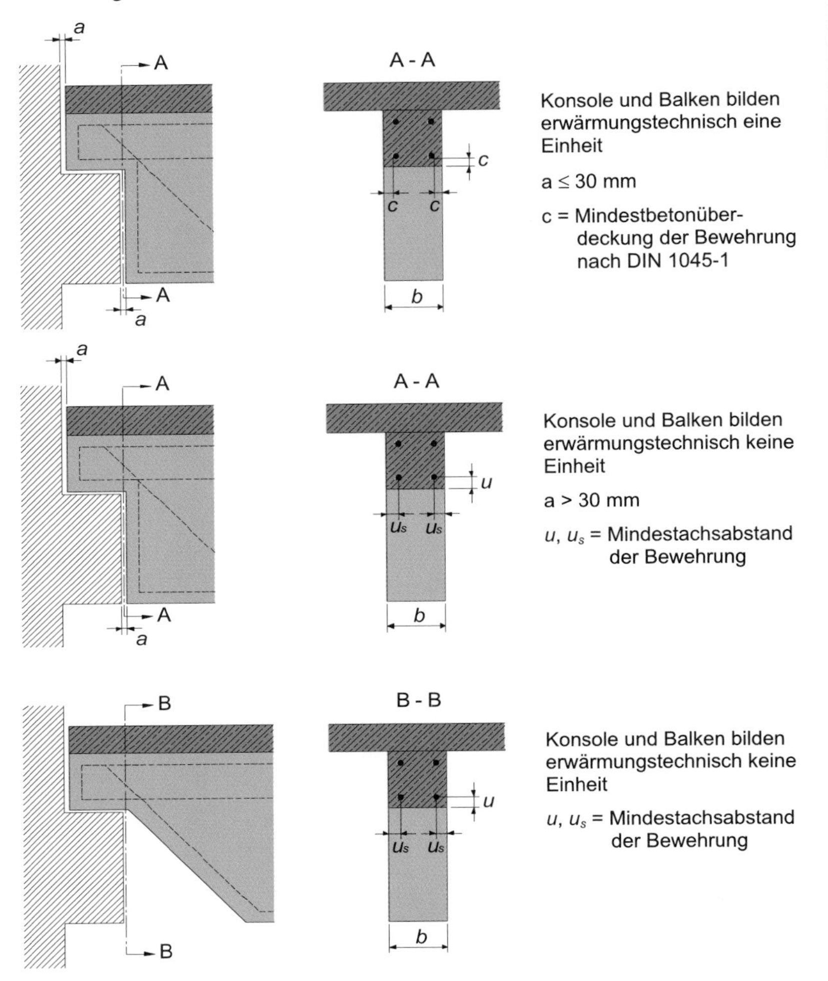

Bei den Feuerwiderstandsklassen F 120 und F 180 müssen bei Balken mit rechnerisch erforderlicher Querkraftbewehrung nach DIN 1045-1 stets mindestens vierschnittige Bügel angeordnet werden.

T4: 3.2.4.8

1.1.1.4 Konsolen und Auflager

T4: 3.2.5

Stahlbetonkonsolen in Verbindung mit Stützen:

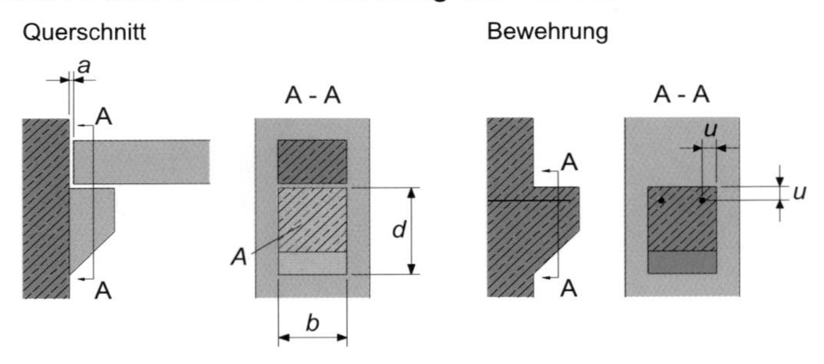

Stahlbetonkonsolen in Verbindung mit Wänden:

zweiseitige Brandbeanspruchung

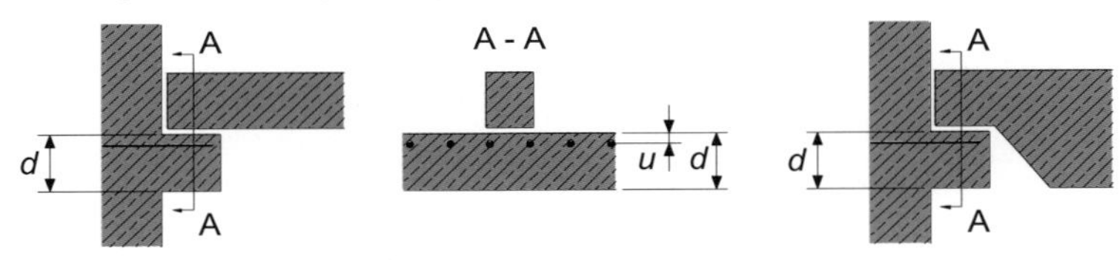

einseitige Brandbeanspruchung

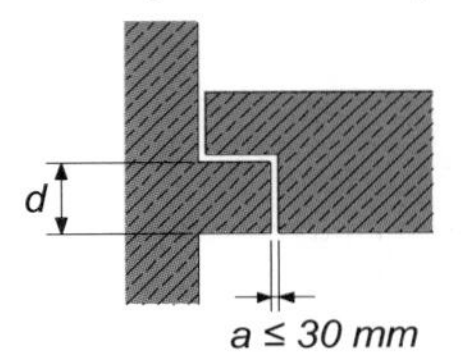

b = Mindestbreite
d = Mindestdicke
A = Mindestquerschnittsfläche am Anschnitt
u = Mindestachsabstand der Bewehrung

je nach Tabelle 8

Stahlbetonkonsolen in Verbindung mit Platten:

einseitige Brandbeanspruchung

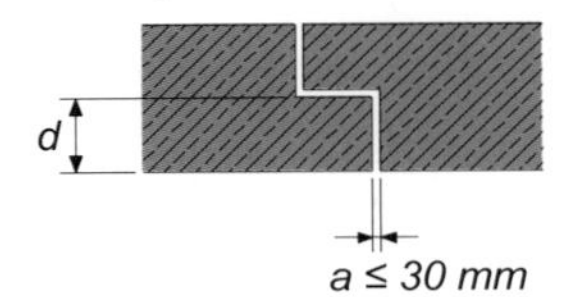

Stahlbetonkonsolen in Verbindung mit Balken:

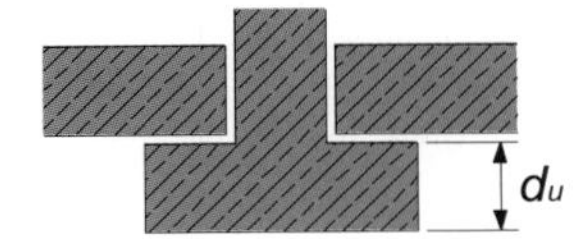

Tabelle 8: Mindestdicken und Mindestachsabstände von Stahlbetonkonsolen

T4: Tab. 5

Feuerwiderstandsklasse	F 30-A	F 60-A	F 90-A	F 120-A	F 180-A
Stahlbetonkonsolen in Verbindung mit Stützen					
b: Mindestbreite (mm)	110	120	170	240	320
d: Mindesthöhe (mm) am Anschnitt	110	120	170	240	320
A: Mindestquerschnittsfläche am Anschnitt	$2 \cdot b^2$, *b* nach dieser Tabelle				
bei einer Konsolenbreite *b* (mm) von	110	≤ 120	≤ 170	≤ 240	≤ 320
u[1) 2)]: Mindestachsabstand (mm)	25	40	55[3)]	65[3)]	80[3)]
bei einer Konsolenbreite *b* (mm) von	≥ 200	≥ 300	≥ 400	≥ 500	≥ 600
u[1) 2)]: Mindestachsabstand (mm)	18	25	35	45	60[3)]
Stahlbetonkonsolen (Kragplatten) in Verbindung mit Wänden					
bei 3seitiger Brandbeanspruchung					
d: Mindesthöhe (mm)	100[4)]	120	150	200	240
u: Mindestachsabstand (mm)	10	25	35	45	60[3)]
bei 2seitiger Brandbeanspruchung					
d: Mindesthöhe (mm)	100	100	100	120	150
u: Mindestachsabstand (mm)	10	25	35	45	60[3)]
bei 1seitiger Brandbeanspruchung[6)]					
d: Mindesthöhe (mm)	80[5)]	80[5)]	80	100	130
u: Mindestachsabstand (mm)	10	25	35	45	60[3)]
Stahlbetonkonsolen in Verbindung mit Balken					
d_u: Mindestdicke (mm)	$d_u \geq d$ für Stahlbetonkonsolen in Verbindung mit Wänden bei entsprechender Brandbeanspruchung, sofern für Spannbetonbalken nach Tabelle 5 keine größeren Dicken gefordert werden				
bei 3seitiger Brandbeanspruchung					
u: Mindestachsabstand (mm)	10	25	35	45	60[3)]
	und nach den Angaben von Abschnitt II/1.1.1.3				
bei 1- bis 2seitiger Brandbeanspruchung					
u: Mindestachsabstand (mm) seitlich und unten	10	25	35	45	60[3)]
	und nach den Angaben von Abschnitt II/1.1.1.3				
u: Mindestachsabstand (mm) an der Oberseite, die voll abgedeckt wird	10	25	35	45	60[3)]
	und nach DIN 1045-1				
Sonstige Randbedingungen für den Balken	Ausführung nach den Angaben in den Abschnitten II/1.1.1 und II/1.1.2				

1) Zwischen den *u*-Werten darf in Abhängigkeit der Konsolenbreite *b* geradlinig interpoliert werden.
2) Werden Stahlbauteile auf den Konsolen so aufgelagert, dass die Konsolenoberfläche voll abgedeckt ist, braucht der Achsabstand der Konsolenbewehrung zur Oberseite nur die nach DIN1045-1 vorgeschriebenen Maße einhalten. Eine Fuge mit $a \leq 30$ mm zwischen Stütze und aufgelagertem Bauteil darf dabei unberücksichtigt bleiben.
3) Bei einer Betondeckung $c > 50$ mm ist eine Schutzbewehrung nach Abschnitt I/2.2.3 erforderlich.
4) und 5) Bei Betonfeuchtegehalten > 4 % Massenanteil (s. Abschnitt I/2.2.5) sowie bei Konsolen mit sehr dichter Bügelbewehrung (Stababstände < 100 mm) muss die Mindesthöhe bei 4) $d \geq 120$ mm bzw. bei 5) $d \geq 100$ mm sein.
6) Die Angaben für einseitige Brandbeanspruchung gelten auch für Konsolen in Verbindung mit Platten, siehe Zeichnung.

1.1.2 Statisch unbestimmt gelagerter Balken

T4: 3.3

1.1.2.1 Mindestquerschnittsabmessungen bei maximal dreiseitiger Brandbeanspruchung

T4: 3.3.2

Es gelten die Bedingungen aus Abschnitt II/1.1.1.1, wobei Tabelle 5 durch Tabelle 9 zu ersetzen ist.

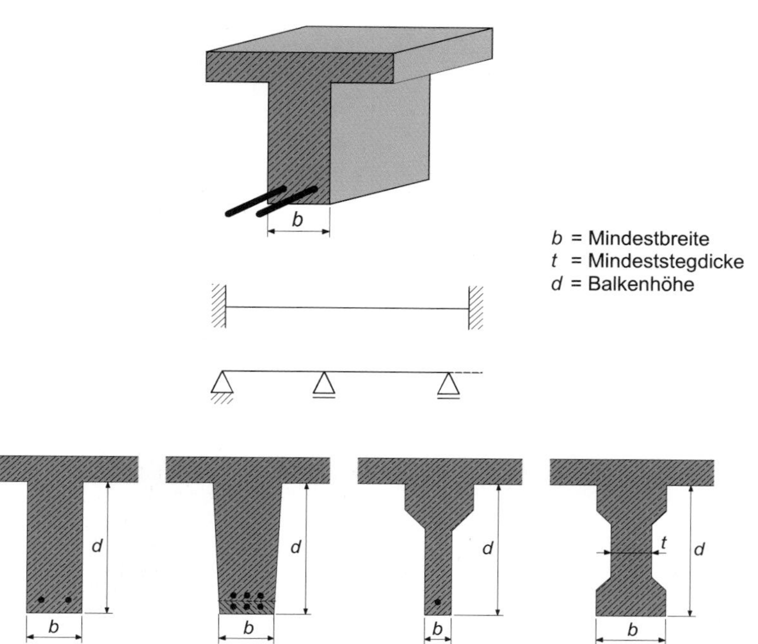

Tabelle 9: Mindestbreite von max. dreiseitig beanspruchten, statisch unbestimmt gelagerten Stahlbeton- und Spannbetonbalken aus Normalbeton

T4: Tab. 7

Feuerwiderstandsklasse	F 30-A	F 60-A	F 90-A	F 120-A	F 180-A
b: Mindestbreite (mm)	*b*	*b*	*b*	*b*	*b*
Biegezugzone bzw. vorgedrückte Zugzone mit Ausnahme der Auflagerbereiche					
Stahlbeton und Spannbeton mit crit $T \geq 450$ °C nach Tabelle 1	80[1) 2)]	120[2)]	150	220	400
Spannbeton mit crit $T = 350$ °C nach Tabelle 1	120[2)]	160	190	240	400
Druck- oder Biegedruckzone bzw. vorgedrückte Zugzone in Auflagerbereichen					
$d/b \leq 2$	90[1) 2)] Die Bedingungen von Tabelle 6 sind einzuhalten	100[1) 2)] Die Bedingungen von Tabelle 6 sind einzuhalten	150	220	400
$d/b > 2$	110[2)] - 140[2)] Die Bedingungen von Tabelle 6 sind einzuhalten	120[2)] - 140[2)] Die Bedingungen von Tabelle 6 sind einzuhalten	170	240	400
mit Bekleidung aus					
Putzen nach Abschnitt I/2.2.4.1 bis Abschnitt I/2.2.4.3	*b* nach dieser Tabelle, Abminderungen nach Tabelle 2 möglich, jedoch $b \geq 80$ mm				
Unterdecken	$b \geq 50$ mm, Konstruktionen nach Abschnitt II/2.2				

1) Bei Betonfeuchtegehalten > 4 % Massenanteil (s. Abschnitt I/2.2.5) sowie bei Balken mit sehr dichter Bügelbewehrung (Stababstände < 100 mm) muss die Breite *b* mindestens 120 mm betragen.

2) Wird die Bewehrung in der Symmetrieachse konzentriert und werden dabei mehr als zwei Bewehrungsstäbe oder Spannglieder übereinander angeordnet, dann sind die angegebenen Mindestabmessungen unabhängig vom Betonfeuchtegehalt um den zweifachen Wert des verwendeten Bewehrungsstabdurchmessers – bei Stabbündeln um den zweifachen Wert des Vergleichsdurchmessers d_{sV} – zu vergrößern. Bei Dicken $b \geq 150$ mm braucht diese Zusatzmaßnahme nicht mehr angewendet zu werden.

1.1.2.2 Mindestquerschnittsabmessungen bei vierseitiger Brandbeanspruchung

T4: 3.3.3

Für die Mindestquerschnittsabmessungen gelten dieselben Anforderungen wie für dreiseitige Brandbeanspruchung. Des Weiteren gelten die zusätzlichen Mindestquerschnittswerte nach Abschnitt II/1.1.1.2.

1.1.2.3 Mindestachsabstände und Mindeststabanzahl der Bewehrung bei maximal dreiseitiger Brandbeanspruchung

T4: 3.3.4

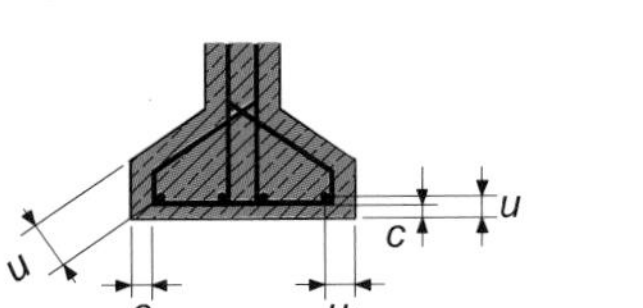

u, u_s = Mindestachsabstand der Bewehrung
c = Mindestbetonüberdeckung der Stahleinlage nach DIN 1045-1

Tabelle 10: Mindestachsabstand sowie Mindeststabanzahl der Feldbewehrung von maximal dreiseitig beanspruchten, statisch unbestimmt gelagerten Stahlbetonbalken[1] *aus Normalbeton*

T4: Tab. 8

Feuerwiderstandsklasse	F 30-A	F 60-A	F 90-A	F 120-A	F 180-A
unbekleidete, einlagig bewehrte Balken bei Anordnung der Stütz- bzw. Einspannbewehrung					
nach DIN 1045-1	u, u_s und n sind nach Abschnitt II/1.1.1.3, Tabelle 7 für unbekleidete, einlagig bewehrte Balken zu bestimmen				
mit Verlängerung der Stützbewehrung, sofern das Stützenverhältnis min $\ell \geq 0{,}8$ max ℓ ist					
bei einer Balkenbreite b[5] (mm) von	80	≤ 120	≤ 150	≤ 220	≤ 400
u[2]: Mindestachsabstand (mm)	10	25	35	45	60[4]
u_s[2]: Mindestachsabstand (mm)	10	35	45	55	70
n[3]: Mindeststabanzahl	1	2	2	2	2
bei einer Balkenbreite b (mm) von	≥ 160	≥ 200	≥ 250	≥ 300	≥ 400
u[2]: Mindestachsabstand (mm)	10	10	25	35	50
u_s[2]: Mindestachsabstand (mm)	10	20	35	45	60
n[3]: Mindeststabanzahl	2	3	4	4	4
mit Verlängerung der Stützbewehrung, sofern das Stützenverhältnis min $\ell \geq 0{,}2$ max ℓ ist	Interpolation zwischen den Werten der Tabelle 7 für unbekleidete, einlagig bewehrte Balken und den Werten der Tabelle 10 mit Stützenbewehrungsverlängerung				
unbekleidete, mehrlagig bewehrte Balken bei Anordnung der Stütz- bzw. Einspannbewehrung					
nach DIN 1045-1	u, u_m und u_s sind nach Abschnitt II/1.1.1.3, Tabelle 7 für unbekleidete, mehrlagig bewehrte Balken zu bestimmen				
mit Verlängerung der Stützbewehrung, sofern das Stützenverhältnis min $\ell \geq 0{,}8$ max ℓ ist					
u_m: Mindestachsabstand (mm) nach Gleichung 16	$u_m \geq u$ für unbekleidete, einlagig bewehrte Balken				
u, u_s: Mindestachsabstand (mm)	u und $u_s \geq u_{F30}$ für unbekleidete, einlagig bewehrte Balken sowie u und $u_s \geq 0{,}5 \cdot u$ für unbekleidete, einlagig bewehrte Balken				
n: Mindeststabanzahl	keine Anforderungen				
Balken mit Bekleidung aus					
Putzen nach Abschnitt I/2.2.4.1 bis Abschnitt I/2.2.4.3	u, u_m und u_s nach dieser Tabelle, Abminderungen nach Tabelle 2 möglich, jedoch $u \geq 10$ mm				
Unterdecken	u und $u_s \geq 10$ mm Konstruktionen nach Abschnitt II/2.2				

1) Die Tabellenwerte gelten auch für Spannbetonbalken, die Mindestachsabstände u, u_m und u_s sind um die Δu-Werte der Tabelle 1 zu erhöhen.
2) Zwischen den u- bzw. u_s-Werten darf in Abhängigkeit der Balkenbreite b geradlinig interpoliert werden.
3) Die geforderte Mindeststabanzahl n darf unterschritten werden, wenn der seitliche Abstand u_s je entfallendem Stab um jeweils 10 mm vergrößert wird; Stabbündel gelten in diesem Fall als ein Stab.
4) Bei einer Betondeckung $c > 50$ mm ist eine Schutzbewehrung nach Abschnitt I/2.2.3 erforderlich.
5) Bei F 60 bis F 180 sind kleinere Balkenbreiten zulässig, wenn die Abminderung z. B. für Balken mit Bekleidung entsprechend Tabelle 5 erfolgt.

Verlängerung der Stützbewehrung:

T22: 5.2 / 3.3.4.2

Wird die Stützbewehrung an jeder Stelle gegenüber der nach DIN 1045-1 erforderlichen Stützbewehrung um $0{,}15 \times \ell$ verlängert, wobei bei durchlaufenden Balken ℓ die Stützweite des angrenzenden größeren Feldes ist, dürfen die Achsabstände und die Stabanzahl der Feldbewehrung entsprechend den Angaben in Tabelle 10 bestimmt werden. Dies gilt nur, wenn die Momentenumlagerung bei der Bemessung für Normaltemperatur nicht mehr als 15 % beträgt.

Mindestachsabstände bei Aussparungen in Balken oder Stegen:

T4: 3.3.4.3

siehe Abschnitt II/1.1.1.3

Balkenauflager:

siehe Abschnitt II/1.1.1.3

Bei den Feuerwiderstandsklassen F 120 und F 180 müssen bei Balken mit rechnerisch erforderlicher Querkraftbewehrung nach DIN 1045-1 stets mindestens vierschnittige Bügel angeordnet werden.

1.1.2.4 Mindestachsabstände und Mindeststabanzahl der Bewehrung bei vierseitiger Brandbeanspruchung

T4: 3.3.5

Für die Mindestachsabstände und Mindeststabanzahl der Feld- und Stütz- bzw. Einspannbewehrung gelten die Bedingungen aus Abschnitt II/1.1.1.3.

1.1.3 Balken aus hochfestem Beton

TA1: 3.1 / 9.1

Die Angaben in Abschnitt II/1.1 zu den Mindestquerschnittsabmessungen und den Mindestachsabständen der Bewehrung gelten auch für Balken aus hochfestem Beton (> C 50/60 bei Normalbeton und > LC 50/55 bei Leichtbeton) nach DIN EN 206-1.

Schutzbewehrung von Balken:

TA1: 3.1 / 9.3

- Auf den brandbeanspruchten Seiten ist eine Schutzbewehrung nach Abschnitt I/2.2.3 mit einer Betondeckung c_{nom} = 15 mm einzubauen.
- Bei Balken in feuchter und/oder chemisch angreifender Umgebung ist c_{nom} um 5 mm zu erhöhen.
- Die Schutzbewehrung ist nicht erforderlich, wenn zerstörende Betonabplatzungen bei der Brandbeanspruchung durch betontechnische Maßnahmen nachweislich verhindert werden.

1.2 Stahlträger

T4: 6.2

Allgemeine Anforderungen und Randbedingungen

Brandbeanspruchung und statisches System:

T4: 6.2.1.1 und *T4:* 6.2.1.2

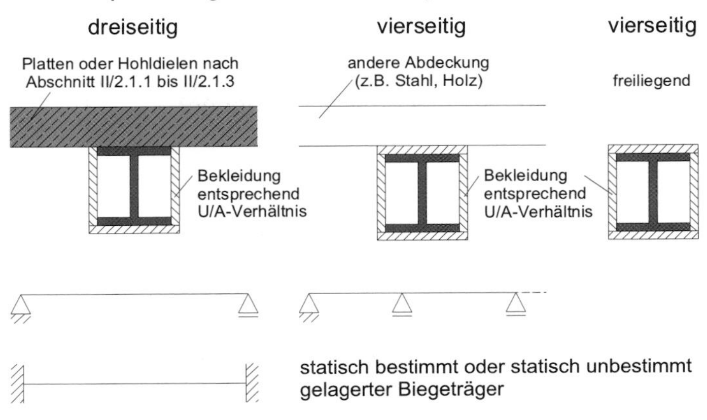

Die Angaben gelten auch für Fachwerkträger, wenn die einzelnen Stäbe, Knotenbleche etc. entsprechend des *U/A*-Wertes ummantelt werden. *T4:* 6.2.1.3

Statisch erforderliche Aussteifungen, außer Montageverbände, müssen unter Berücksichtigung des *U/A*-Wertes ummantelt werden. *T4:* 6.2.1.4

Die Anordnung von zusätzlichen Bekleidungen, ausgenommen Stahlbleche, ist erlaubt. Es sind jedoch bei Verwendung von Baustoffen der Klasse B die bauaufsichtlichen Anforderungen zu beachten. *T4:* 6.2.1.5

1.2.1 Träger mit Putzbekleidungen

T4: 6.2.2

1.2.1.1 Putzbekleidungen ohne Ausmauerung der Flächen zwischen den Flanschen

T4: 6.2.2.1

≥ 30 ≥ 50 (1) (2) (3) (4) (5) (6) (7) D d

d = Mindestputzdicke über Putzträger
D = Gesamtputzdicke $D \geq d + 10$ mm
1 = Platten oder Hohldielen nach Abschnitt II/2.1.1 bis II/2.1.3
2 = Bügel Ø ≥ 5, $a \leq 500$ mm
3 = Abstandhalter Ø ≥ 5, bis 3 Stück je Breite
4 = Rippenstreckmetall
5 = Klemmbefestigung
6 = Streckmetall oder Drahtgewebe
7 = Schraubenbefestigung, mind. 3 Schrauben/Meter

Tabelle 11: Mindestdicken d von Putzen bekleideter Stahlträger ohne Ausmauerung

T4: Tab. 90

Feuerwiderstandsklasse	F 30-A	F 60-A	F 90-A	F 120-A	F 180-A
d: Mindestputzdicke (mm) über Putzträger	*d*	*d*	*d*	*d*	*d*
für Mörtelgruppe P II oder P IVc nach DIN 18550-2					
$U/A < 90$	5	15	-	-	-
$90 \leq U/A < 119$	5	15	-	-	-
$120 < U/A < 179$	5	15	-	-	-
$180 < U/A < 300$	5	15	-	-	-
für Mörtelgruppe P IVa oder P IVb nach DIN 18550-2					
$U/A < 90$	5	5	15	15	25
$90 \leq U/A < 119$	5	5	15	25	-
$120 < U/A < 179$	5	15	15	25	-
$180 < U/A < 300$	5	15	25	-	-
für Vermulite- oder Perlite-Mörtel nach Abschnitt I/2.2.4.3					
$U/A < 90$	5	5	15	15	25
$90 \leq U/A < 119$	5	5	15	25	-
$120 < U/A < 179$	5	5	15	25	-
$180 < U/A < 300$	5	5	25	25	-

Abstandhalter: Die Putzträger müssen Abstandhalter aufweisen, damit der Putz den Putzträger mindestens 10 mm durchdringen kann. Für die abstandhaltenden Bügel dürfen auch wirksame Trägerklammern, Blechprofile, Schellen oder Ähnliches verwendet werden.

T4: 6.2.2.1

Die Putzträger sind oberseitig ausreichend zu verankern, z. B. mit Klemm- oder Schraubbefestigungen, bzw. bei vierseitiger Brandbeanspruchung ist die Bekleidung um den Obergurt herumzuführen.

1.2.1.2 Putzbekleidungen mit Ausmauerung der Flächen zwischen den Flanschen

T4: 6.2.2.2

Es gelten die Bedingungen aus Abschnitt II/1.2.1.1, wobei die Mindestputzdicken nur im Bereich des Untergurtes eingehalten werden müssen.

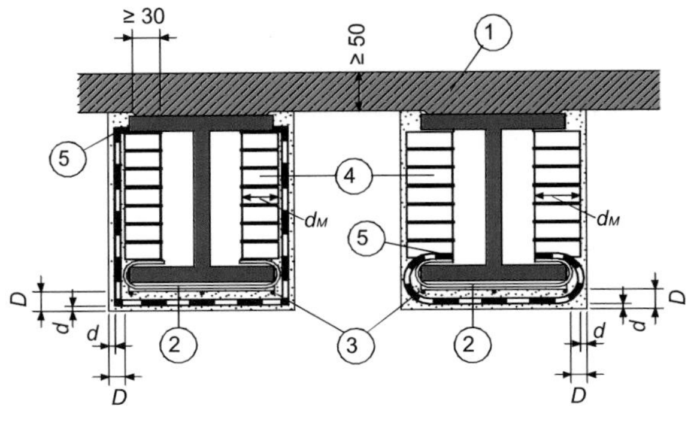

d = Mindestputzdicke über Putzträger
D = Gesamtputzdicke $D \geq d + 10$ mm
d_M = Mindestdicke der Ausmauerung
1 = Platten oder Hohldielen nach Abschnitt II/2.1.1 bis II/2.1.3
2 = Bügel Ø ≥ 5, $a \leq 500$ mm
3 = Abstandhalter Ø ≥ 5, bis 3 Stück je Breite
4 = Rippenstreckmetall
5 = Klemmbefestigung

Tabelle 12: Mindestdicke d_M der Ausmauerung von Stahlträgern mit Putzbekleidung der Untergurte — *T4:* Tab 91

Feuerwiderstandsklasse	F 30-A	F 60-A	F 90-A	F 120-A	F 180-A
d_M: Mindestdicke (mm) der Ausmauerung[1) 2)]	d_M	d_M	d_M	d_M	d_M
Porenbeton-Blocksteine bzw. -Bauplatten (DIN V 4165 / DIN 4166) oder Hohlblocksteine, Vollsteine bzw. Wandbauplatten aus Leichtbeton (DIN V 18151 / DIN V 18152 / DIN V 18153 / DIN 18162)	50	50	50	50	75
Mauerziegel (DIN V 105-1) oder Kalksandsteine (DIN V 106-1)	50	50	50	70	115
Wandbauplatten aus Gips (DIN 18163)	60	60	60	60	60

1) Bei hohen Trägern können aus Gründen der Standsicherheit gegebenenfalls größere Dicken notwendig werden.
2) Lochungen von Steinen oder Ziegeln dürfen nicht senkrecht zum Trägersteg verlaufen.

1.2.2 Träger mit Gipskartonbekleidungen

T4: 6.2.3

d = Mindestbekleidungsdicke
1 = Platten oder Hohldielen nach Abschnitt II/2.1.1 bis II/2.1.3
2 = U-Halteprofile $a \leq 400$ mm
3 = U- oder C-Profile $a \leq 400$ mm
4 = Fugenunterfütterung
5 = Fugenhinterfütterung bei einlagiger Bekleidung
6 = jede Bekleidungslage an der Unterkonstruktion befestigen und verspachteln (entspr. DIN 18181)

Tabelle 13: Mindestbekleidungsdicke d von Gipskarton-Feuerschutzplatten (GKF) nach DIN 18180 für Stahlträger mit $U/A \leq 300\ m^{-1}$ — *T4:* Tab. 92

Feuerwiderstandsklasse	F 30-A	F 60-A	F 90-A	F 120-A
d: Mindestbekleidungsdicke (mm)	*d*	*d*	*d*	*d*
	12,5 [1)]	12,5 + 9,5	2 x 15	2 x 15 + 9,5 [1)]

1) Die raumseitige 9,5 mm dicke Bekleidungsschale darf auch aus Gipskarton-Bauplatten (GKB) nach DIN 18180 bestehen.

Fugenabstand bei mehrlagiger Bekleidung:

T4: 6.2.3

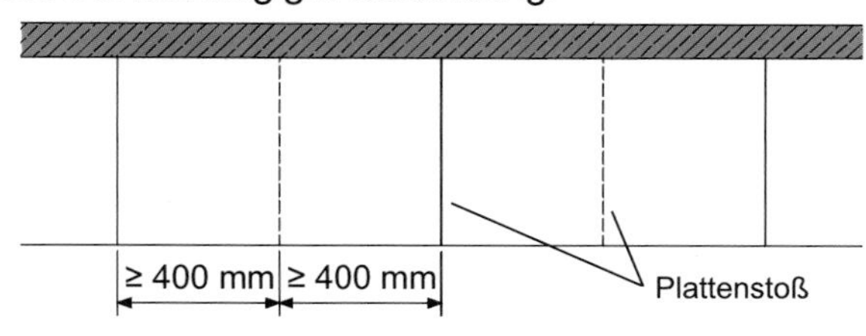

1.3 Verbundträger

T4: 7.2

Allgemeine Anforderungen und Randbedingungen

Die Angaben gelten für Träger mit ausbetonierten Kammern ohne Vorspannung nach DIN V 18800-5 mit dreiseitiger Brandbeanspruchung und der Stahlsorte S 335, Beton mindestens C 20/25 und einer Bewehrung aus BSt 500 S.

T4: 7.2.1.1 und *T22: 9.2.1.1*

Bei Verwendung der Stahlsorte S 235 darf die erforderliche Bewehrung auf 70 % der in den Tabellen angegeben Werte reduziert werden.

T4: 7.2.2.2

Brandbeanspruchung:

T4: 7.2.1.1

dreiseitig

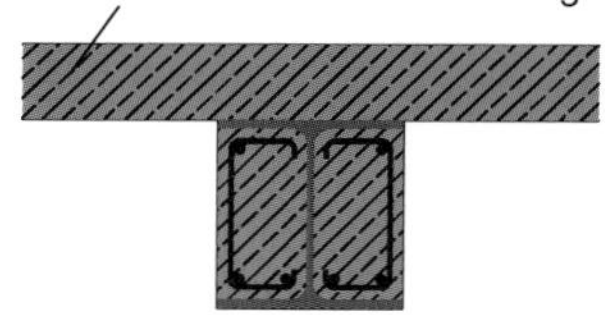

Bei den Verbunddecken müssen 90 % der Obergurtfläche brandschutztechnisch wirksam geschützt sein.

Statisches System:

T4: 7.2.1.2 und *T4: 7.2.1.3*

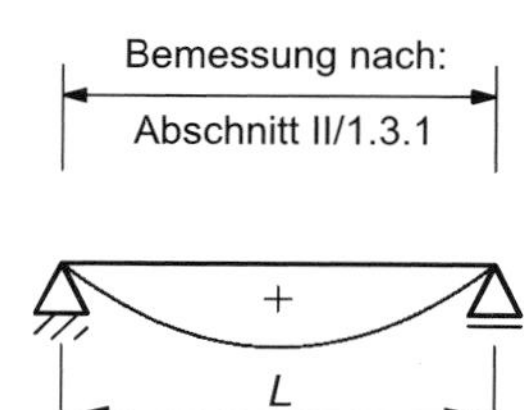

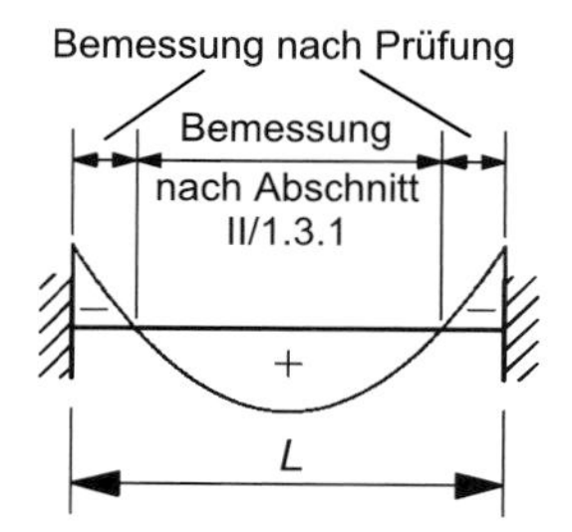

Zur Bestimmung des Ausnutzungsfaktors α_5 ist der Bemessungswert der Biegemomentenbeanspruchung nach Abschnitt I/2.1 mit dem Bemessungswert der Biegemomententragfähigkeit der Grundkombination nach DIN V 18800-5 ins Verhältnis zu setzen und mit 1,55 zu multiplizieren:

T22: 9.2.1.2

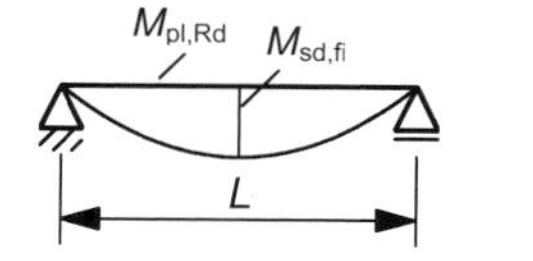

$$\alpha_5 = 1{,}55 \times (M_{Sd,fi} / M_{pl,Rd}) \quad (19)$$

Die erforderliche Zulagebewehrung des Kammerbetons darf bei der Bestimmung des Ausnutzungsfaktors nicht in Rechnung gestellt werden.

Mitwirkende Plattenbreite der Deckenplatte:

T4: 7.2.2.2

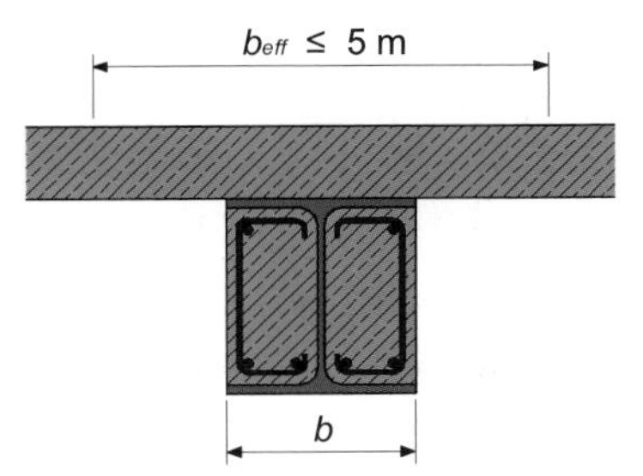

b = Mindestbreite
b_{eff} = mitwirkende Plattenbreite

Überstehende Flanschteile:

T22: 9.2.1.2

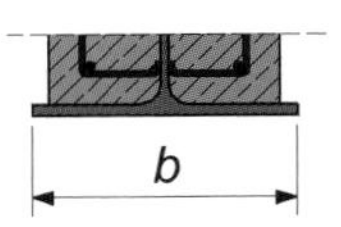

Breite b zur Bestimmung von α_5

Für die Mindestbreiten und dem Verhältnis der erforderlichen Bewehrung zur Untergurtfläche dürfen Zwischenwerte geradlinig interpoliert werden.

T4: 7.2.2.5

1.3.1 Verbundträger mit ausbetonierten Kammern

T4: 7.2.3

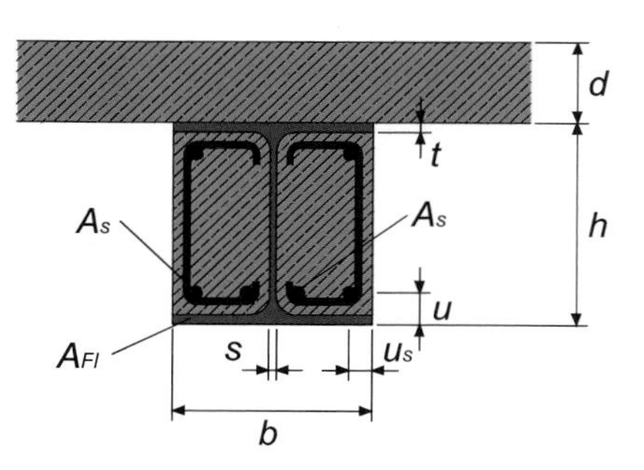

d = Plattendicke
b = Mindestbreite, Minimum der Profil- oder Kammerbetonbreite
h = Profilhöhe
s = Profildicke
t = Flanschdicke
u = Mindestachsabstand der Längsbewehrung
u_s = Mindestachsabstand seitlich der Längsbewehrung
A_s = Fläche der Bewehrung des Kammerbetons
A_{Fl} = Fläche des unteren Flansches mit $A_{Fl} = b \cdot t$
A_v = Mindestbewehrungsverhältnis, erforderliche Bewehrung des Kammerbetons zur Flanschfläche $A_v = A_s / A_{Fl}$

Tabelle 14: Mindestquerschnittsabmessungen und erforderliche Verhältnisse von Zulagebewehrung zur Untergurtfläche für Verbundträger mit ausbetonierten Kammern

T4: Tab. 103

Feuerwiderstandsklasse	F 30-A		F 60-A		F 90-A		F 120-A		F 180-A	
b: Mindestbreite (mm) A_v: Mindestbewehrungsverhältnis	b	A_v	b	A_v	b	A_v	b	A_v	b	A_v
Ausnutzungsfaktor α_5 = 0,4										
zugehörige Profilhöhe $h \geq 0{,}9 \cdot b$	70	0	120	0	180	0	220	0	300	0,3
zugehörige Profilhöhe $h \geq 1{,}5 \cdot b$	60	0	100	0	150	0	200	0	280	0,2
zugehörige Profilhöhe $h \geq 2{,}0 \cdot b$	60	0	100	0	150	0	180	0	260	0
Ausnutzungsfaktor α_5 = 0,7										
zugehörige Profilhöhe $h \geq 0{,}9 \cdot b$	80	0	200	0,2	250	0,7	300	0,7	-	-
zugehörige Profilhöhe $h \geq 1{,}5 \cdot b$	80	0	200	0	200	0,6	300	0,4	300	1,0
zugehörige Profilhöhe $h \geq 2{,}0 \cdot b$	70	0	150	0	200	0,4	300	0,3	300	0,8
zugehörige Profilhöhe $h \geq 3{,}0 \cdot b$	60	0	120	0	190	0,2	270	0,3	300	0,6
Ausnutzungsfaktor α_5 = 1,0										
zugehörige Profilhöhe $h \geq 0{,}9 \cdot b$	80	0	300	0,7	-	-	-	-	-	-
zugehörige Profilhöhe $h \geq 1{,}5 \cdot b$	80	0	300	0,4	300	0,7	-	-	-	-
zugehörige Profilhöhe $h \geq 2{,}0 \cdot b$	70	0	300	0,3	300	0,6	300	0,8	350	1,0
zugehörige Profilhöhe $h \geq 3{,}0 \cdot b$	70	0	240	0,2	300	0,4	300	0,6	350	0,8

Tabelle 15: Mindestachsabstände für die Zulagebewehrung von Verbundträgern bei Anwendung von Tabelle 14 bzw. Tabelle 16

T4: Bild 69

Feuerwiderstandsklasse	F 60-A		F 90-A		F 120-A		F 180-A	
u: Mindestachsabstand (mm) u_s: Mindestachsabstand seitlich (mm)	u	u_s	u	u_s	u	u_s	u	u_s
Profilbreite b = 170 mm	100	45	120	60	-	-	-	-
Profilbreite b = 200 mm	80	40	100	55	120	60	-	-
Profilbreite b = 250 mm	60	35	75	50	90	60	120	60
Profilbreite b = 300 mm	40	25	50	45	70	60	90	60

Sonderfall: bei Beachtung der konstruktiven Maßnahmen bei der Bemessung der Schubbewehrung für den Scheibenschub nach DIN V 18800-5

T22: 9.2.1.3

- Bei gleichzeitigem Auftreten von Scheibenschub und Querbiegung in der Deckenplatte darf die zur Aufnahme der Querbiegung erforderliche Bewehrung zu 40 % auf die Schubbewehrung angerechnet werden.
- Die erforderliche Schubbewehrung ist ungestaffelt bis an den Rand des Bereichs der für den brandschutztechnischen Nachweis gewählten mitwirkenden Plattenbreite zu führen. Hinsichtlich der erforderlichen Mindestachsabstände der Plattenbewehrung gelten die Angaben aus Tabelle 23.

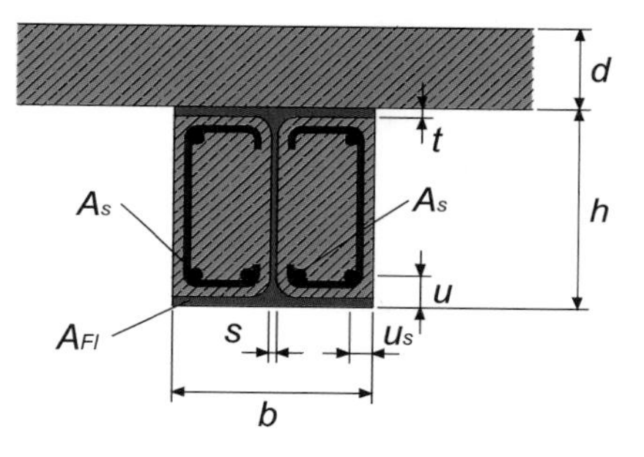

d = Plattendicke
b = Mindestbreite, Minimum der Profil- oder Kammerbetonbreite
h = Profilhöhe
s = Profildicke
t = Flanschdicke
u = Mindestachsabstand der Längsbewehrung
u_s = Mindestachsabstand seitlich der Längsbewehrung
A_s = Fläche der Bewehrung des Kammerbetons
A_{Fl} = Fläche des unteren Flansches mit $A_{Fl} = b \cdot t$
A_v = Mindestbewehrungsverhältnis, erforderliche Bewehrung des Kammerbetons zur Flanschfläche $A_v = A_s / A_{Fl}$

Tabelle 16: Mindestquerschnittsabmessungen und erforderliche Verhältnisse von Zulagebewehrung zur Untergurtfläche für Verbundträger mit ausbetonierten Kammern (Sonderfall)

T4: Tab. 104

Feuerwiderstandsklasse	F 30-A		F 60-A		F 90-A		F 120-A		F 180-A	
b: Mindestbreite (mm) A_v: Mindestbewehrungsverhältnis	b	A_v	b	A_v	b	A_v	b	A_v	b	A_v
Ausnutzungsfaktor α_5 = 0,4										
zugehörige Profilhöhe $h \geq 0{,}9 \cdot b$	70	0	100	0	170	0	200	0	260	0
zugehörige Profilhöhe $h \geq 1{,}5 \cdot b$	60	0	100	0	150	0	180	0	240	0
zugehörige Profilhöhe $h \geq 2{,}0 \cdot b$	60	0	100	0	150	0	180	0	240	0
Ausnutzungsfaktor α_5 = 0,7										
zugehörige Profilhöhe $h \geq 0{,}9 \cdot b$	80	0	170	0	250	0,4	270	0,5	-	-
zugehörige Profilhöhe $h \geq 1{,}5 \cdot b$	80	0	150	0	200	0,2	240	0,3	300	0,5
zugehörige Profilhöhe $h \geq 2{,}0 \cdot b$	70	0	120	0	180	0,2	220	0,3	280	0,3
zugehörige Profilhöhe $h \geq 3{,}0 \cdot b$	60	0	100	0	170	0,2	200	0,3	250	0,3
Ausnutzungsfaktor α_5 = 1,0										
zugehörige Profilhöhe $h \geq 0{,}9 \cdot b$	80	0	270	0,4	300	0,6	-	-	-	-
zugehörige Profilhöhe $h \geq 1{,}5 \cdot b$	80	0	240	0,3	270	0,4	300	0,6	-	-
zugehörige Profilhöhe $h \geq 2{,}0 \cdot b$	70	0	190	0,3	210	0,4	270	0,5	320	1,0
zugehörige Profilhöhe $h \geq 3{,}0 \cdot b$	70	0	170	0,2	190	0,4	240	0,5	300	0,8

Konstruktive Voraussetzungen:

T4: 7.2.2.2

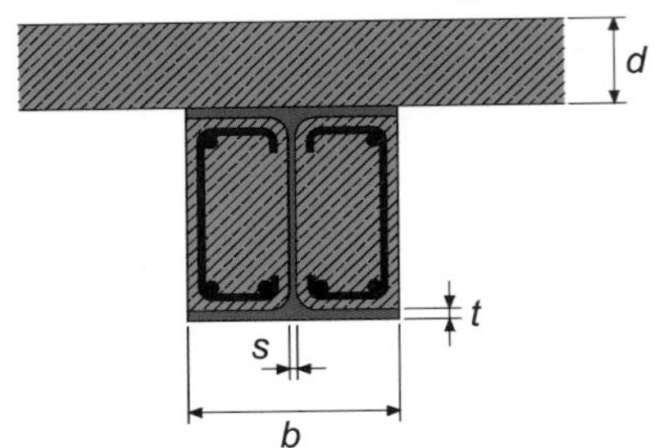

d ≥ 15 cm bei Anwendung von Tabelle 14
≥ 12 cm bei Anwendung von Tabelle 16
b/*s* ≥ 18
t/*s* ≥ 2
A_v^* ≤ 0,05
Bewehrungsverhältnis des Kammerbetons $A_v^* = A_s / (A_s + A_b)$

Befestigung des Kammerbetons:

T4: 7.2.3.2 und *T4:* 7.2.3.3

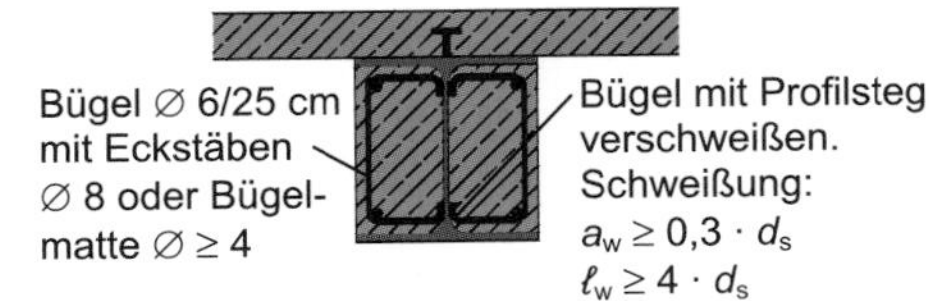

Bügel durch Bohrung im Steg

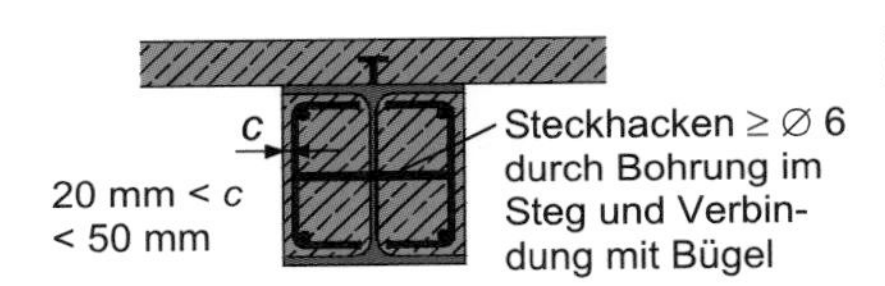

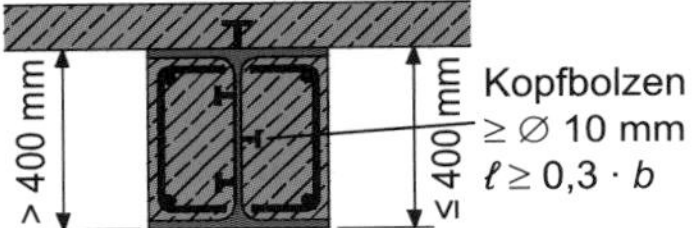

Längsabstand der Verbindungsmittel ≤ 400 mm:

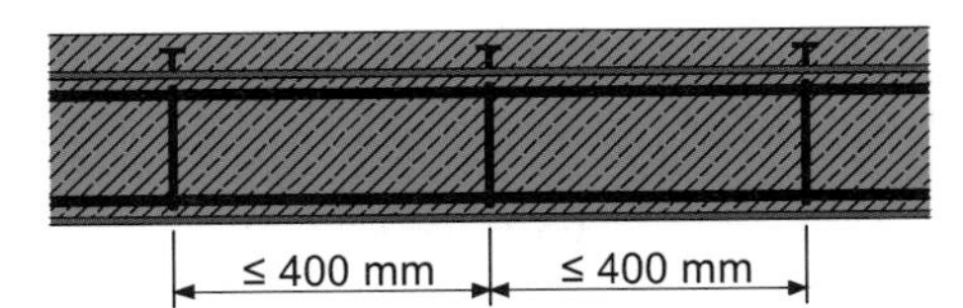

Verankerungsmittel bei Abstand der Flanschinnenkanten > 400 mm zwei- oder mehrreihig anordnen, siehe Bild Kopfbolzen.

Anordnung der Längsbewehrung:

T4: 7.2.3.4

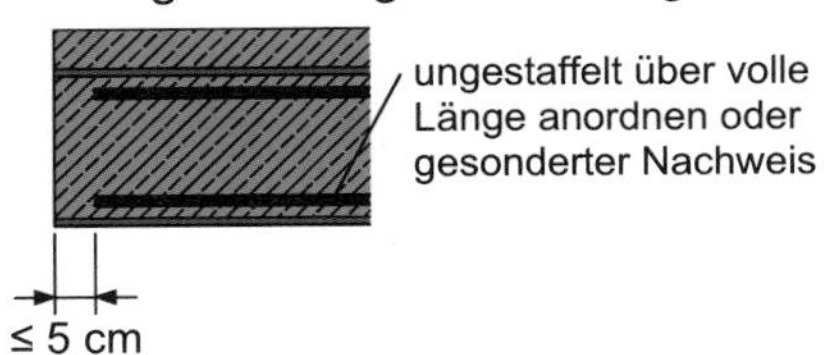

≤ 5 cm

Aussparungen:

T4: 7.2.3.5

Dürfen vernachlässigt werden, wenn sie den Angaben in Abschnitt II/1.1.1.1 entsprechen mit min *b* nach Tabelle 14 für den Ausnutzungsfaktor $\alpha_5 = 0{,}4$.

Anschluss Verbundträger an Stütze bzw. Anschlussträger (Beispiele):

T4: 7.2.3.6

Anschluss an betongefüllte Hohlprofilstütze mit Knagge und Rückverankerung durch Kopfbolzen:

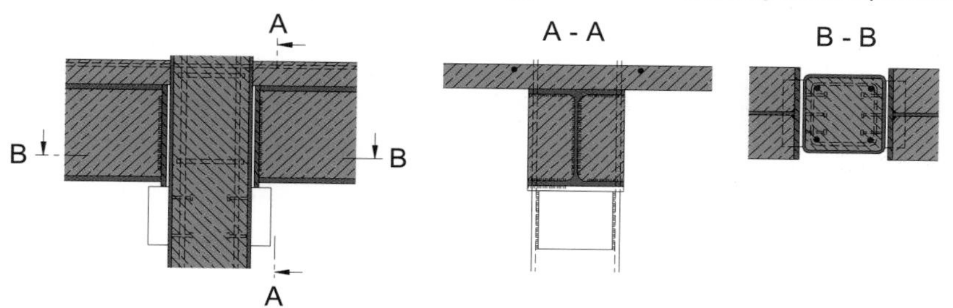

Anschluss an betongefüllte Hohlprofilstütze mit durchgestecktem Laschenblech:

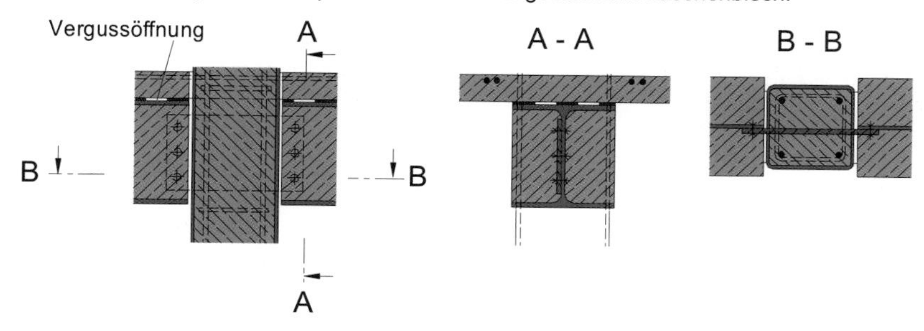

Anschluss an ein vollständig einbetoniertes Walzprofil:

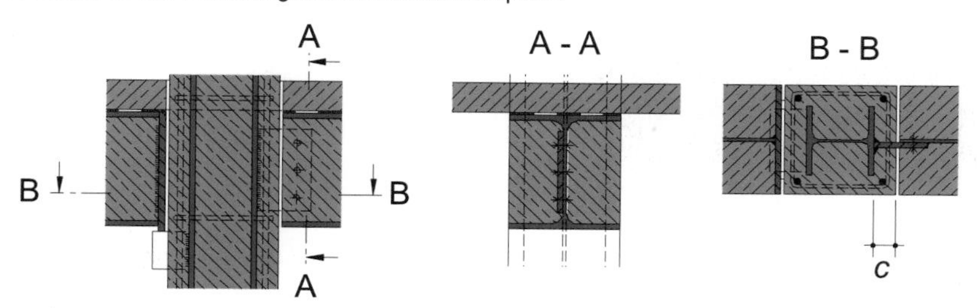

Anschluss an eine Verbundstütze mit ausbetonierten Kammern:

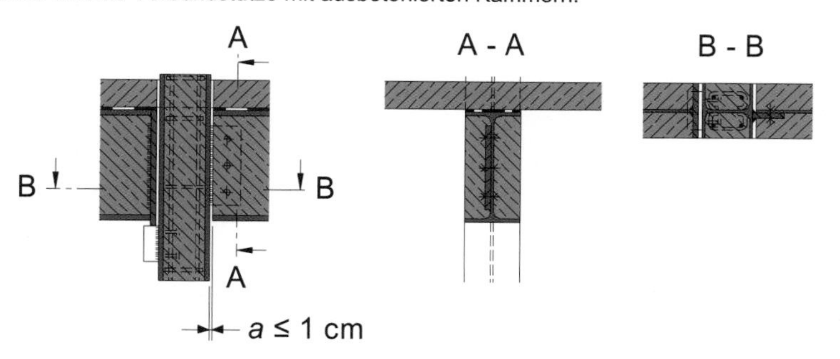

1.4 Holzbauteile

T4: 5.5

Allgemeine Anforderungen und Randbedingungen

Die Angaben gelten für statisch bestimmt oder unbestimmt gelagerte, freiliegende, auf Biegung oder Biegung mit Längskraft beanspruchte Holzbauteile mit Rechteckquerschnitt nach DIN 1052.

T22: 6.2 / 5.5.1.1

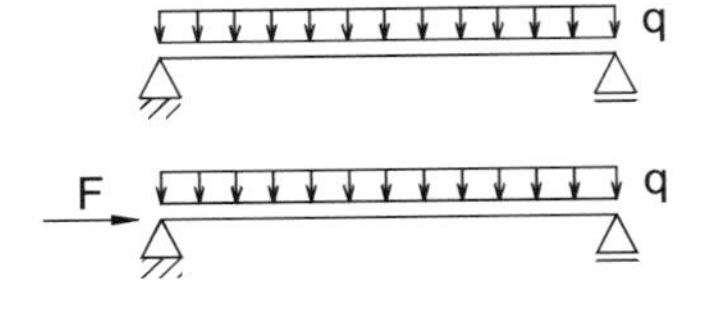

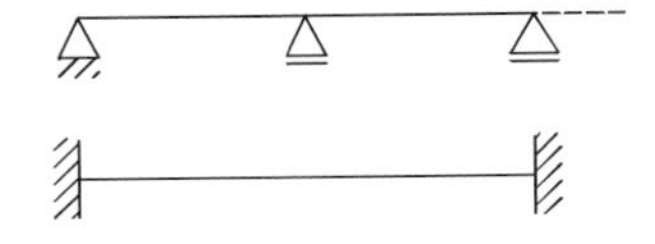

Reckteckquerschnitt

Festigkeitsklassen:
Nadelschnittholz NH ≥ C24
Laubschnittholz LH ≥ D30
Brettschichtholz BSH ≥ GL24c

Brandbeanspruchung:

T4: 5.5.1.2

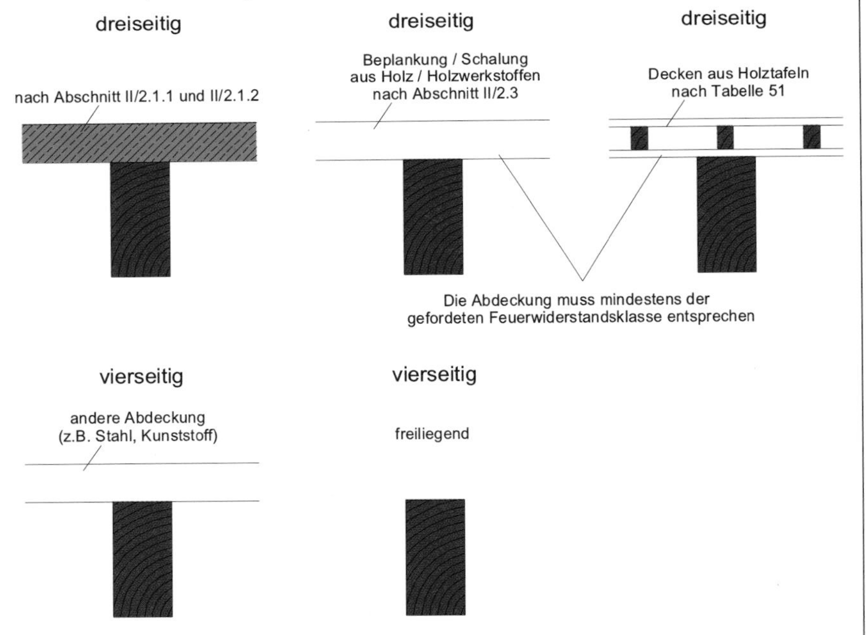

Die Angaben gelten nur für Holzbauteile ohne Aussparungen, siehe hierzu Abschnitt II/1.4.1.3 Verstärkungen von Durchbrüchen. Zapfen- und Bolzenlöcher gelten nicht als Aussparungen.

TA1: 3.4.2 / 5.5.1.3

1.4.1 Unbekleidete Holzbauteile

T4: 5.5.2

Tragende unbekleidete Holzbauteile sind nach DIN 1052 zu bemessen. Dabei sind die Werte unter Normalbeanspruchung für

T22: 6.2 / 5.5.2.1

- die Materialeigenschaften,
- die Querschnittsgrößen und
- die Parameter, die das Tragsystem beschreiben (modifizierte Auflager- und Randbedingungen und modifizierte Abstützungsabstände bei vorzeitigem Versagen der Aussteifung)

durch die unter Brandbeanspruchung zu ersetzen.

Der Einfluss eines Brandes auf Materialeigenschaften und Querschnittsabmessungen wird berücksichtigt mit Hilfe des

- vereinfachten Verfahrens: Bemessung mit ideellen Restquerschnitten oder des
- genaueren Verfahrens: Bemessung mit reduzierter Festigkeit und Steifigkeit.

Nachweis planmäßiger Querzugspannungen:

kein Nachweis für:

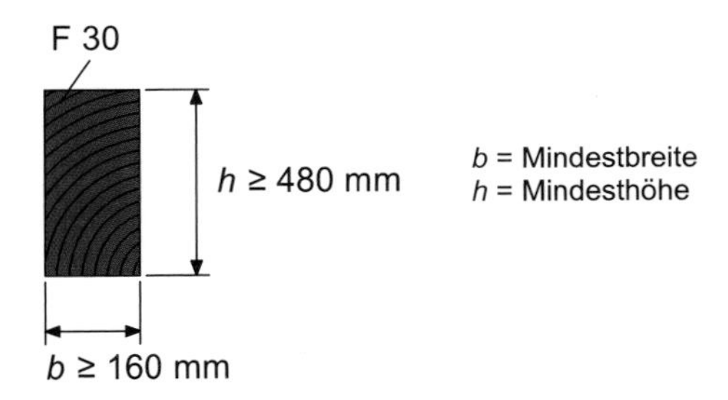

sonst: Nachweis nach DIN 1052 mit ideellen Restquerschnitt und zusätzlicher Querschnittsreduzierung von 20 mm je beflammter Seite sowie mit den Festigkeits- und Steifigkeitseigenschaften unter Normaltemperatur.

1.4.1.1 Vereinfachtes Verfahren der Bemessung mit ideellen Restquerschnitten

T22: 6.2 / 5.5.2.1 a)

Die Tragfähigkeit des ideellen Restquerschnitts wird mit den Festigkeits- und Steifigkeitseigenschaften unter Normaltemperatur berechnet. Der Verlust an Festigkeit und Steifigkeit unter Brandbeanspruchung wird durch eine erhöhte Abbrandtiefe berücksichtigt.

Ideeller Restquerschnitt:
Reduzierung des Ausgangsquerschnitts um die ideelle Abbrandtiefe

$$d_{ef} = d(t_f) + d_0 \quad (20)$$

T22: 6.2 / Gl. 9

$$d(t_f) = \beta_n \times t_f \quad (21)$$

T22: 6.2 / Gl. 9.1

mit d_{ef}: ideelle Abbrandtiefe
$d(t_f)$: Abbrandtiefe nach der Zeit t_f
d_0: erhöhter Abbrand d_0 = 7 mm
β_n: Abbrandrate nach Tabelle 17
t_f: geforderte Feuerwiderstandsdauer in min

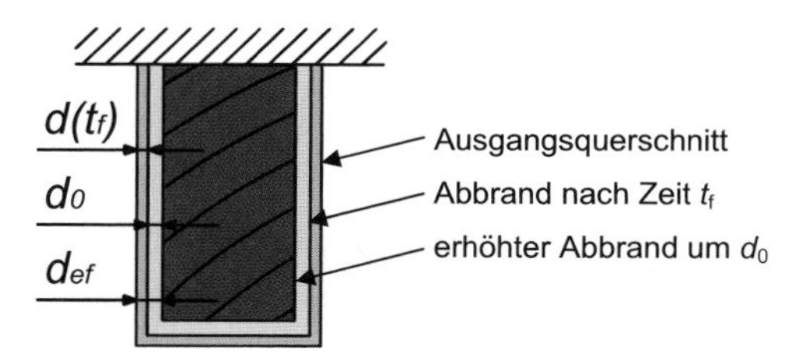

T22: 6.2 / Bild 48.1

Bemessungswerte der Festigkeit und Steifigkeit des ideellen Restquerschnitts für den Nachweis der Tragfähigkeit ($k_{mod,fi}$ = 1,0):

$$f_{d,fi} = 1{,}0 \times k_{fi} \times \frac{f_k}{\gamma_{M,fi}} \quad (22)$$

T22: 6.2 / Gl. 10

$$E_{d,fi} = 1{,}0 \times k_{fi} \times \frac{E_{0,05}}{\gamma_{M,fi}} \quad (23)$$

T22: 6.2 / Gl. 10.1

$$G_{d,fi} = 1{,}0 \times k_{fi} \times \frac{2/3 \times G_{05}}{\gamma_{M,fi}} \quad \text{für Vollholz} \quad (24)$$

T22: 6.2 / Gl. 10.2

$$G_{d,fi} = 1{,}0 \times k_{fi} \times \frac{G_{05}}{\gamma_{M,fi}} \quad \text{für Brettschichtholz} \quad (25)$$

T22: 6.2 / Gl. 10.3

mit f_k: charakteristischer Wert der Festigkeit unter Normaltemperatur
$E_{0,05}$: charakteristischer Wert des E-Moduls unter Normaltemperatur
G_{05}: charakteristischer Wert des Schubmoduls unter Normaltemperatur
$\gamma_{M,fi}$: Teilsicherheitsbeiwert $\gamma_{M,fi}$ = 1,0
k_{fi}: Faktor zur Ermittlung des 20 %-Fraktilwertes der Festigkeit und Steifigkeit aus dem 5 %-Fraktilwert nach Tabelle 18

Tabelle 17: Abbrandraten β_n für Bauholz

T22: 6.2 / Tab. 74

	Produkt	β_n mm/min
a)	Nadelholz	
	Vollholz mit einer charakteristischen Rohdichte ≥ 290 kg/m³ und einer Mindestabmessung von 35 mm	0,8
	Brettschichtholz mit einer charakteristischen Rohdichte ≥ 290 kg/m³	0,7
b)	Laubholz (außer Buche)	
	Massives oder geklebtes Laubholz mit einer charakteristischen Rohdichte von 290 ≤ ρ_k < 450 kg/m³	0,7
	Massives oder geklebtes Laubholz mit einer charakteristischen Rohdichte ≥ 450 kg/m³ und Eiche	0,5
c)	Buche ist wie Nadelholz zu behandeln	
d)	Funierschichtholz	0,7
e)	Platten[1)]	
	Massivholzplatten	0,9
	Sperrholz	1,0
	andere Holzwerkstoffplatten nach DIN EN 13986	0,9

[1)] Die angegebenen Werte beziehen sich auf eine charakteristische Rohdicht von 450 kg/m³ und eine Dicke von 20 mm. Für andere Rohdichten und Dicken ≥ 20 mm ist die Abbrandrate wie folgt zu ermitteln:

$$\beta_{n,p,h} = \beta_n \times k_p \times k_h$$

$$k_p = \sqrt{\frac{450}{\rho_k}}$$

$$k_h = \sqrt{\frac{20}{h_p}} \geq 1$$

mit ρ_k: charakteristischer Wert der Rohdichte entsprechend den jeweiligen Angaben der Holzwerkstoffnormen in kg/m³

h_p: Plattendicke in mm

Tabelle 18: Werte für k_{fi}

T22: 6.2 / Tab. 75

Produkt	k_{fi}
Vollholz	1,25
Brettschichtholz	1,15
Funierschichtholz	1,10
Holzwerkstoffplatten	1,15
auf Abscheren beanspruchte Holz-Holz- bzw. Holzwerkstoff-Holz-Verbindungen	1,15
auf Abscheren beanspruchte Stahl-Holz-Verbindungen	1,05
auf Herausziehen beanspruchte Verbindungen	1,05

1.4.1.2 Genaueres Verfahren der Bemessung mit reduzierten Festigkeiten und Steifigkeiten

T22: 6.2 / 5.5.2.1 b)

Die Tragfähigkeit für Biegung, Druck und Zug des verbleibenden Restquerschnitts wird unter Berücksichtigung der Reduzierung der Festigkeits- und Steifigkeitseigenschaften unter Temperaturerhöhung berechnet.

Verbleibender Restquerschnitt: Reduzierung des Ausgangsquerschnitts um die Abbrandtiefe

$$d(t_f) = \beta_n \times t_f \qquad (26)$$

T22: 6.2 / Gl. 9.1

mit $d(t_f)$: Abbrandtiefe nach der Zeit t_f
β_n: Abbrandrate nach Tabelle 17
t_f: geforderte Feuerwiderstandsdauer in min

Bemessungswerte der Festigkeit und Steifigkeit des verbleibenden Restquerschnitts für den Nachweis der Tragfähigkeit:

$$f_{d,fi} = k_{mod,fi} \times k_{fi} \times \frac{f_k}{\gamma_{M,fi}} \qquad (27)$$

T22: 6.2 / Gl. 10

$$E_{d,fi} = k_{mod,fi} \times k_{fi} \times \frac{E_{0,05}}{\gamma_{M,fi}} \qquad (28)$$

T22: 6.2 / Gl. 10.1

$$G_{d,fi} = k_{mod,fi} \times k_{fi} \times \frac{2/3 \times G_{05}}{\gamma_{M,fi}} \quad \text{für Vollholz} \qquad (29)$$

T22: 6.2 / Gl. 10.2

$$G_{d,fi} = k_{mod,fi} \times k_{fi} \times \frac{G_{05}}{\gamma_{M,fi}} \quad \text{für Brettschichtholz} \qquad (30)$$

T22: 6.2 / Gl. 10.3

mit f_k: charakteristischer Wert der Festigkeit unter Normaltemperatur
$E_{0,05}$: charakteristischer Wert des E-Moduls unter Normaltemperatur
G_{05}: charakteristischer Wert des Schubmoduls unter Normaltemperatur
$\gamma_{M,fi}$: Teilsicherheitsbeiwert $\gamma_{M,fi}$ = 1,0
$k_{mod,fi}$: Modifikationsfaktor nach Gleichung 31 bis 33 bzw. Bild 12, der die Auswirkung der Temperatur auf die Festigkeit und Steifigkeit berücksichtigt
k_{fi}: Faktor zur Ermittlung des 20 %-Fraktilwertes der Festigkeit und Steifigkeit aus dem 5 %-Fraktilwert nach Tabelle 18

Modifikationsfaktor $k_{mod,fi}$:

für die Biegefestigkeit

$$k_{mod,fi} = 1 - \frac{1}{225} \times \frac{u_r}{A_r} \quad (31)$$

T22: 6.2 / Gl. 10.4

für die Druckfestigkeit parallel zur Faser

$$k_{mod,fi} = 1 - \frac{1}{125} \times \frac{u_r}{A_r} \quad (32)$$

T22: 6.2 / Gl. 10.5

für die Zugfestigkeit parallel zur Faser, den E-Modul und den Schubmodul

$$k_{mod,fi} = 1 - \frac{1}{333} \times \frac{u_r}{A_r} \quad (33)$$

T22: 6.2 / Gl. 10.6

mit u_r: der Restquerschnittsumfang der beflammten Seiten in m
A_r: die Fläche des verbleibenden Restquerschnitts in m²

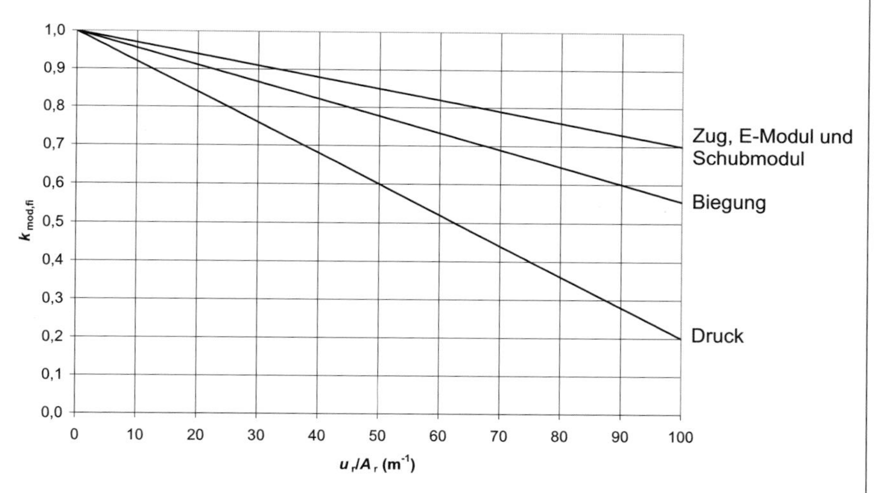

Bild 12: $k_{mod,fi}$ in Abhängigkeit vom Verhältnis u_r / A_r

T22: 6.2 / Bild 48.2

1.4.1.3 Sonstige Bedingungen

Stabilitätsnachweis druck- und biegebeanspruchter Bauteile:

T22: 6.2 / 5.5.2.2

Die Stabilität des verbleibenden Restquerschnitts unter Druck und Biegung wird unter Berücksichtigung der Reduzierung der Festigkeits- und Steifigkeitsparameter nach DIN 1052 nachgewiesen. Bei

Versagen der Aussteifung während der Brandbeanspruchung ist der Nachweis für einen unausgesteiften Stab zu führen. Versagt die Aussteifung gleichzeitig bzw. nach dem Versagen der lasteinleitenden Konstruktion kann der Nachweis entfallen.

Beträgt der Restquerschnitt der Aussteifung 60 % der erforderlichen Querschnittsfläche bei Normaltemperatur, darf die Aussteifung als tragfähig angenommen werden. Mechanische Verbindungsmittel müssen die Anforderungen nach Abschnitt II/9 erfüllen.

Auflagertiefen: *T4:* 5.5.2.3

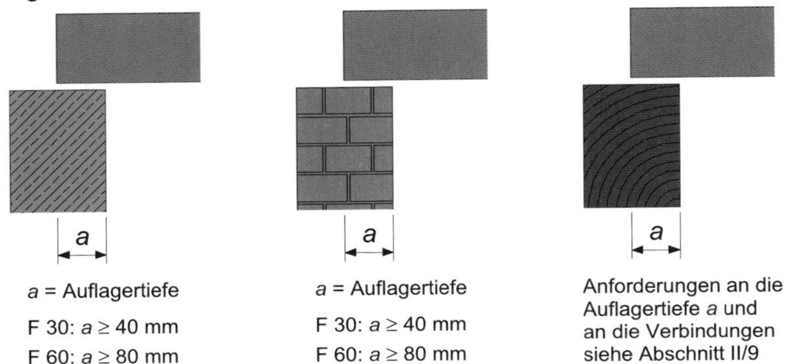

a = Auflagertiefe	a = Auflagertiefe	Anforderungen an die Auflagertiefe a und an die Verbindungen siehe Abschnitt II/9
F 30: $a \geq 40$ mm	F 30: $a \geq 40$ mm	
F 60: $a \geq 80$ mm	F 60: $a \geq 80$ mm	

Schub- /Schernachweis des Bauteils bei Bemessung unter Normaltemperatur maßgebend: *T4:* 5.5.2.4 und *TA1:* 3.4.2 / 5.5.2.4

folgende Bedingungsgleichung ist einzuhalten:

$$\frac{\alpha_Q \times b \times h}{1{,}5 \times b(t_f) \times h(t_f)} \leq 1{,}0 \qquad (34)$$ *TA1:* 3.4.2 / Gl. 11

mit α_Q: Ausnutzungsgrad der Schub- bzw. Scherspannung unter Normaltemperatur nach DIN 1052

$b(t_f)$: Breite des Restquerschnitts in Abhängigkeit von der Abbrandgeschwindigkeit β_n nach Tabelle 17und der Feuerwiderstandsdauer t_f

$$b(t_f) = b - 2\beta_n \times t_f \qquad (35)$$ *TA1:* 3.4.2 / Gl. 11.1

$h(t_f)$: Höhe des Restquerschnitts in Abhängigkeit von der Abbrandgeschwindigkeit β_n nach Tabelle 17und der Feuerwiderstandsdauer t_f

bei vierseitiger Brandbeanspruchung

$$h(t_f) = h - 2\beta_n \times t_f \qquad (36)$$ *TA1:* 3.4.2 / Gl. 11.2

bei dreiseitiger Brandbeanspruchung

$$h(t_f) = h - \beta_n \times t_f \qquad (37)$$ Gl. 11.3

Verstärkungen von Durchbrüchen:

T22: 6.2 / 5.5.2.5

eingeklebte Stahlstangen:

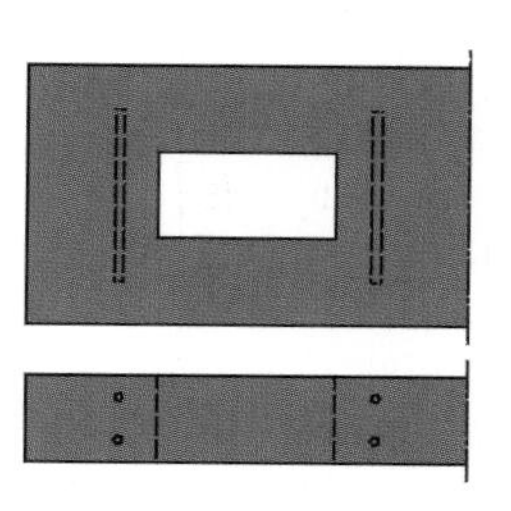

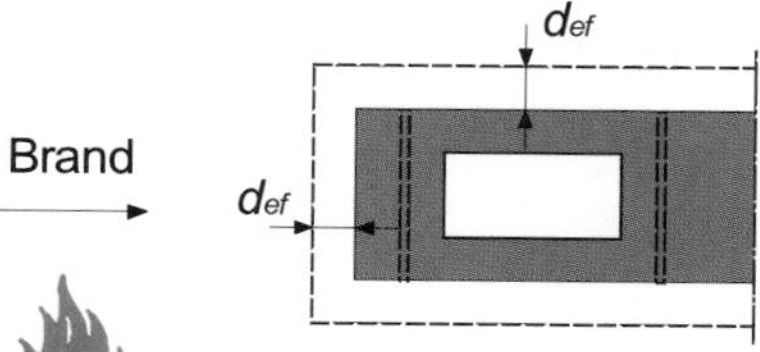

d_{ef} = ideelle Abbrandtiefe

Gewindestangen müssen während der Brandbeanspruchung vollständig innerhalb des ideellen Restquerschnitts liegen.

außen liegende Verstärkungen:

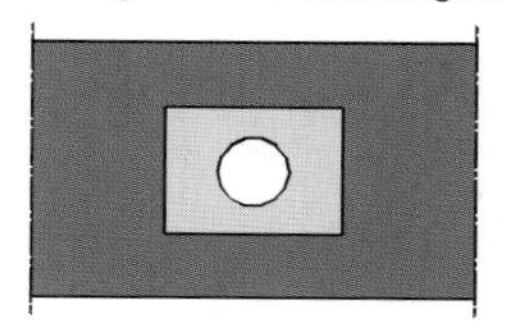

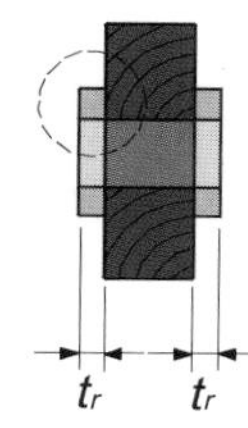

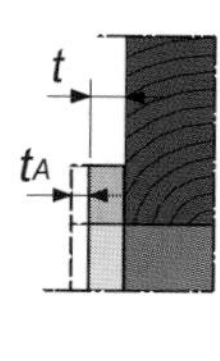

$$t \geq 0{,}6 \times t_r \qquad (38)$$

T22: 6.2 / Gl. 12

mit t: Restdicke

t_r: erforderliche Mindestdicke der Verstärkung bei Normaltemperatur

$$t_A = \beta_n \times t_{erf} \qquad (39)$$

mit t_A: Abbranddicke

β_n: Abbrand nach Tabelle 17

t_{erf}: geforderte Feuerwiderstandsdauer in min

Verdübelte Rechteckquerschnitte aus Vollholz oder Brettschichtholz:

TA1: 3.4.2 / 5.5.2.6

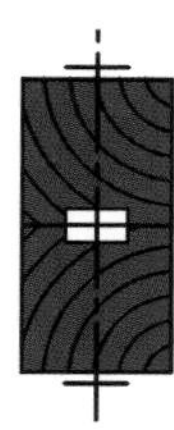

Nachweis des Querschnitts nach den Angaben in den Abschnitten II/1.4.1.1 und II/1.4.1.2. Die Dübelverbindung ist nach Abschnitt II/9 auszuführen.

Balken mit Gerbergelenken:

TA1: 3.4.2 / 5.5.2.7

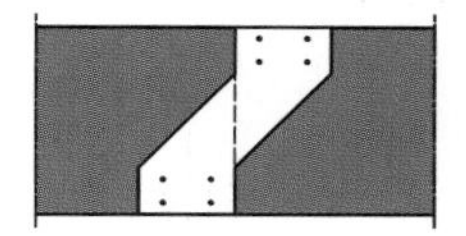

Nachweis des Querschnitts nach den Angaben in den Abschnitten II/1.4.1.1 und II/1.4.1.2. Die Gerbergelenke sind nach Abschnitt II/9.8 auszuführen.

1.4.2 Bekleidete Holzbauteile

T4: 5.5.3

Balken sind vollständig, mit Ausnahme der Auflagerflächen, mit der Mindestdicke nach Tabelle 19 zu bekleiden. Des Weiteren gelten die Angaben im Abschnitt II/1.4.1.3, mit Ausnahme der Balken mit Gerbergelenk.

T4: 5.5.3.2 und *T4:* 5.5.3.4

Dreiseitige Bekleidung von Holzbauteilen:

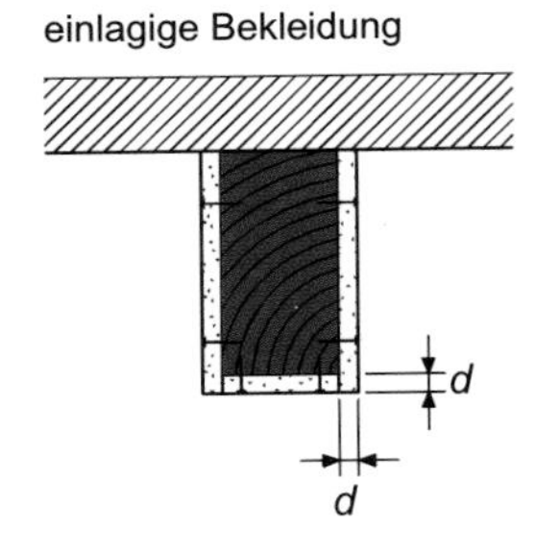

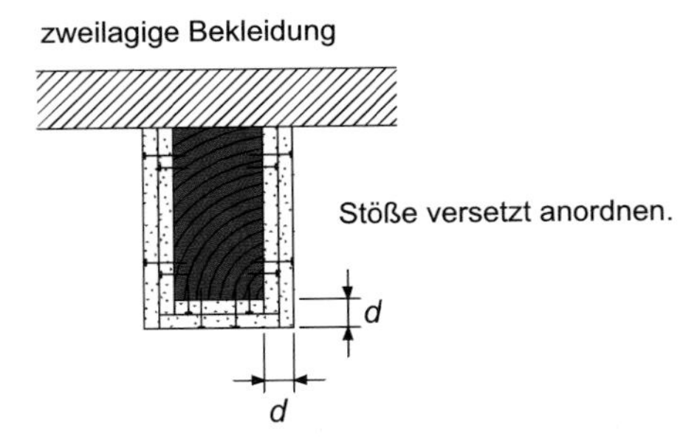

Vierseitige Bekleidung von Holzstützen:

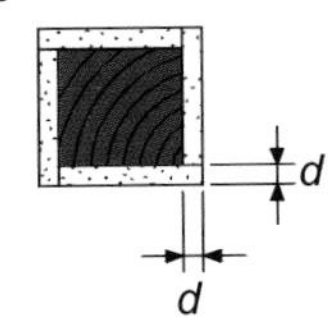

d = Mindestdicke der Bekleidung

Bekleidung aus:

- Gipskarton-Feuerschutzplatten (GKF) nach DIN 18180.
  Befestigung und Verspachtelung der Fugen nach DIN 18181.
- Holzwerkstoffplatten oder gespundete Bretter.
  Befestigung mit Schrauben oder Nägeln und einer Einbindetiefe von 6 *d*.
  Holzwerkstoffplatten können auch angeleimt werden.

T4: 5.5.3.3 und *T22:* 6.2 / 5.5.3.3

Tabelle 19: Bekleidete Holzbauteile aus Voll- oder Brettschichtholz

T4: Tab. 84

Feuerwiderstandsklasse	F 30-B	F 60-B
d: Mindestdicke der Bekleidung (mm)	*d*	*d*
für Balken, Stützen und Zugglieder mit dreiseitiger Bekleidung bei Verwendung von		
Gipskarton-Feuerschutzplatten (GKF) nach DIN 18180	12,5	2 x 12,5
Sperrholz nach DIN 68705-3[1)]	19	
Sperrholz nach DIN 68705-5[1)]	15	
Spanplatten nach DIN EN 312 und DIN EN 13986[1)]	19	
gespundeten Brettern aus Nadelholz nach DIN 4072	24	
für Stützen mit vierseitiger Bekleidung bei Verwendung von		
Wandbauplatten aus Gips mit Rohdichten von ≥ 0,6 kg/dm³	50	50

[1)] Bei Holzwerkstoffplatten der Baustoffklasse B 1 darf die Mindestdicke um 10 % verringert werden.

2 Decken

2.1 Decken aus Beton

2.1.1 Stahlbeton- und Spannbetonplatten aus Normalbeton und Leichtbeton mit geschlossenem Gefüge

T4: 3.4

Allgemeine Anforderungen und Randbedingungen

Brandbeanspruchung:

T4: 3.4.1.1

Die Anordnung von Bekleidungen an der Deckenunterseite bzw. von Fußbodenbelägen auf der Deckenoberseite ist erlaubt. Es sind jedoch bei Verwendung von Baustoffen der Klasse B die bauaufsichtlichen Anforderungen zu beachten.

T4: 3.4.1.2

Durchführung von elektrischen Leitungen:

T4: 3.4.1.3

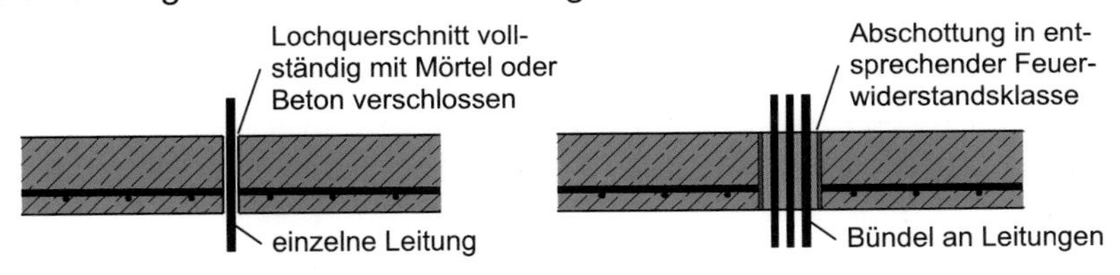

2.1.1.1 Mindestdicken von Platten ohne Hohlräume

T4: 3.4.2

Unbekleidete Platten ohne Anordnung eines Estrichs:

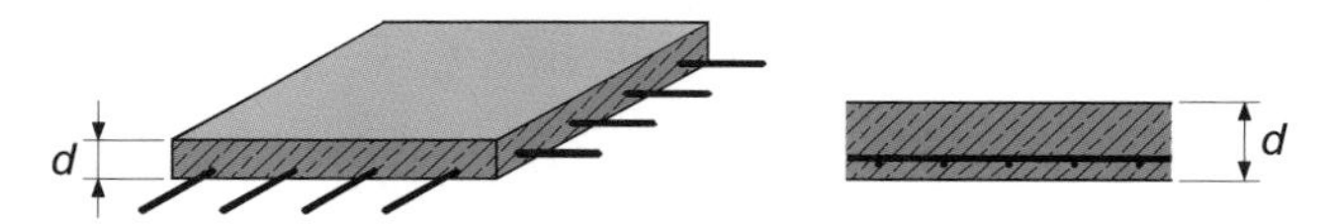

Punktförmig gestützte Platten:

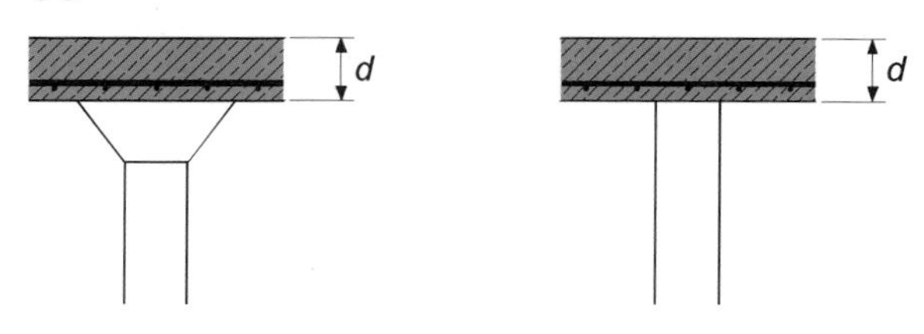

Unbekleidete Platten mit Estrich:

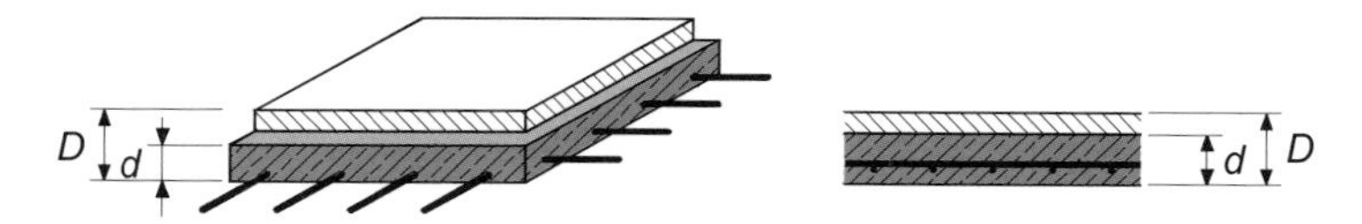

Unbekleidete Platten mit schwimmendem Estrich:

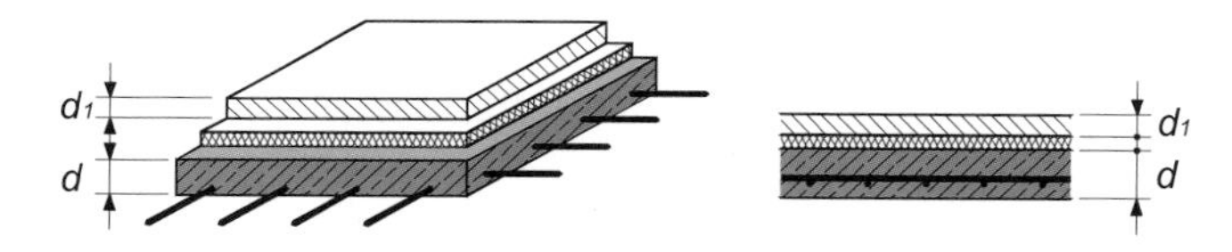

Platten mit Bekleidung:

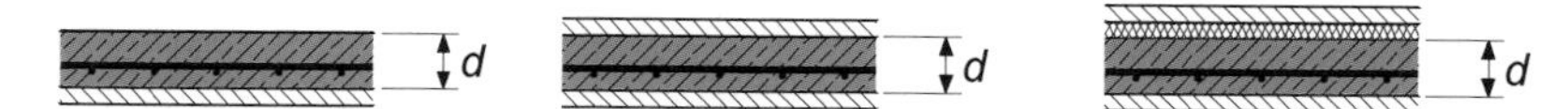

d = Mindestdicke
D = Mindestgesamtdicke
d_1 = Mindestestrichdicke

Dämmschichten von schwimmenden Estrichen müssen DIN 18165-2, Abschnitt 2.2 entsprechen, mindestens der Baustoffklasse B 2 angehören und eine Rohdichte ≥ 30 kg/m³ aufweisen.

T4: 3.4.2.2

Tabelle 20: Mindestdicken von Stahlbeton- und Spannbetonplatten aus Normalbeton ohne Hohlräume

T4: Tab. 9

Feuerwiderstandsklasse	F 30-A	F 60-A	F 90-A	F 120-A	F 180-A
unbekleidete Platten ohne Anordnung eines Estrichs					
d: Mindestdicke (mm)	*d*	*d*	*d*	*d*	*d*
statisch bestimmte Lagerung	60[1)2)]	80[2)]	100	120	150
statisch unbestimmte Lagerung	80[1)2)]	80[1)2)]	100	120	150
punktförmig gestützte Platten unabhängig von der Anordnung eines Estrichs					
d: Mindestdicke (mm)	*d*	*d*	*d*	*d*	*d*
Decken mit Stützenkopfverstärkung	150	150	150	150	150
Decken ohne Stützenkopfverstärkung	150	200	200	200	200
unbekleidete Platten mit Estrich der Baustoffklasse A, Gussasphaltestrich[3)] oder Walzasphalt[3)]					
d: Mindestdicke (mm)	*d*	*d*	*d*	*d*	*d*
	50	50	50	60	75
Mindestgesamtdicke *D* = *d* + Estrichdicke					
D: Mindestgesamtdicke (mm)	*D*	*D*	*D*	*D*	*D*
statisch bestimmte Lagerung	60[1)2)]	80[2)]	100	120	150
statisch unbestimmte Lagerung	80[1)2)]	80[1)2)]	100	120	150
unbekleidete Platten mit schwimmendem Estrich bei einer Dämmschicht nach Abschnitt II/2.1.1.1					
d: Mindestdicke (mm)	*d*	*d*	*d*	*d*	*d*
statisch bestimmte Lagerung	60[1)2)]	60[1)2)]	60[1)2)]	60[1)2)]	80[2)]
statisch unbestimmte Lagerung	80[1)2)]	80[1)2)]	80[1)2)]	80[1)2)]	80[1)2)]
Mindestestrichdicke von Estrichen der Baustoffklasse A, Gussasphaltestrichen[3)] oder Walzasphalt[3)]					
d_1: Mindestestrichdicke (mm)	d_1	d_1	d_1	d_1	d_1
	25	25	25	30	40
Platten mit Bekleidung, bis auf punktförmig gestützte Platten					
d: Mindestdicke (mm)	*d*	*d*	*d*	*d*	*d*
Putzen nach Abschnitt I/2.2.4.1 bis Abschnitt I/2.2.4.3	*d* nach dieser Tabelle, Abminderungen nach Tabelle 2 möglich, jedoch $d \geq 50$ mm				
Holzwolle-Leichtbauplatten nach Abschnitt I/2.2.4.4 auch ohne Putz bei einer Dicke der Platte ≥ 25 mm	50	50	-	-	-
Holzwolle-Leichtbauplatten nach Abschnitt I/2.2.4.4 auch ohne Putz bei einer Dicke der Platte ≥ 50 mm	50	50	50	50	50
Unterdecken	$d \geq 50$ mm, Konstruktion nach Abschnitt II/2.2				

1) Bei Betonfeuchtegehalten > 4 % Massenanteil (s. Abschnitt I/2.2.5) sowie bei sehr dichter Bewehrungsanordnung (Stababstände < 100 mm) sind die Mindestdicken *d* und *D* um 20 mm zu vergrößern.

2) Bei Platten mit mehrseitiger Brandbeanspruchung (z. B. auskragende Platten) müssen die Mindestdicken *d* und *D* jeweils ≥ 100 mm sein.

3) Bei Anordnung von Gussasphaltestrich, Walzasphalt, bei Verwendung von schwimmendem Estrich mit einer Dämmschicht der Baustoffklasse B und bei Verwendung von Holzwolle-Leichtbauplatten muss die Benennung jeweils F 30-AB, F 60-AB, F 90-AB, F 120-AB und F 180-AB lauten.

2.1.1.2 Mindestdicken von Platten mit Hohlräumen

T4: 3.4.3

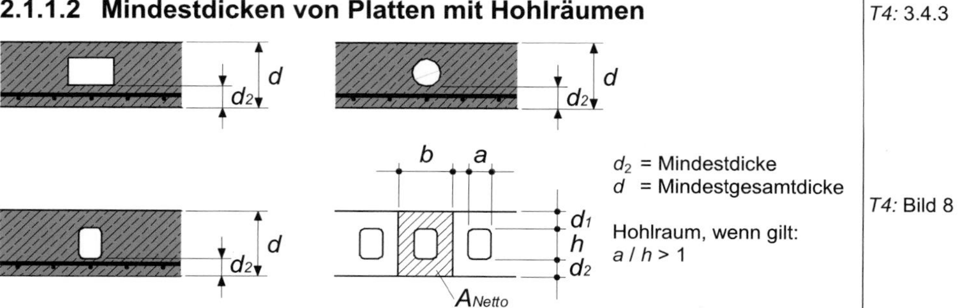

T4: Bild 8

Tabelle 21: Mindestdicken von Stahlbeton- und Spannbetonplatten aus Normalbeton mit Hohlräumen

T4: Tab. 10

Feuerwiderstandsklasse[1]	F 30-A	F 60-A	F 90-A	F 120-A	F 180-A
Hohlplatten ohne brennbare Bestandteile					
d_2: Mindestdicke (mm)	d_2	d_2	d_2	d_2	d_2
statisch bestimmte Lagerung ohne Kragarm-Einfeldplatten					
Rechteckquerschnitthohlraum	60	60	60	60	60
Kreis- oder Ovalquerschnitthohlraum	50	50	50	50	50
statisch unbestimmte Lagerung, ohne Massiv- und Halbmassivstreifen[2] sowie Kragarm-Einfeldplatten					
Rechteckquerschnitthohlraum	80	80	80	80	80
Kreis- oder Ovalquerschnitthohlraum	70	70	70	70	70
d: Mindestgesamtdicke (mm)	d	d	d	d	d
unabhängig vom statischen System	$A_{Netto}/b \geq d$ nach Tabelle 20				
Hohlplatten mit brennbaren Bestandteilen					
d_2: Mindestdicke (mm)	d_2	d_2	d_2	d_2	d_2
statisch bestimmte Lagerung					
Rechteckquerschnitthohlraum	80	80	80	80	80
Kreis- oder Ovalquerschnitthohlraum	70	70	70	70	70
statisch unbestimmte Lagerung, ohne Massiv- und Halbmassivstreifen sowie Kragarm-Einfeldplatten					
unabhängig vom Hohlraumquerschnitt	80	80	100	120	150
d: Mindestgesamtdicke (mm)	d	d	d	d	d
unabhängig vom statischen System	$A_{Netto}/b \geq d$ nach Tabelle 20				
Hohlplatten mit Bekleidung					
d_2: Mindestdicke (mm)	d_2	d_2	d_2	d_2	d_2
Putze nach Abschnitt I/2.2.4.1 bis Abschnitt I/2.2.4.3	d_2 nach dieser Tabelle für statisch bestimmte Systeme, Abminderungen nach Tabelle 2 möglich, jedoch $d \geq 50$ mm				
Holzwolle-Leichtbauplatten nach Abschnitt I/2.2.4.4 auch ohne Putz bei einer Dicke der Platte ≥ 25 mm	50	50	-	-	-
Holzwolle-Leichtbauplatten nach Abschnitt I/2.2.4.4 auch ohne Putz bei einer Dicke der Platte ≥ 50 mm	50	50	50	50	50
Unterdecken	$d_2 \geq 50$ mm, Konstruktion nach Abschnitt II/2.2				

[1] Bei Verwendung von Füllkörpern oder Holzwolle-Leichtbauplatten jeweils der Baustoffklasse B muss die Benennung jeweils F 30-AB, F 60-AB, F 90-AB, F 120-AB und F 180-AB lauten.
[2] Bei Hohlplatten mit Massiv- oder Halbmassivstreifen bis zu den Momentennullpunkten dürfen die Werte für statisch bestimmte Systeme ohne brennbare Bestandteile verwendet werden.

2.1.1.3 Mindestachsabstand der Bewehrung von frei aufliegenden Platten

T4: 3.4.4

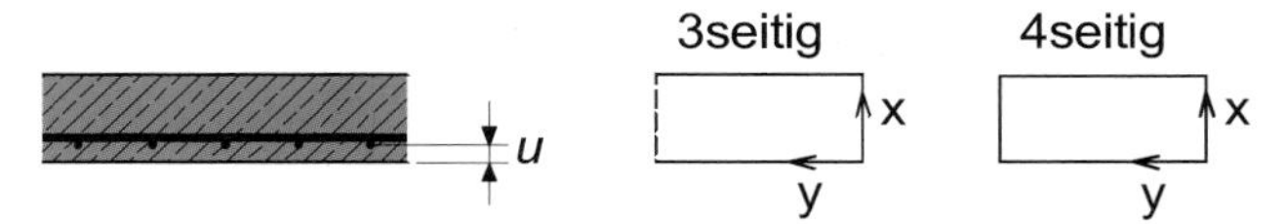

u = Mindestachsabstand der unteren Lage der Tragbewehrung

Tabelle 22: Mindestachsabstand der Feldbewehrung von frei aufliegenden Stahlbetonplatten[1) aus Normalbeton

T4: Tab. 11

Feuerwiderstandsklasse	F 30-A	F 60-A	F 90-A	F 120-A	F 180-A
u: Mindestachsabstand (mm)	*u*	*u*	*u*	*u*	*u*
einachsig gespannte Platten					
unbekleideter Stahlbeton	10	25	35	45	60[3)]
Stahlbetondecken mit Stahlblech ($h \leq 50$ mm) als verlorene Schalung	10	20	30	40	55
Platten mit konstruktivem Querabtrag mit einem Verhältnis von					
$b / \ell \leq 1{,}0$[2)]	10	10	20	30	40
$b / \ell \geq 3{,}0$[2)]	10	25	35	45	60[3)]
unbekleidete zweiachsig gespannte Platten					
3seitige Lagerung mit $\ell_y / \ell_x > 1{,}0$	10	25	35	45	60[3)]
3seitige Lagerung mit $1{,}0 \geq \ell_y / \ell_x \geq 0{,}7$	10	20	30	35	45
3seitige Lagerung mit $0{,}7 > \ell_y / \ell_x$	10	15	25	30	40
4seitige Lagerung mit $1{,}5 \geq \ell_y / \ell_x$	10	10	15	20	30
4seitige Lagerung mit $\ell_y / \ell_x \geq 3{,}0$	10	25	35	45	60[3)]
Hohlplatten mit Bekleidung					
Putze nach Abschnitt I/2.2.4.1 bis Abschnitt I/2.2.4.3	*u* nach dieser Tabelle, Abminderungen nach Tabelle 2 möglich, jedoch $u \geq 10$ mm				
Holzwolle-Leichtbauplatten nach Abschnitt I/2.2.4.4 auch ohne Putz bei einer Dicke der Platte ≥ 25 mm	10	10	-	-	-
Holzwolle-Leichtbauplatten nach Abschnitt I/2.2.4.4 auch ohne Putz bei einer Dicke der Platte ≥ 50 mm	10	10	10	10	15
Unterdecken	$u \geq 10$ mm, Konstruktion nach Abschnitt II/2.2				

1) Die Tabellenwerte gelten auch für Spannbetonplatten, die Mindestachsabstände *u* sind um die Δu-Werte der Tabelle 1 zu erhöhen.
2) Zwischen den *u*-Werten darf geradlinig interpoliert werden.
3) Bei einer Betondeckung $c > 50$ mm ist eine Schutzbewehrung nach Abschnitt I/2.2.3 erforderlich.

Einlagige Bewehrung mit unterschiedlichen Stabdurchmessern und mehrlagige Bewehrung:

T4: 3.4.4.2

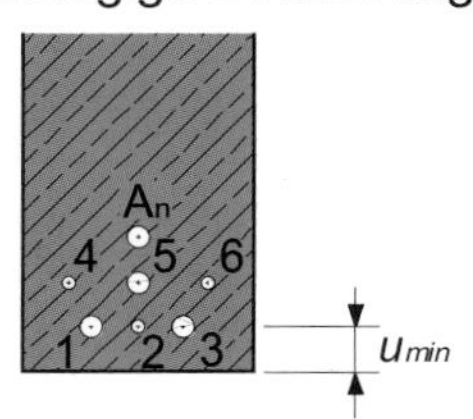

Achsabstand u = gemittelter Achsabstand u_m nach Bild und Gleichung 16 in Abschnitt II/1.1.1.3 und
$u_m \geq u$ nach Tabelle 22
$u_{min} \geq 10$ mm
$\geq 0{,}5 \cdot u$ nach Tabelle 22

Auskragende Platten:

T4: 3.4.4.3

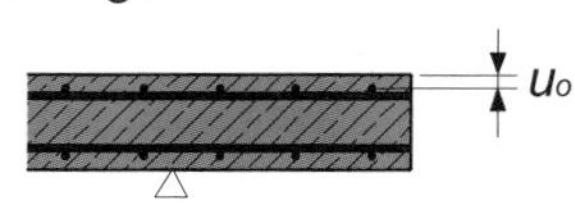

u_o = Mindestachsabstand der Bewehrung zur Plattenoberseite nach Tabelle 23

Dies gilt auch für eine ggf. oben liegende Drillbewehrung von zweiachsig gespannten Platten.

Dreiseitig gelagerte Platten:

T4: 3.4.4.4

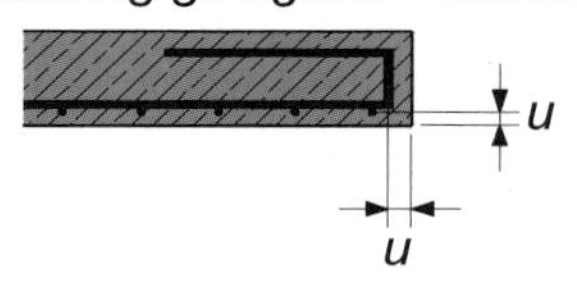

u = Mindestachsabstand der Bewehrung zur Unterseite und zur Seite des freien Randes

2.1.1.4 Mindestachsabstände der Bewehrung durchlaufender oder eingespannter sowie punktförmig gestützter Platten

T4: 3.4.5

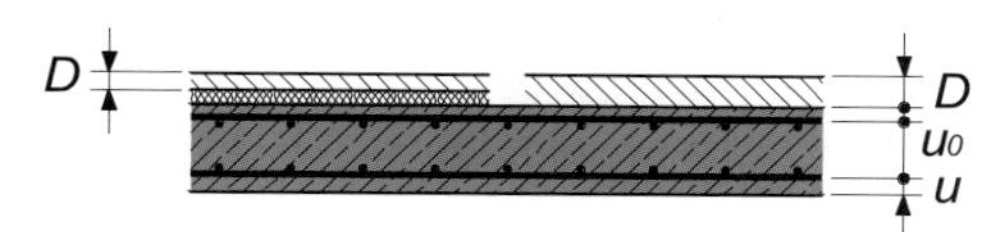

u_o = Mindestachsabstand der Stütz- bzw. Einspannbewehrung
u = Mindestachsabstand der unteren Lage der Tragbewehrung im Feld
D = Mindestestrichdicke

Tabelle 23: Mindestachsabstand der Bewehrung durchlaufender oder eingespannter sowie punktförmig gestützter Stahlbetonplatten[1] aus Normalbeton

T4: Tab. 12

Feuerwiderstandsklasse	F 30-A	F 60-A	F 90-A	F 120-A	F 180-A
Stütz- bzw. Einspannbewehrung					
u_o: Mindestachsabstand (mm)	u_o	u_o	u_o	u_o	u_o
ohne Anordnung von Estrichen	10	10	15	30	50
bei Anordnung eines nichtbrennbaren Estrichs, eines Gussasphaltestrichs oder von Walzasphalt	10	10	10	15	20
D: Mindestdicke des Estrichs (mm)	-	-	10	15	30
Feldbewehrung					
u: Mindestachsabstand (mm)	u	u	u	u	u
unbekleidete, einachsig gespannte Platten bei Anordnung der Stütz- bzw. Einspannbewehrung					
nach DIN 1045-1					
2seitig gelagert	10	25	35	45	60[3]
Platten mit konstruktivem Querabtrag, Verhältnis von $b / \ell \leq 1{,}5$[2]	10	10	20	30	40
Platten mit konstruktivem Querabtrag, Verhältnis von $b / \ell \geq 3{,}0$[2]	10	25	35	45	60[3]
mit Verlängerung der Stützbewehrung und einem Verhältnis					
min $\ell < 0{,}8$ max ℓ	10	10	25	35	55[3]
min $\ell \geq 0{,}8$ max ℓ	10	10	10	25	45
unbekleidete, zweiachsig gespannte Platten bei Anordnung der Stütz- bzw. Einspannbewehrung nach DIN 1045-1					
3seitige Lagerung	10	15	25	30	40
4seitige Lagerung	10	10	15	20	30
unbekleidete, punktförmig gestützte Platten					
	10	15	25	35	45
Platten mit Bekleidung, bis auf punktförmig gestützte Platten					
Putze nach Abschnitt I/2.2.4.1 bis Abschnitt I/2.2.4.3	u nach dieser Tabelle, Abminderungen nach Tabelle 2 möglich, jedoch $u \geq 10$ mm				
Holzwolle-Leichtbauplatten nach Abschnitt I/2.2.4.4 auch ohne Putz bei einer Dicke der Platte ≥ 25 mm	10	10	-	-	-
Holzwolle-Leichtbauplatten nach Abschnitt I/2.2.4.4 auch ohne Putz bei einer Dicke der Platte ≥ 50 mm	10	10	10	10	15
Unterdecken	$u \geq 10$ mm, Konstruktion nach Abschnitt II/2.2				

[1] Die Tabellenwerte gelten auch für Spannbetonplatten, die Mindestachsabstände u sind um die Δu-Werte der Tabelle 1 zu erhöhen.
[2] Zwischen den u-Werten darf geradlinig interpoliert werden.
[3] Bei einer Betondeckung $c > 50$ mm ist eine Schutzbewehrung nach Abschnitt I/2.2.3 erforderlich.

Einlagige Bewehrung mit unterschiedlichen Stabdurchmessern und mehrlagige Bewehrung:

T4: 3.4.5.2

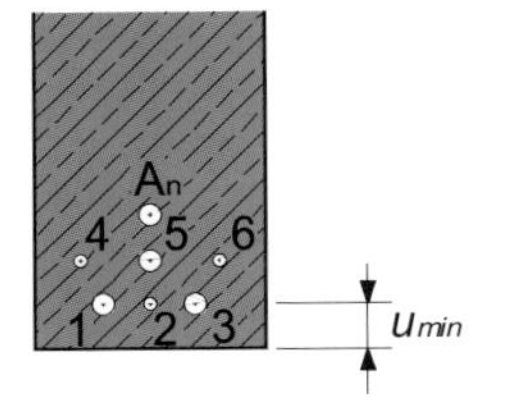

Achsabstand u = gemittelter Achsabstand u_m nach Bild und Gleichung 16 in Abschnitt II/1.1.1.3 und
$u_m \geq u$ nach Tabelle 23
$u_{min} \geq 10$ mm
$\geq 0{,}5 \cdot u$ nach Tabelle 23

Verlängerung der Stützbewehrung:

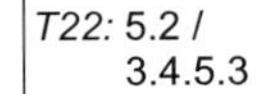

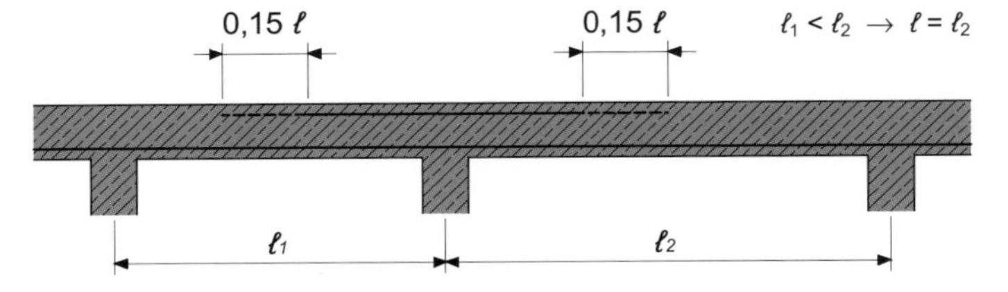

Wird die Stützbewehrung an jeder Seite gegenüber der nach DIN 1045-1 erforderlichen Stützbewehrung um $0{,}15 \times \ell$ verlängert, wobei bei durchlaufenden Platten ℓ die Stützweite des angrenzenden größeren Feldes ist, dürfen die Achsabstände der Feldbewehrung entsprechend den Angaben in Tabelle 23 bestimmt werden. Dies gilt nur, wenn die Momentenumlagerung bei der Bemessung für Normaltemperatur nicht mehr als 15 % beträgt.

Punktförmig gestützte Platten:

T4: 3.4.5.4

Es ist eine durchgehende, oben liegende Mindestbewehrung von 20 % der über den Stützpunkten erforderlichen Bewehrung über die Breite der Stützstreifen beider Richtungen anzuordnen. Bei vorgespannten Platten ist die Mindestbewehrung 20 % der über den Stützpunkten im Gebrauchszustand vorhandenen Gesamt-Zugkraft.

2.1.1.5 Decken aus Leichtbeton mit geschlossenem Gefüge nach DIN 1045-1

T4: 3.4.6
T22: 5.2 / 3.4.6

Die hier klassifizierten Decken dürfen nur bei Umweltbedingungen entsprechend den Expositionsklassen XC 1 und XC 3 nach DIN 1045-1, Tabelle 3 eingebaut werden.

T22: 5.2 / 3.4.6.2

Tabelle 24: Mindestdicken von Stahlbeton- und Spannbetonplatten aus Leichtbeton ohne Hohlräume

T4: 3.4.6.3

Feuerwiderstandsklasse	F 30-A	F 60-A	F 90-A	F 120-A	F 180-A
unbekleidete Platten ohne Anordnung eines Estrichs					
d: Mindestdicke (mm)	150[1]	150[1]	150	150	150
unbekleidete Platten mit Estrich der Baustoffklasse A, Gussasphaltestrich[2] oder Walzasphalt[2]					
d: Mindestdicke (mm)	100	100	100	100	100
Mindestgesamtdicke $D = d$ + Estrichdicke					
D: Mindestgesamtdicke (mm)	150[1]	150[1]	150	150	150
unbekleidete Platten mit schwimmendem Estrich bei einer Dämmschicht nach Abschnitt II/2.1.1.1					
d: Mindestdicke (mm)	100[1]	100[1]	100[1]	100[1]	100[1]
Mindestestrichdicke von Estrichen der Baustoffklasse A, Gussasphaltestrichen[2] oder Walzasphalt[2]					
d_1: Mindestestrichdicke (mm)	25	25	25	30	40
Platten mit Bekleidung, bis auf punktförmig gestützte Platten					
d: Mindestdicke (mm)	*d*	*d*	*d*	*d*	*d*
Putze nach Abschnitt I/2.2.4.1 bis Abschnitt I/2.2.4.3	*d* nach dieser Tabelle, Abminderungen nach Tabelle 2 möglich, jedoch $d \geq 50$ mm				
Holzwolle-Leichtbauplatten nach Abschnitt I/2.2.4.4 auch ohne Putz bei einer Dicke der Platte ≥ 25 mm	50	50	-	-	-
Holzwolle-Leichtbauplatten nach Abschnitt I/2.2.4.4 auch ohne Putz bei einer Dicke der Platte ≥ 50 mm	50	50	50	50	50
Unterdecken	$d \geq 50$ mm, Konstruktion nach Abschnitt II/2.2				

1) Bei Betonfeuchtegehalten > 4 % Massenanteil (s. Abschnitt I/2.2.5) sowie bei sehr dichter Bewehrungsanordnung (Stababstände < 100 mm) sind die Mindestdicken *d* und *D* um 20 mm zu vergrößern.

2) Bei Anordnung von Gussasphaltestrich, Walzasphalt, bei Verwendung von schwimmendem Estrich mit einer Dämmschicht der Baustoffklasse B und bei Verwendung von Holzwolle-Leichtbauplatten muss die Benennung jeweils F 30-AB, F 60-AB, F 90-AB, F 120-AB und F 180-AB lauten.

Tabelle 25: Mindestdicken von Stahlbeton- und Spannbetonplatten aus Leichtbeton mit Hohlräumen

T4: 3.4.6.4

Feuerwiderstandsklasse[1]	F 30-A	F 60-A	F 90-A	F 120-A	F 180-A
Hohlplatten ohne brennbare Bestandteile und einem Kreis- oder Ovalquerschnitthohlraum					
d_2: Mindestdicke (mm)	d_2	d_2	d_2	d_2	d_2
statisch bestimmte Lagerung ohne Kragarm-Einfeldplatten	70	70	70	70	70
statisch unbestimmte Lagerung, ohne Massiv- und Halbmassivstreifen sowie Kragarm-Einfeldplatten	70	70	70	70	70
d: Mindestgesamtdicke (mm)	d	d	d	d	d
unabhängig vom statischen System	$A_{Netto}/b \geq d$ nach Tabelle 20				
Hohlplatten mit brennbaren Bestandteilen und einem Kreis- oder Ovalquerschnitthohlraum					
d_2: Mindestdicke (mm)	d_2	d_2	d_2	d_2	d_2
statisch bestimmte Lagerung	70	70	70	70	70
statisch unbestimmte Lagerung, ohne Massiv- und Halbmassivstreifen sowie Kragarm-Einfeldplatten	150	150	150	150	150
d: Mindestgesamtdicke (mm)	d	d	d	d	d
unabhängig vom statischen System	$A_{Netto}/b \geq d$ nach Tabelle 20				
Hohlplatten mit Bekleidung					
d_2: Mindestdicke (mm)	d_2	d_2	d_2	d_2	d_2
Putze nach Abschnitt I/2.2.4.1 bis Abschnitt I/2.2.4.3	d_2 nach dieser Tabelle für statisch bestimmte Systeme, Abminderungen nach Tabelle 2 möglich, jedoch $d \geq 50$ mm				
Holzwolle-Leichtbauplatten nach Abschnitt I/2.2.4.4 auch ohne Putz bei einer Dicke der Platte ≥ 25 mm	50	50	-	-	-
Holzwolle-Leichtbauplatten nach Abschnitt I/2.2.4.4 auch ohne Putz bei einer Dicke der Platte ≥ 50 mm	50	50	50	50	50
Unterdecken	$d_2 \geq 50$ mm, Konstruktion nach Abschnitt II/2.2				

[1] Bei Verwendung von Füllkörpern oder Holzwolle-Leichtbauplatten jeweils der Baustoffklasse B muss die Benennung jeweils F 30-AB, F 60-AB, F 90-AB, F 120-AB und F 180-AB lauten.

Mindestachsabstand der Feldbewehrung:

T4: 3.4.6.5

Die Werte der Tabelle 22 und der Tabelle 23 dürfen folgendermaßen abgemindert werden:

- Rohdichteklasse D 1,0 um 20 %,
- Rohdichteklasse D 2,0 um 5 %,
- Zwischenwerte dürfen geradlinig interpoliert werden.

Dabei dürfen die folgenden Werte nicht unterschritten werden:

- F 30-A: u siehe Betondeckung c nach DIN 1045-1,
- ≥ F 60-A: $u \geq 30$ mm.

Die Werte für punktförmig gestützte Platten in Tabelle 23 dürfen nicht abgemindert werden.

2.1.2 Stahlbetonhohldielen und Porenbetonplatten

T4: 3.5

Allgemeine Anforderungen und Randbedingungen

Brandbeanspruchung:

T22: 5.2 / 3.5.1.1

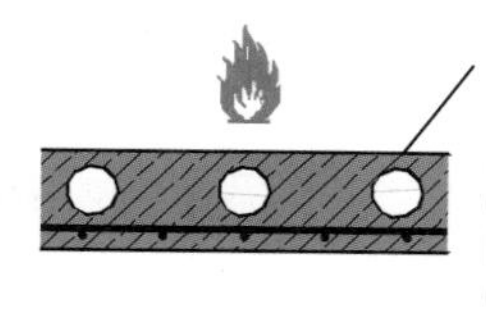

Stahlbetonhohldielen (aus Normalbeton nach DIN 1045-1 oder aus Leichtbeton mit haufwerksporigem Gefüge nach DIN EN 1520 und DIN 4213) oder Porenbetonplatten (nach DIN 4223)

Die Anordnung von Bekleidungen an der Deckenunterseite bzw. von Fußbodenbelägen auf der Deckenoberseite ist erlaubt. Es sind jedoch bei Verwendung von Baustoffen der Klasse B die bauaufsichtlichen Anforderungen zu beachten.

T4: 3.5.1.2

Durchführung von elektrischen Leitungen:

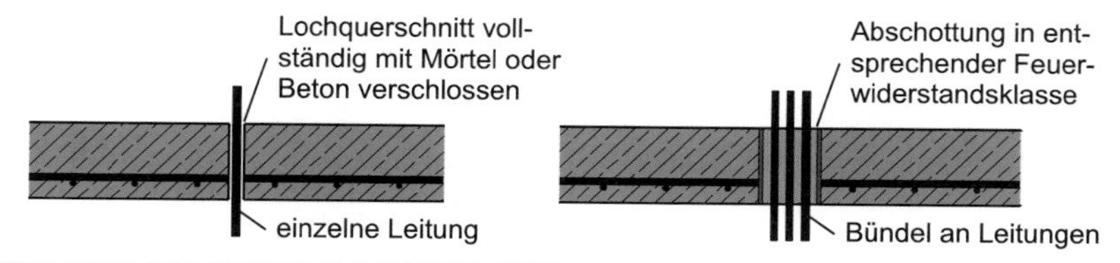

2.1.2.1 Mindestdicken von Stahlbetonhohldielen und Porenbetonplatten

T4: 3.5.2

Unbekleidete Platten ohne Anordnung eines Estrichs:

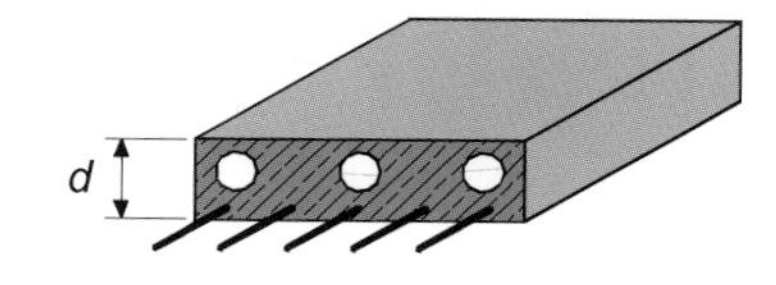

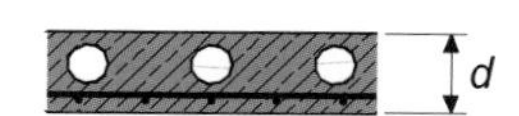

Unbekleidete Platten mit Estrich:

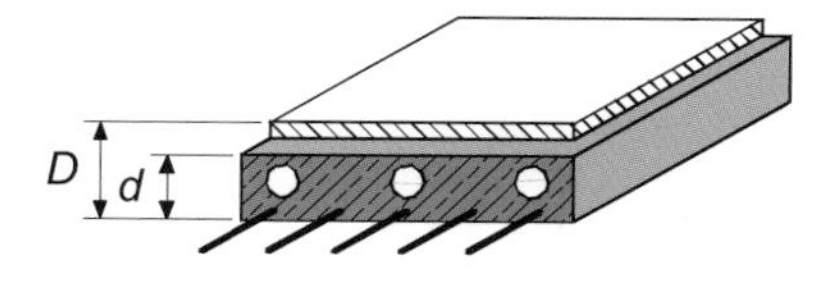

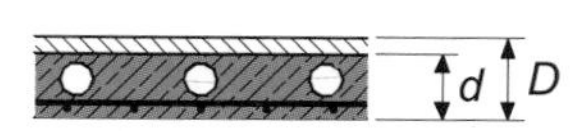

Unbekleidete Platten mit schwimmendem Estrich:

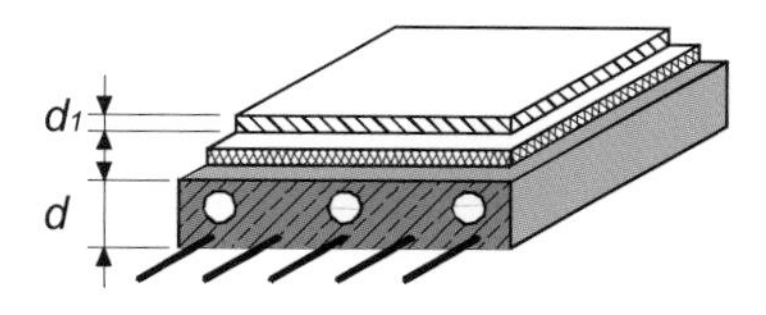

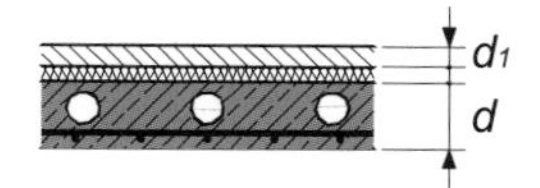

Platten mit Bekleidung:

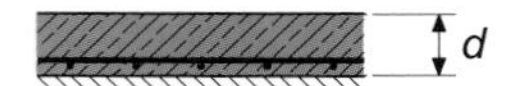

d = Mindestdicke
D = Mindestgesamtdicke
d_1 = Mindestestrichdicke

Dämmschichten von schwimmenden Estrichen müssen DIN 18165-2, Abschnitt 2.2 entsprechen, mindestens der Baustoffklasse B 2 angehören und eine Rohdichte ≥ 30 kg/m³ aufweisen.

T4: 3.5.2.2

Fugenausbildung:

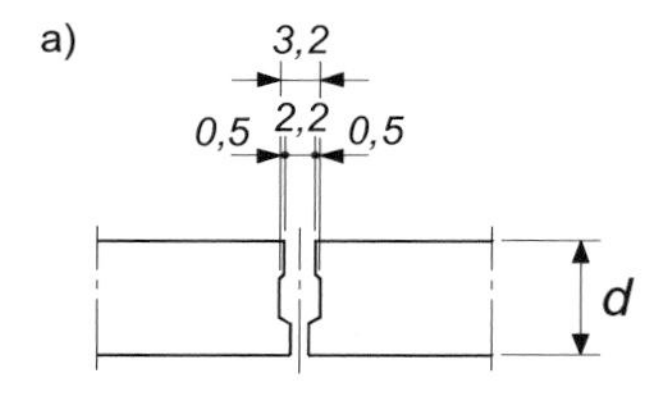

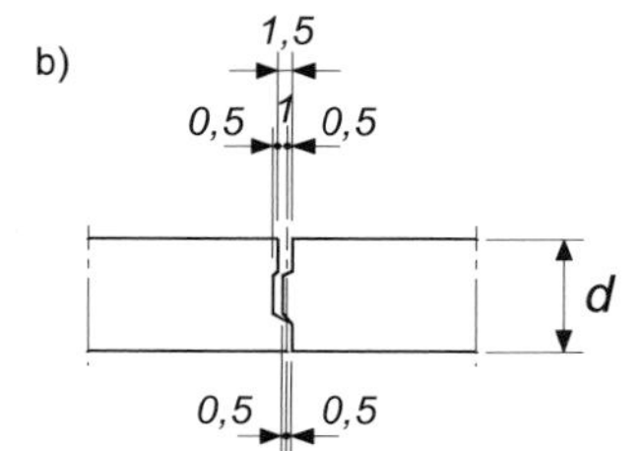

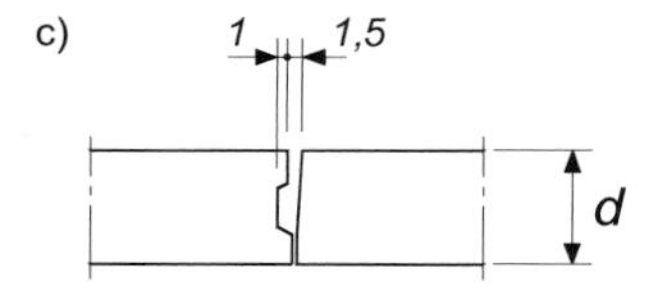

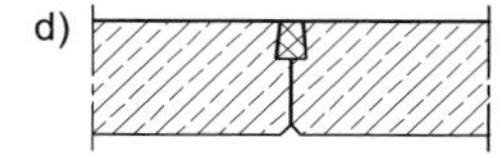

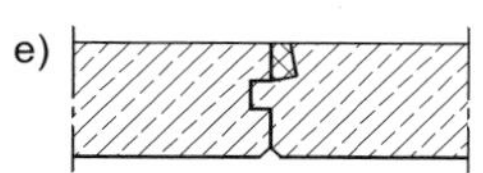

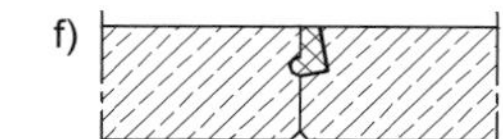

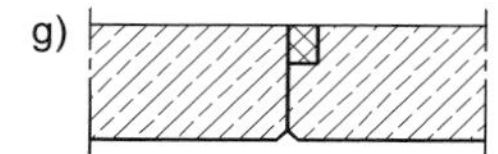

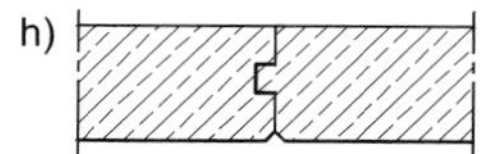

Tabelle 26: Mindestdicken von Stahlbetonhohldielen und Porenbetonplatten

T4: Tab. 13

Feuerwiderstandsklasse[1]	F 30-A	F 60-A	F 90-A	F 120-A	F 180-A
unbekleidete Stahlbetonhohldielen aus Normalbeton					
d: Mindestdicke (mm)	*d*	*d*	*d*	*d*	*d*
ohne Anordnung eines Estrichs	80[2]	100	120	140	170
Anordnung eines Estrichs der Baustoffklasse A oder eines Gussasphaltestrichs	80[2]	80[2]	80[2]	80[2]	80[2]
Anordnung eines schwimmenden Estrichs mit einer Dämmschicht nach Abschnitt II/2.1.2.1	80[2]	80[2]	80[2]	80[2]	80[2]
Mindestgesamtdicke *D* = *d* + Estrichdicke bei Estrichen der Baustoffklasse A oder Gussasphaltestrichen					
D: Mindestgesamtdicke (mm)	*D*	*D*	*D*	*D*	*D*
	80[2]	100	120	140	170
Mindestestrichdicke bei Estrichen der Baustoffklasse A, Gussasphaltestrichen					
d_1: Mindestestrichdicke (mm)	d_1	d_1	d_1	d_1	d_1
	25	25	25	30	40
unbekleidete Stahlbetonhohldielen aus haufwerksporigem Leichtbeton					
d: Mindestdicke (mm)	*d*	*d*	*d*	*d*	*d*
Fugen nach Bild a	75	75	75	100	125
Fugen nach Bild b oder c	75	75	100	125	150
unbekleidete Porenbetonplatten					
d: Mindestdicke (mm)	*d*	*d*	*d*	*d*	*d*
Fugen nach Bild d, e oder f	75	75	75	100	125
Fugen nach Bild g oder h	75	75	100	125	150
bekleidete Stahlbetonhohldielen aus Normalbeton					
d: Mindestdicke (mm)	*d*	*d*	*d*	*d*	*d*
Putze nach Abschnitt I/2.2.4.1 bis Abschnitt I/2.2.4.3	*d* nach dieser Tabelle, Abminderungen nach Tabelle 2 möglich, jedoch $d \geq 80$ mm				
bekleidete Stahlbetonhohldielen aus haufwerksporigem Leichtbeton und Porenbetonplatten					
d: Mindestdicke (mm)	*d*	*d*	*d*	*d*	*d*
Putze nach Abschnitt I/2.2.4.1 bis Abschnitt I/2.2.4.3	*d* nach dieser Tabelle, Abminderungen nach Tabelle 2 möglich, jedoch $d \geq$				
	50	50	75	100	125
Hohldielen und Porenbetonplatten mit Unterdecken					
Unterdecken	$d \geq 50$ mm, Konstruktion nach Abschnitt II/2.2				

1) Bei Anordnung von Gussasphaltestrich und bei Verwendung von schwimmendem Estrich mit einer Dämmschicht der Baustoffklasse B muss die Benennung jeweils F 30-AB, F 60-AB, F 90-AB, F 120-AB und F 180-AB lauten.

2) Bei Betonfeuchtegehalten > 4 % Massenanteil (s. Abschnitt I/2.2.5) sowie bei Hohldielen mit sehr dichter Bewehrungsanordnung (Stababstände < 100 mm) muss die Dicke *d* mindestens 100 mm betragen.

2.1.2.2 Mindestachsabstand der Bewehrung von Stahlbetonhohldielen und Porenbetonplatten

T4: 3.5.3

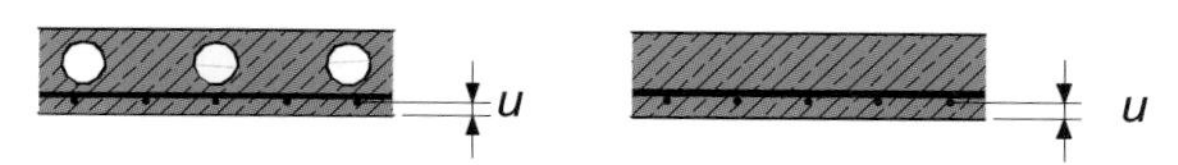

u = Mindestachsabstand der Bewehrung

Tabelle 27: Mindestachsabstand der Bewehrung von Stahlbetonhohldielen und Porenbetonplatten

T4: Tab. 14

Feuerwiderstandsklasse	F 30-A	F 60-A	F 90-A	F 120-A	F 180-A
u: Mindestachsabstand (mm)	*u*	*u*	*u*	*u*	*u*
unbekleidete Stahlbetonhohldielen					
Normalbeton	10	25	35	45	60[1)]
haufwerksporiger Leichtbeton	10	10	23	33	48
unbekleidete Porenbetonplatten					
	10	20	30	40	55[1)]
bekleidete Stahlbetonhohldielen aus Normalbeton					
Putze nach Abschnitt I/2.2.4.1 bis Abschnitt I/2.2.4.3	*u* nach dieser Tabelle, Abminderungen nach Tabelle 2 möglich, jedoch $u \geq 10$ mm				
bekleidete Stahlbetonhohldielen aus haufwerksporigem Leichtbeton und Porenbetonplatten					
Putze nach Abschnitt I/2.2.4.1 bis Abschnitt I/2.2.4.3	*u* nach dieser Tabelle, Abminderungen nach Tabelle 2 möglich, jedoch $u \geq 10$ mm				
Hohldielen und Porenbetonplatten mit Unterdecken					
Unterdecken	$u \geq 10$ mm, Konstruktion nach Abschnitt II/2.2				

[1)] Bei einer Betondeckung $c > 50$ mm ist eine Schutzbewehrung nach Abschnitt I/2.2.3 erforderlich.

Einlagige Bewehrung mit unterschiedlichen Stabdurchmessern und mehrlagige Bewehrung:

T4: 3.5.3.2

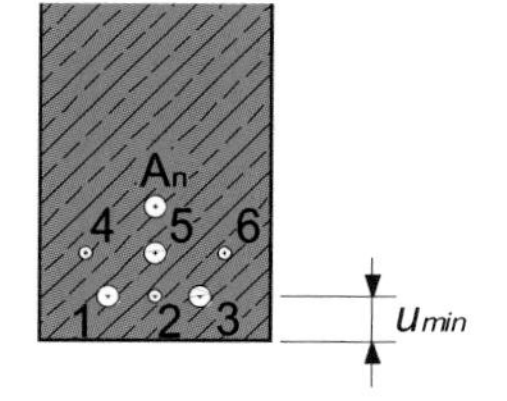

Achsabstand u = gemittelter Achsabstand u_m nach Bild und Gleichung 16 in Abschnitt II/1.1.1.3 und

$u_m \geq u$ nach Tabelle 27

$u_{min} \geq 10$ mm

$\geq 0{,}5 \cdot u$ nach Tabelle 27

2.1.3 Stahlbeton- und Spannbetondecken als Fertigteile aus Normalbeton

T4: 3.6

Allgemeine Anforderungen und Randbedingungen

Brandbeanspruchung:

T22: 5.2 / 3.6.1.1

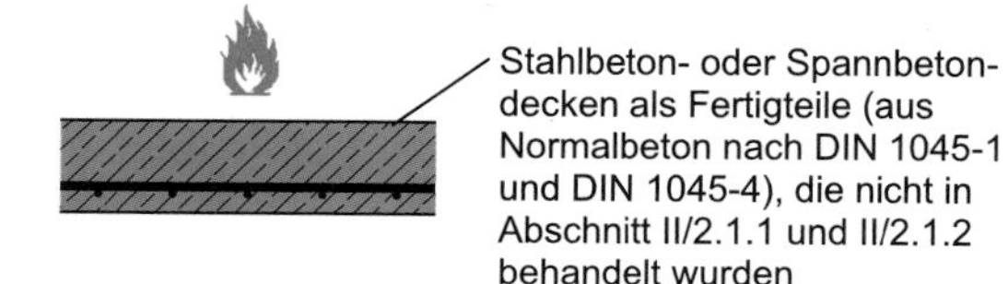

Die Anordnung von Bekleidungen an der Deckenunterseite bzw. von Fußbodenbelägen auf der Deckenoberseite ist erlaubt. Es sind jedoch bei Verwendung von Baustoffen der Klasse B die bauaufsichtlichen Anforderungen zu beachten.

T4: 3.6.1.2

Durchführung von elektrischen Leitungen:

T4: 3.6.1.2

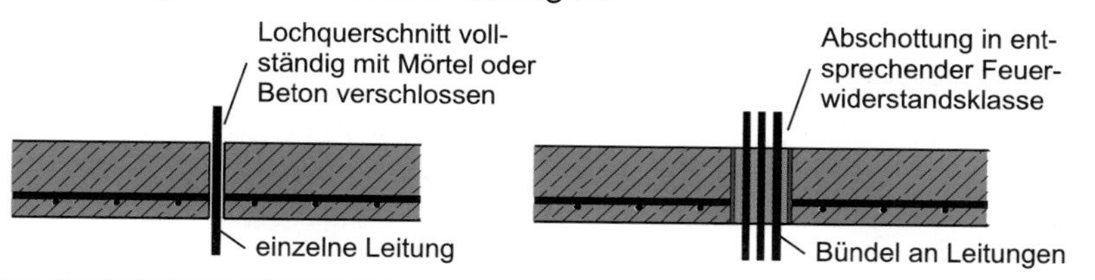

2.1.3.1 Decken aus Fertigteilplatten

T4: 3.6.2

Für die Mindestdicken und -achsabstände gelten die Anforderungen aus Abschnitt II/2.1.1.

T4: 3.6.2.1

Fugen zwischen Fertigteilplatten:

T4: 3.6.2.2 und *T4:* 3.6.2.3

Fugen sind mit Mörtel oder Beton der Baustoffklasse A zu verschließen (Beispiele):

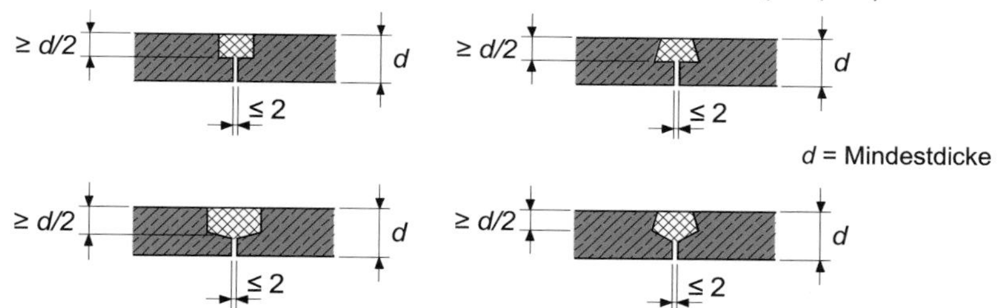

Fugen dürfen unter den folgenden Bedingungen offen bleiben:

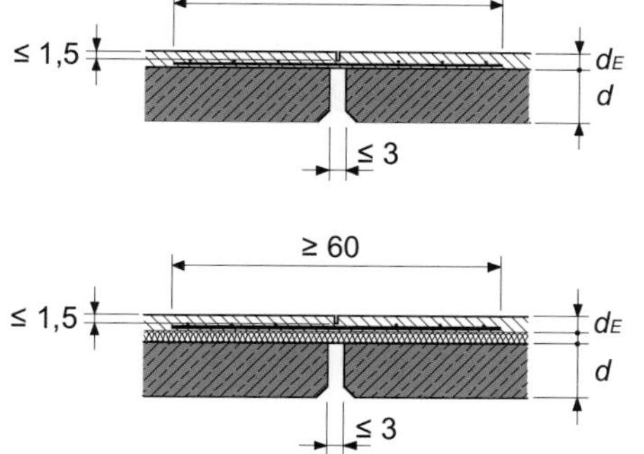

d, d_E = Mindestdicke nach Tabelle 28

Einschnitt im Beton oder Estrich zur Erzielung einer Sollbruchfuge. Verschließung mit Fugendichtstoff nach DIN EN 26927.

Dämmschichten von schwimmenden Estrichen müssen DIN V 18165-2, Abschnitt 2.2 entsprechen, mindestens der Baustoffklasse A angehören und eine Rohdichte ≥ 30 kg/m³ aufweisen.

Tabelle 28: Mindestdicken d und d_E bei Fugen zwischen Fertigteilplatten

T4: Tab. 15

Feuerwiderstandsklasse	F 30-A	F 60-A	F 90-A	F 120-A	F 180-A
d: Mindestdicke Fertigteil (mm)	d nach Tabelle 20				
d_E: Mindestdicke Fugenverschließung (mm)	30	30	40	45	50

Berücksichtigung gefaster Kanten:

T4: 3.6.2.2

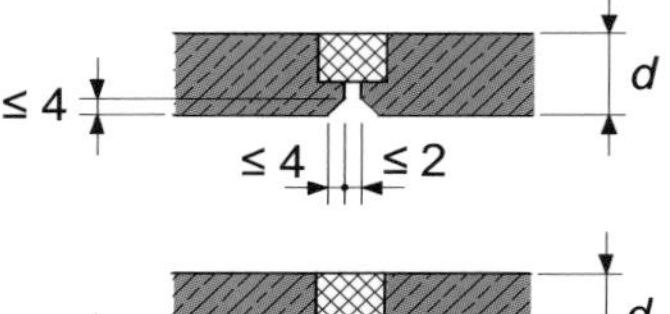

Gefaste Kanten ≤ 4 cm bei Mindestdicke *d* nicht berücksichtigen.

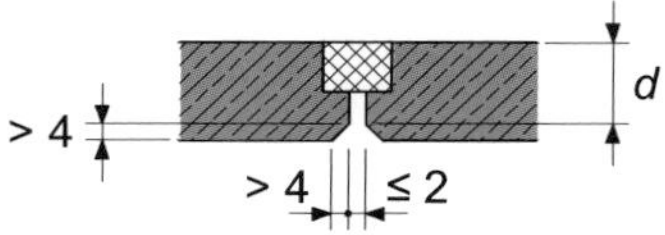

Gefaste Kanten > 4 cm bei Mindestdicke *d* berücksichtigen.

2.1.3.2 Plattenbalken- und Rippendecken aus Fertigteilen

T4: 3.6.3

Für die Mindestquerschnittsabmessungen und -achsabstände gelten die Anforderungen aus Abschnitt II/2.1.4 und aus Abschnitt II/2.1.5.

T4: 3.6.3.1

Fugen zwischen Plattenteilen:

T4: 3.6.3.2

Es gelten die Bedingungen aus Abschnitt II/2.1.3.1.

Fugen zwischen Balken oder Rippen:

T4: 3.6.3.3 und T4: 3.6.3.4

Fugen sind mit Mörtel oder Beton der Baustoffklasse A zu verschließen (Beispiele):

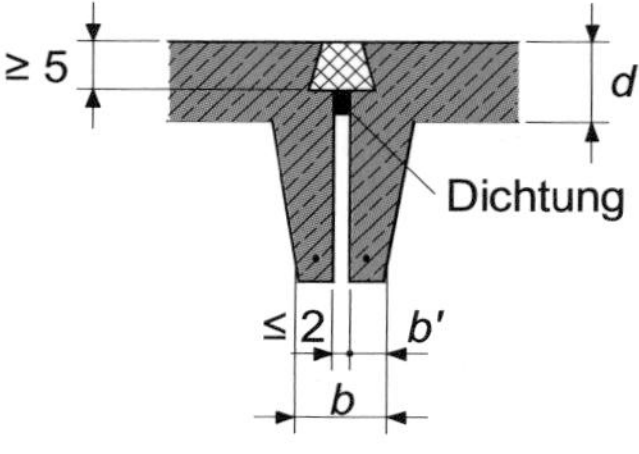

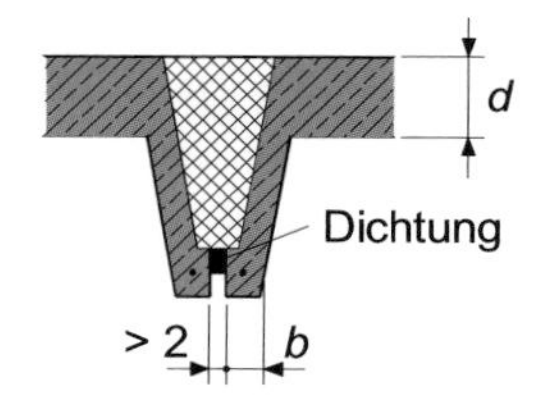

Bei Sollfugenbreite ≤ 2,0 cm gilt:

- *b* = Breite zweier aneinandergrenzender Fertigteile
- *b'* = Breite einer einzelnen Rippe mit $b' \geq (b/2) - 1$ cm

Bei Sollfugenbreite > 2,0 cm gilt:

- *b* = Breite eines Einzelbalkens bzw. einer Einzelrippe.

2.1.4 Stahlbeton- und Spannbeton-Rippendecken aus Normalbeton bzw. Leichtbeton mit geschlossenem Gefüge ohne Zwischenbauteile

T4: 3.7

Allgemeine Anforderungen und Randbedingungen

Brandbeanspruchung:

T22: 5.2 / 3.7.1.1

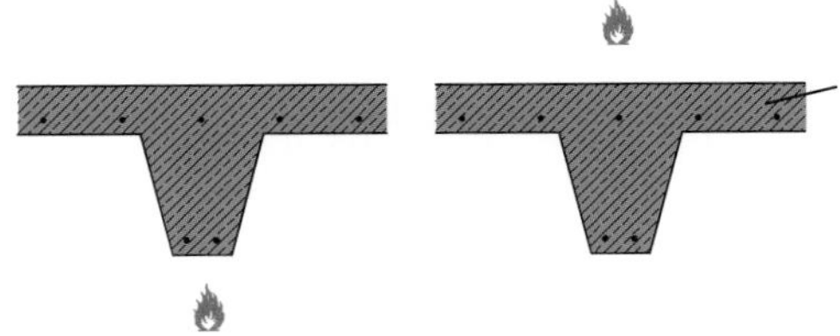

Stahlbeton- oder Spannbeton-Rippendecken (aus Normalbeton bzw. Leichtbeton mit geschlossenem Gefüge nach DIN 1045-1) ohne Zwischenbauteile

Die Anordnung von Bekleidungen an der Deckenunterseite bzw. von Fußbodenbelägen auf der Deckenoberseite ist erlaubt. Es sind jedoch bei Verwendung von Baustoffen der Klasse B die bauaufsichtlichen Anforderungen zu beachten.

T4: 3.7.1.2

Durchführung von elektrischen Leitungen:

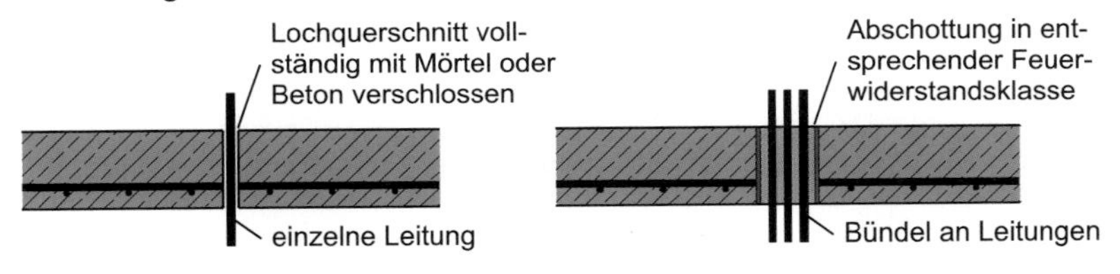

2.1.4.1 Zweiachsig gespannte, einfeldrige Decken ohne Massiv- oder Halbmassivstreifen

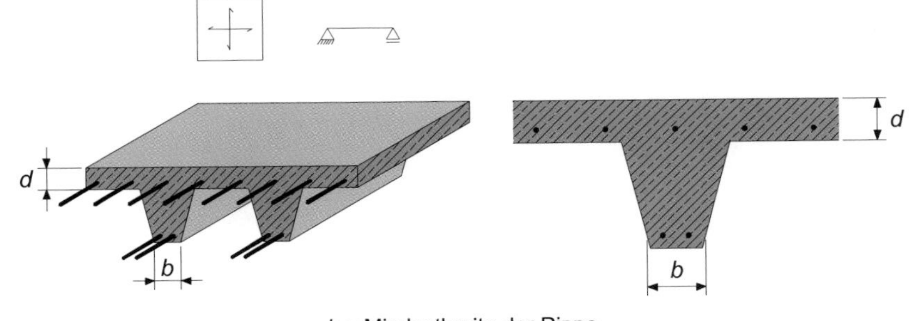

b = Mindestbreite der Rippe
d = Mindestdicke der Platte

Tabelle 29: Mindestbreite und Mindestdicke von zweiachsig gespannten einfeldrigen Stahlbeton- und Spannbeton-Rippendecken aus Normalbeton ohne Zwischenbauteile und ***ohne*** *Massiv- oder Halbmassivstreifen*

T4: Tab. 17

Feuerwiderstandsklasse	F 30-A	F 60-A	F 90-A	F 120-A	F 180-A
d: Mindestdicke der Platten[3] (mm)	*d*	*d*	*d*	*d*	*d*
	80	80	100	120	150
b: Mindestbreite (mm)	*b*	*b*	*b*	*b*	*b*
unbekleidete Rippen in der Biegezugzone bzw. vorgedrückten Zugzone mit Ausnahme der Auflagerbereiche					
Stahlbeton und Spannbeton mit crit $T \geq 450$ °C nach Tabelle 1	80[1) 2)]	100[1) 2)]	120[2)]	150	220
Spannbeton mit crit $T = 350$ °C nach Tabelle 1	120[2)]	120[2)]	160	190	260
unbekleidete Rippen in der Druck- oder Biegedruckzone bzw. vorgedrückten Zugzone im Auflagerbereich					
	90[1) 2)] bis 140[1) 2)] Die Bedingungen von Tabelle 30 sind einzuhalten			160	240
Rippen mit Bekleidung					
Putze nach Abschnitt I/2.2.4.1 bis Abschnitt I/2.2.4.3	*b* nach dieser Tabelle, Abminderungen nach Tabelle 2 möglich, jedoch $b \geq 80$ mm				
Unterdecken	$b \geq 50$ mm, Konstruktionen nach Abschnitt II/2.2				

[1)] Bei Betonfeuchtegehalten > 4 % Massenanteil (s. Abschnitt I/2.2.5) sowie bei Rippen mit sehr dichter Bügelbewehrung (Stababstände < 100 mm) muss die Breite *b* mindestens 120 mm betragen.

[2)] Wird die Bewehrung in der Symmetrieachse konzentriert und werden dabei mehr als zwei Bewehrungsstäbe oder Spannglieder übereinander angeordnet, dann sind die angegebenen Mindestabmessungen unabhängig vom Betonfeuchtegehalt um den zweifachen Wert des verwendeten Bewehrungsstabdurchmessers – bei Stabbündeln um den zweifachen Wert des Vergleichsdurchmessers d_{sV} – zu vergrößern. Bei $b \geq 150$ mm braucht diese Zusatzmaßnahme nicht mehr angewendet zu werden.

[3)] Sofern bei der Wahl von d ein Estrich oder eine Bekleidung berücksichtigt werden soll, gelten die Mindestdicken von Tabelle 20 für Platten mit Estrich oder Bekleidung.

Tabelle 30: [(max μ_{Eds}) $\times f_{ck}$]-Werte bei Stahlbeton- und Spannbetonrippen in Abhängigkeit von der Mindestrippenbreite b

T22: 5.2 / Tab. 18

Mindestrippenbreite *b* in mm	[(max μ_{Eds}) $\times f_{ck}$]-Werte bei Stahlbetonrippen der Betonfestigkeitsklasse C 12/15 C 16/20	C 20/25 C 25/30	C 30/37	C 35/45 C 40/50	C 45/55 C 50/60	bei Spannbetonrippen der Betonfestigkeitsklasse C 25/30 bis C 50/60
90	1,8	2,1	2,7	1,5	0,8	2,9
100	2,5	2,7	3,9	3,1	1,8	5,8
110	5,1	4,3	5,1	4,6	3,6	8,2
120		8,5	11,0	6,1	5,1	11,1
130				12,6	6,8	13,6
140	keine Begrenzung				14,6	16,5
> 140						

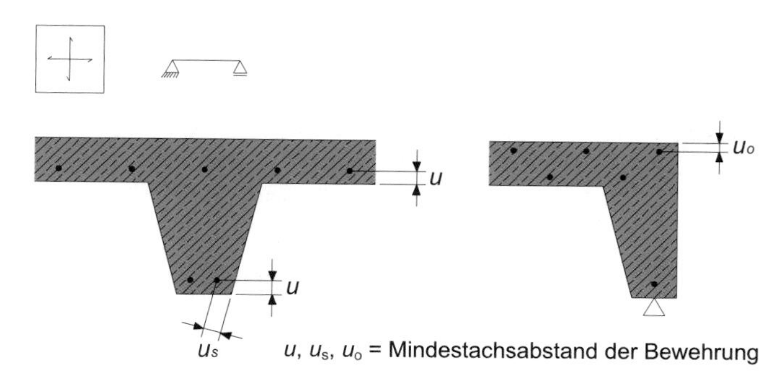

u, u_s, u_o = Mindestachsabstand der Bewehrung

Tabelle 31: Mindestachsabstände sowie Mindeststabanzahl einlagig bewehrter, zweiachsig gespannter, einfeldriger Stahlbetonrippendecken[1)] aus Normalbeton ohne Zwischenbauteile und ***ohne*** *Massiv- oder Halbmassivstreifen*

T4: Tab. 19

Feuerwiderstandsklasse	F 30-A	F 60-A	F 90-A	F 120-A	F 180-A
unbekleidete Rippen					
bei einer Rippenbreite b (mm) von	80	≤ 120	≤ 160	≤ 190	≤ 260
$u^{2)}$: Mindestachsabstand (mm)	15	25	40	55[4)]	75[4)]
$u_s^{2)}$: Mindestachsabstand (mm)	25	35	50	65	85
$n^{3)}$: Mindeststabanzahl	1	2	2	2	2
bei einer Rippenbreite b (mm) von	≥ 160	≥ 200	≥ 250	≥ 300	≥ 400
$u^{2)}$: Mindestachsabstand (mm)	10	15	30	40	60[4)]
$u_s^{2)}$: Mindestachsabstand (mm)	20	25	40	50	70
$n^{3)}$: Mindeststabanzahl	2	3	4	4	4
unbekleidete Platten					
$u_o^{5)}$: Mindestachsabstand der Stützbewehrung (mm)	10	10	15	30	50
u: Mindestachsabstand der Feldbewehrung (mm)	10	10	10	25	45
Rippen und Platten mit Bekleidung					
Putze nach Abschnitt I/2.2.4.1 bis Abschnitt I/2.2.4.3	u und u_s nach dieser Tabelle, Abminderungen nach Tabelle 2 möglich, jedoch u und $u_s \geq 10$ mm				
Unterdecken	$u \geq 10$ mm, Konstruktionen nach Abschnitt II/2.2				

1) Die Tabellenwerte gelten auch für Spannbetonrippendecken, die Mindestachsabstände u, u_s und u_o sind um die Δu-Werte der Tabelle 1 zu erhöhen.
2) Zwischen den u- bzw. u_s-Werten darf in Abhängigkeit der Rippenbreite b geradlinig interpoliert werden.
3) Die geforderte Mindeststabanzahl n darf unterschritten werden, wenn der seitliche Abstand u_s je entfallendem Stab um jeweils 10 mm vergrößert wird. Stabbündel gelten in diesem Fall als ein Stab.
4) Bei einer Betondeckung c > 50 mm ist eine Schutzbewehrung nach Abschnitt I/2.2.3 erforderlich.
5) Sofern bei der Wahl von u_o ein Estrich berücksichtigt werden soll, gelten die Mindestwerte von Tabelle 23 für die Stützbewehrung bei Anordnung eines Estrichs.

2.1.4.2 Zweiachsig gespannte Decken ohne bzw. mit Massiv- oder Halbmassivstreifen mit mindestens einem eingespannten Rand

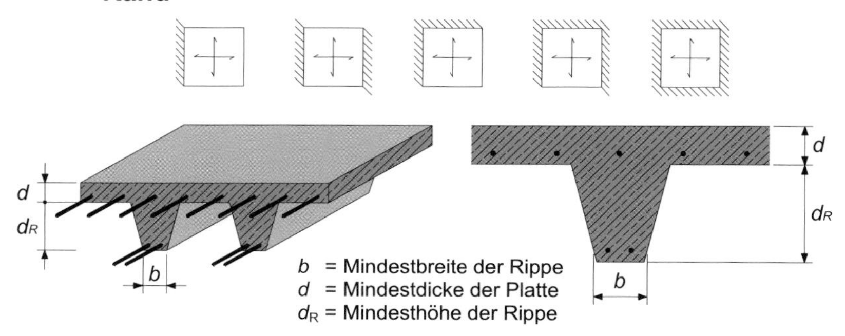

*Tabelle 32: Mindestbreite und Mindestdicke von zweiachsig gespannten Stahlbeton- und Spannbeton-Rippendecken aus Normalbeton ohne Zwischenbauteile und **ohne** Massiv- oder Halbmassivstreifen mit mindestens einem eingespannten Rand*

T4: Tab. 20

Feuerwiderstandsklasse	F 30-A	F 60-A	F 90-A	F 120-A	F 180-A
d: Mindestdicke der Platten[5] (mm)	d	d	d	d	d
	80	80	100	120	150
b: Mindestbreite (mm)	b	b	b	b	b
unbekleidete Rippen in der Biegezugzone (Feldbereich) bzw. vorgedrückten Zugzone mit Ausnahme der Auflagerbereiche					
Stahlbeton und Spannbeton mit crit $T \geq 450$ °C nach Tabelle 1	80[1, 2]	100[1, 2]	120[2, 3] (150)	150[3] (220)	220[3] (400)
Spannbeton mit crit $T = 350$ °C nach Tabelle 1	120[2]	120[2]	160	190[3] (220)	350[3] (400)
unbekleidete Rippen in der Druck- oder Biegedruckzone bzw. vorgedrückten Zugzone im Auflagerbereich[4]					
	110[2] bis 140 Die Bedingungen von Tabelle 34 sind einzuhalten			240	320[3] (400)
Rippen mit Bekleidung					
Putze nach Abschnitt I/2.2.4.1 bis Abschnitt I/2.2.4.3	b nach dieser Tabelle, Abminderungen nach Tabelle 2 möglich, jedoch $b \geq 80$ mm				
Unterdecken	$b \geq 50$ mm, Konstruktionen nach Abschnitt II/2.2				

[1] Bei Betonfeuchtegehalten > 4 % Massenanteil (s. Abschnitt I/2.2.5) sowie bei Rippen mit sehr dichter Bügelbewehrung (Stababstände < 100 mm) muss die Breite b mindestens 120 mm betragen.

[2] Wird die Bewehrung in der Symmetrieachse konzentriert und werden dabei mehr als zwei Bewehrungsstäbe oder Spannglieder übereinander angeordnet, dann sind die angegebenen Mindestabmessungen unabhängig vom Betonfeuchtegehalt um den zweifachen Wert des verwendeten Bewehrungsstabdurchmessers – bei Stabbündeln um den zweifachen Wert des Vergleichsdurchmessers d_{sV} – zu vergrößern. Bei $b \geq 150$ mm braucht diese Zusatzmaßnahme nicht mehr angewendet zu werden.

[3] Die angegebenen Werte gelten für Decken mit vorwiegend gleichmäßig verteilter Belastung, bei Decken mit großem Einzellastanteil und rechnerisch erforderlicher Querkraftbewehrung nach DIN 1045-1 sind die ( )-Werte zu verwenden.

[4] Bei einem Seitenverhältnis $d_R/b \leq 2$ dürfen die angegebenen Mindestwerte für die Druck- oder Biegedruckzone bzw. vorgedrückte Zugzone im Auflagerbereich jeweils um 20 mm verringert werden.

[5] Sofern bei der Wahl von d ein Estrich oder eine Bekleidung berücksichtigt werden soll, gelten die Mindestdicken von Tabelle 20 für Platten mit Estrich oder Bekleidung.

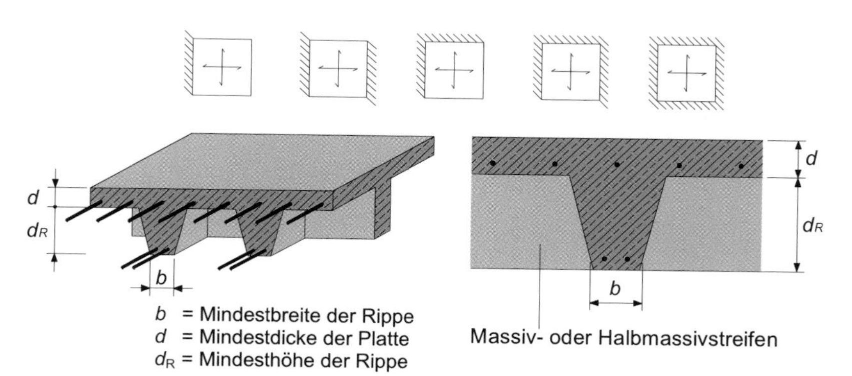

b = Mindestbreite der Rippe
d = Mindestdicke der Platte
d_R = Mindesthöhe der Rippe

Tabelle 33: Mindestbreite und Mindestdicke von zweiachsig gespannten Stahlbeton- und Spannbeton-Rippendecken aus Normalbeton ohne Zwischenbauteile ***mit*** *Massiv- oder Halbmassivstreifen mit mindestens einem eingespannten Rand*

T4: Tab. 21

Feuerwiderstandsklasse	F 30-A	F 60-A	F 90-A	F 120-A	F 180-A
d: Mindestdicke der Platten[5)] (mm)	*d*	*d*	*d*	*d*	*d*
	80	80	100	120	150
b: Mindestbreite (mm)	*b*	*b*	*b*	*b*	*b*
unbekleidete Rippen in der Biegezugzone (Feldbereich) bzw. vorgedrückten Zugzone mit Ausnahme der Auflagerbereiche					
Stahlbeton und Spannbeton mit crit $T \geq 450$ °C nach Tabelle 1	80[1) 2)]	80[1) 2)]	100[1) 2) 3)] (150)	120[3)] (220)	200[3)] (400)
Spannbeton mit crit $T = 350$ °C nach Tabelle 1	120[2)]	120[2)]	120[2) 3)] (150)	160[3)] (220)	240[3)] (400)
unbekleidete Rippen in der Druck- oder Biegedruckzone bei Anordnung von					
Massiv- oder Halbmassivstreifen bis zu den Momentennullpunkten[6)]	keine Anforderungen				
unbekleidete Rippen in der Druck- oder Biegedruckzone bzw. vorgedrückten Zugzone bei Endauflagern[6)] bei Anordnung von					
verkürzte Massiv- oder Halbmassivstreifen im Bereich zwischen den Massiv- oder Halbmassivstreifenendpunkten und den Momentennullpunkten[4) 6)]	110[2)] bis 170 Die Bedingungen von Tabelle 34 sind einzuhalten			240	320[3)] (400)
Rippen mit Bekleidung					
Putze nach Abschnitt I/2.2.4.1 bis Abschnitt I/2.2.4.3	*b* nach dieser Tabelle, Abminderungen nach Tabelle 2 möglich, jedoch $b \geq 80$ mm				
Unterdecken	$b \geq 50$ mm, Konstruktionen nach Abschnitt II/2.2				

1) Bei Betonfeuchtegehalten > 4 % Massenanteil (s. Abschnitt I/2.2.5) sowie bei Rippen mit sehr dichter Bügelbewehrung (Stababstände < 100 mm) muss die Breite *b* mindestens 120 mm betragen.

2) Wird die Bewehrung in der Symmetrieachse konzentriert und werden dabei mehr als zwei Bewehrungsstäbe oder Spannglieder übereinander angeordnet, dann sind die angegebenen Mindestabmessungen unabhängig vom Betonfeuchtegehalt um den zweifachen Wert des verwendeten Bewehrungsstabdurchmessers – bei Stabbündeln um den zweifachen Wert des Vergleichsdurchmessers d_{sV} – zu vergrößern. Bei $b \geq 150$ mm braucht diese Zusatzmaßnahme nicht mehr angewendet zu werden.

3) Die angegebenen Werte gelten für Decken mit vorwiegend gleichmäßig verteilter Belastung, bei Decken mit großem Einzellastanteil und rechnerisch erforderlicher Querkraftbewehrung nach DIN 1045-1 sind die ( )-Werte zu verwenden.

4) Sofern bei der Wahl von *d* ein Estrich oder eine Bekleidung berücksichtigt werden soll, gelten die Mindestdicken von Tabelle 20 für Platten mit Estrich oder Bekleidung.

5) Bei einem Seitenverhältnis $d_R/b \leq 2$ dürfen die angegebenen Mindestwerte für die Druck- oder Biegedruckzone bzw. vorgedrückte Zugzone im Auflagerbereich jeweils um 20 mm verringert werden.

6) Die Bestimmung der Momentennullpunkte muss beim Lastfall Volllast erfolgen.

Tabelle 34: [(max μ_{Eds}) × f_{ck}]-Werte bei Stahlbeton- und Spannbetonrippen in Abhängigkeit von der Mindestrippenbreite b

T22: 5.2 / Tab. 22

Mindestrippenbreite b in mm	[(max μ_{Eds}) × f_{ck}]-Werte bei Stahlbetonrippen der Betonfestigkeitsklasse					[(max μ_{Eds}) × f_{ck}]-Werte bei Spannbetonrippen der Betonfestigkeitsklasse
	C 12/15 C 16/20	C 20/25 C 25/30	C 30/37	C 35/45 C 40/50	C 45/55 C 50/60	C 25/30 bis C 50/60
110	1,8	2,1	2,7	1,5	0,8	2,9
120	2,5	2,7	3,9	3,1	1,8	5,8
130	5,1	4,3	5,1	4,6	3,6	8,2
140		8,5	11,0	6,1	5,1	11,1
150				12,6	6,8	13,6
160	keine Begrenzung				14,6	16,5
> 170						

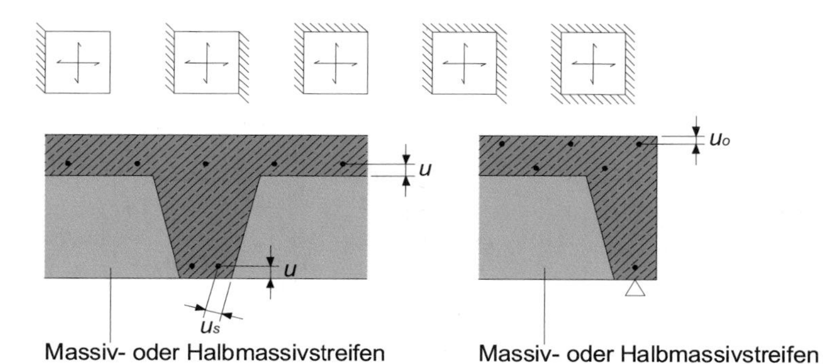

u, u_s, u_o = Mindestachsabstand der Bewehrung

Tabelle 35: Mindestachsabstände sowie Mindeststabanzahl einlagig bewehrter, zweiachsig gespannter Stahlbetonrippendecken[1] *aus Normalbeton ohne Zwischenbauteile und* ***mit bzw. ohne*** *Massiv- oder Halbmassivstreifen mit mindestens einem eingespannten Rand*

T4: Tab. 23

Feuerwiderstandsklasse	F 30-A	F 60-A	F 90-A	F 120-A[6]	F 180-A[6]
unbekleidete Rippen bei Anordnung der Stütz- bzw. Einspannbewehrung					
nach DIN 1045-1					
bei einer Rippenbreite b (mm) von	80	≤ 120	≤ 160	≤ 190	≤ 260
u[2]: Mindestachsabstand (mm)	15	25	40	55[4]	75[4]
u_s[2]: Mindestachsabstand (mm)	25	35	50	65	85
n[3]: Mindeststabanzahl	1	2	2	2	2
bei einer Rippenbreite b (mm) von	≥ 160	≥ 200	≥ 250	≥ 300	≥ 400
u[2]: Mindestachsabstand (mm)	10	15	30	40	60[4]
u_s[2]: Mindestachsabstand (mm)	20	25	40	50	70
n[3]: Mindeststabanzahl	2	3	4	4	4
mit Verlängerung der Stützbewehrung und einem Verhältnis min $\ell \geq 0{,}8$ max ℓ					
bei einer Rippenbreite b (mm) von	80	≤ 120	≤ 160	≤ 190	≤ 260
u[2]: Mindestachsabstand (mm)	10	15	25	40	60[4]
u_s[2]: Mindestachsabstand (mm)	10	25	35	50	70
n[3]: Mindeststabanzahl	1	2	2	2	2
bei einer Rippenbreite b (mm) von	≥ 160	≥ 200	≥ 250	≥ 300	≥ 400
u[2]: Mindestachsabstand (mm)	10	10	15	30	50
u_s[2]: Mindestachsabstand (mm)	10	20	25	40	60
n[3]: Mindeststabanzahl	2	3	4	4	4
mit Verlängerung der Stützbewehrung und einem Verhältnis min $\ell \geq 0{,}2$ max ℓ	Interpolation zwischen den Werten nach DIN 1045-1 und den Werten für das Stützweitenverhältnis min $\ell \geq 0{,}8$ max ℓ				
unbekleidete Platten					
u_o[5]: Mindestachsabstand der Stützbewehrung (mm)	10	10	15	30	50
u: Mindestachsabstand der Feldbewehrung (mm)	10	10	10	25	45
Rippen und Platten mit Bekleidung					
Putze nach Abschnitt I/2.2.4.1 bis Abschnitt I/2.2.4.3	u und u_s nach dieser Tabelle, Abminderungen nach Tabelle 2 möglich, jedoch u und $u_s \geq 10$ mm				
Unterdecken	$u \geq 10$ mm, Konstruktionen nach Abschnitt II/2.2				

[1] Die Tabellenwerte gelten auch für Spannbetonrippendecken, die Mindestachsabstände u, u_s und u_o sind um die Δu-Werte der Tabelle 1 zu erhöhen.

[2] Zwischen den u- bzw. u_s-Werten darf in Abhängigkeit der Rippenbreite b geradlinig interpoliert werden.

[3] Die geforderte Mindeststabanzahl n darf unterschritten werden, wenn der seitliche Abstand u_s je entfallendem Stab um jeweils 10 mm vergrößert wird; Stabbündel gelten in diesem Falle als ein Stab.

[4] Bei einer Betondeckung $c > 50$ mm ist eine Schutzbewehrung nach Abschnitt I/2.2.3 erforderlich.

[5] Sofern bei der Wahl von u_o ein Estrich berücksichtigt werden soll, gelten die Mindestwerte von Tabelle 23 für die Stützbewehrung bei Anordnung eines Estrichs.

[6] Bei den Feuerwiderstandsklassen F 120 und F 180 müssen bei Rippen mit rechnerisch erforderlicher Querkraftbewehrung nach DIN 1045-1 stets mindestens vierschnittige Bügel angeordnet werden.

2.1.4.3 Einachsig gespannte, statisch unbestimmt gelagerte Decken mit Massiv- oder Halbmassivstreifen

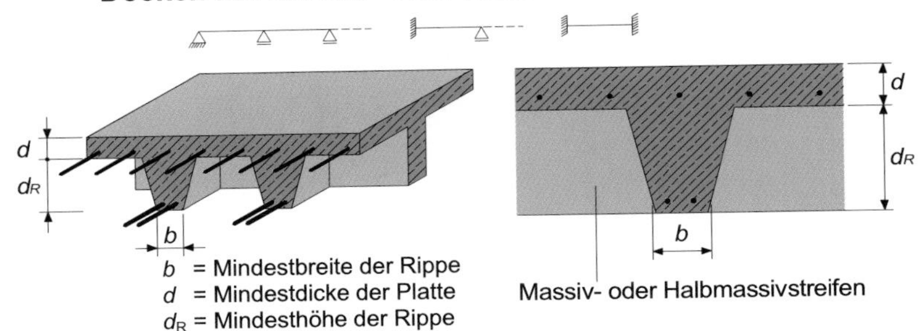

Tabelle 36: Mindestbreite und Mindestdicke von einachsig gespannten statisch unbestimmt gelagerten Stahlbeton- und Spannbeton-Rippendecken aus Normalbeton ohne Zwischenbauteile ***mit*** *Massiv- oder Halbmassivstreifen*

T4: Tab. 24

Feuerwiderstandsklasse	F 30-A	F 60-A	F 90-A	F 120-A	F 180-A
d: Mindestdicke der Platten[6)] (mm)	*d*	*d*	*d*	*d*	*d*
	80	80	100	120	150
b: Mindestbreite (mm)	*b*	*b*	*b*	*b*	*b*
unbekleidete Rippen in der Biegezugzone (Feldbereich) bzw. vorgedrückten Zugzone mit Ausnahme der Auflagerbereiche					
Stahlbeton und Spannbeton mit crit $T \geq 450$ °C nach Tabelle 1	80[1) 2)]	100[1) 2)]	120[1) 2) 3)] (150)	150[3)] (220)	220[3)] (400)
Spannbeton mit crit $T = 350$ °C nach Tabelle 1	120[2)]	120[2)]	160	190[3)] (220)	260[3)] (400)
unbekleidete Rippen in der Druck- oder Biegedruckzone bei Anordnung von					
Massiv- oder Halbmassivstreifen bis zu den Momentennullpunkten[4)]	keine Anforderungen				
unbekleidete Rippen in der Druck- oder Biegedruckzone bzw. vorgedrückten Zugzone bei Endauflagern[4)] bei Anordnung von					
verkürzte Massiv- oder Halbmassivstreifen im Bereich zwischen den Massiv- oder Halbmassivstreifenendpunkten und den Momentennullpunkten[4) 5)]	110[2)] bis 170 Die Bedingungen von Tabelle 34 sind einzuhalten			240	320[3)] (400)
Rippen mit Bekleidung					
Putze nach Abschnitt I/2.2.4.1 bis Abschnitt I/2.2.4.3	*b* nach dieser Tabelle, Abminderungen nach Tabelle 2 möglich, jedoch $b \geq 80$ mm				
Unterdecken	$b \geq 50$ mm, Konstruktionen nach Abschnitt II/2.2				

1) Bei Betonfeuchtegehalten > 4 % Massenanteil (s. Abschnitt I/2.2.5) sowie bei Rippen mit sehr dichter Bügelbewehrung (Stababstände < 100 mm) muss die Breite *b* mindestens 120 mm betragen.
2) Wird die Bewehrung in der Symmetrieachse konzentriert und werden dabei mehr als zwei Bewehrungsstäbe oder Spannglieder übereinander angeordnet, dann sind die angegebenen Mindestabmessungen unabhängig vom Betonfeuchtegehalt um den zweifachen Wert des verwendeten Bewehrungsstabdurchmessers – bei Stabbündeln um den zweifachen Wert des Vergleichsdurchmessers d_{sV} – zu vergrößern. Bei $b \geq 150$ mm braucht diese Zusatzmaßnahme nicht mehr angewendet zu werden.
3) Die angegebenen Werte gelten für Decken mit vorwiegend gleichmäßig verteilter Belastung, bei Decken mit großem Einzellastanteil und rechnerisch erforderlicher Querkraftbewehrung nach DIN 1045-1 sind die ( )-Werte zu verwenden.
4) Die Bestimmung der Momentennullpunkte muss beim Lastfall Volllast erfolgen.
5) Bei einem Seitenverhältnis $d_R/b \leq 2$ dürfen die angegebenen Mindestwerte für die Druck- oder Biegedruckzone bzw. vorgedrückte Zugzone im Auflagerbereich jeweils um 20 mm verringert werden.
6) Sofern bei der Wahl von *d* ein Estrich oder eine Bekleidung berücksichtigt werden soll, gelten die Mindestdicken von Tabelle 20 für Platten mit Estrich oder Bekleidung.

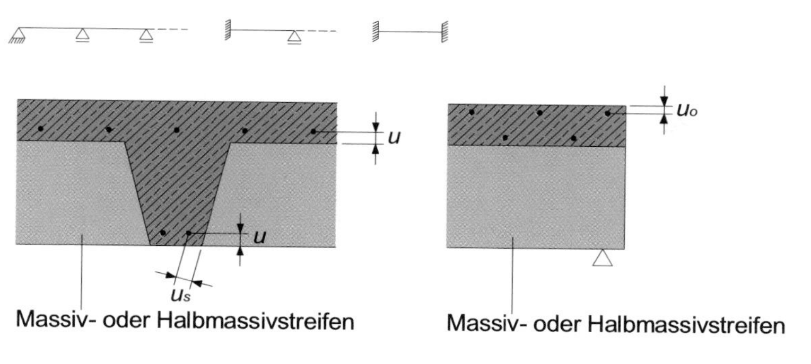

u, u_s, u_o = Mindestachsabstand der Bewehrung

*Tabelle 37: Mindestachsabstände sowie Mindeststabanzahl einlagig bewehrter, einachsig gespannter statisch unbestimmt gelagerter Stahlbetonrippendecken[1)] aus Normalbeton ohne Zwischenbauteile und **mit** Massiv- oder Halbmassivstreifen*

T4: Tab. 25

Feuerwiderstandsklasse	F 30-A	F 60-A	F 90-A	F 120-A[6)]	F 180-A[6)]
unbekleidete Rippen bei Anordnung der Stütz- bzw. Einspannbewehrung					
nach DIN 1045-1					
bei einer Rippenbreite b (mm) von	80	≤ 120	≤ 160	≤ 190	≤ 260
$u^{2)}$: Mindestachsabstand (mm)	25	40	55[4)]	65[4)]	80[4)]
$u_s^{2)}$: Mindestachsabstand (mm)	35	50	65	75	90
$n^{3)}$: Mindeststabanzahl	1	2	2	2	2
bei einer Rippenbreite b (mm) von	≥ 160	≥ 200	≥ 250	≥ 300	≥ 400
$u^{2)}$: Mindestachsabstand (mm)	10	30	40	50	65[4)]
$u_s^{2)}$: Mindestachsabstand (mm)	20	40	50	60	75
$n^{3)}$: Mindeststabanzahl	2	3	4	4	4
mit Verlängerung der Stützbewehrung und einem Verhältnis min $\ell \geq 0{,}8$ max ℓ					
bei einer Rippenbreite b (mm) von	80	≤ 120	≤ 160	≤ 190	≤ 260
$u^{2)}$: Mindestachsabstand (mm)	10	25	35	45	60[4)]
$u_s^{2)}$: Mindestachsabstand (mm)	10	35	45	55	70
$n^{3)}$: Mindeststabanzahl	1	2	2	2	2
bei einer Rippenbreite b (mm) von	≥ 160	≥ 200	≥ 250	≥ 300	≥ 400
$u^{2)}$: Mindestachsabstand (mm)	10	10	25	35	50
$u_s^{2)}$: Mindestachsabstand (mm)	10	20	35	45	60
$n^{3)}$: Mindeststabanzahl	2	3	4	4	4
mit Verlängerung der Stützbewehrung und einem Verhältnis min $\ell \geq 0{,}2$ max ℓ	Interpolation zwischen den Werten nach DIN 1045-1 und den Werten für das Stützweitenverhältnis min $\ell \geq 0{,}8$ max ℓ				
unbekleidete Platten					
$u_o^{5)}$: Mindestachsabstand der Stützbewehrung (mm)	10	10	15	30	50
u: Mindestachsabstand der Feldbewehrung (mm)	10	10	10	25	45

Tabelle wird fortgesetzt

Feuerwiderstandsklasse	F 30-A	F 60-A	F 90-A	F 120-A[6]	F 180-A[6]
Rippen und Platten mit Bekleidung					
Putze nach Abschnitt I/2.2.4.1 bis Abschnitt I/2.2.4.3	u und u_s nach dieser Tabelle, Abminderungen nach Tabelle 2 möglich, jedoch u und $u_s \geq 10$ mm				
Unterdecken	$u \geq 10$ mm, Konstruktionen nach Abschnitt II/2.2				

[1] Die Tabellenwerte gelten auch für Spannbetonrippendecken, die Mindestachsabstände u, u_s und u_o sind um die Δu-Werte der Tabelle 1 zu erhöhen.
[2] Zwischen den u- bzw. u_s-Werten darf in Abhängigkeit der Rippenbreite b geradlinig interpoliert werden.
[3] Die geforderte Mindeststabanzahl n darf unterschritten werden, wenn der seitliche Abstand u_s je entfallendem Stab um jeweils 10 mm vergrößert wird; Stabbündel gelten in diesem Falle als ein Stab.
[4] Bei einer Betondeckung $c > 50$ mm ist eine Schutzbewehrung nach Abschnitt I/2.2.3 erforderlich.
[5] Sofern bei der Wahl von u_o ein Estrich berücksichtigt werden soll, gelten die Mindestwerte von Tabelle 23 für die Stützbewehrung bei Anordnung eines Estrichs.
[6] Bei den Feuerwiderstandsklassen F 120 und F 180 müssen bei Rippen mit rechnerisch erforderlicher Querkraftbewehrung nach DIN 1045-1 stets mindestens vierschnittige Bügel angeordnet werden.

2.1.4.4 Sonstige Bedingungen

Rippenbreite b:

T4: 3.7.2.2

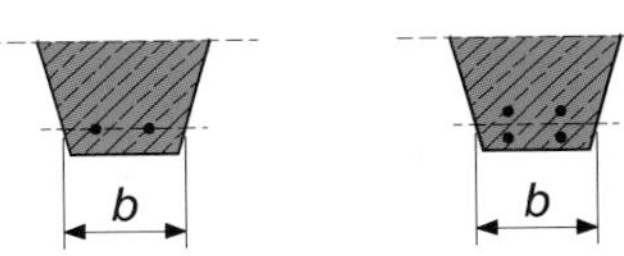

b = Rippenbreite in Höhe des Bewehrungsschwerpunktes

Vernachlässigung von Aussparungen bei folgenden Randbedingungen:

T4: 3.7.2.3

Rechteckquerschnitt:

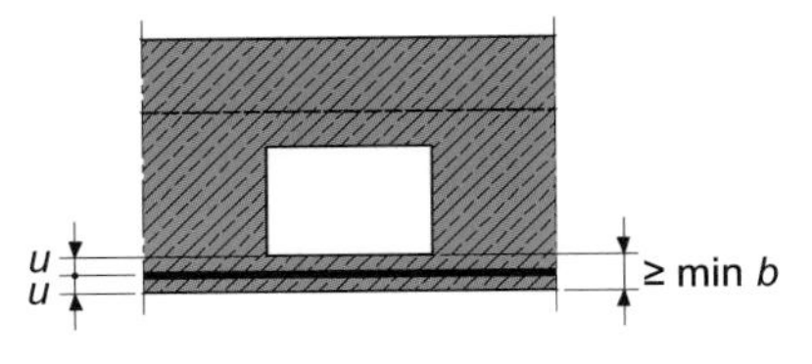

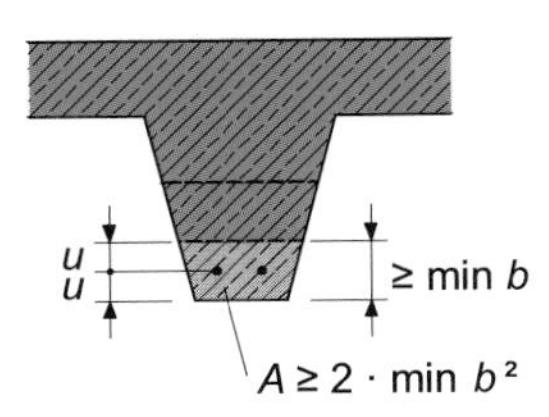

Kreis- / Quadratquerschnitt: (kreisförmige sind wie flächengleiche quadratische zu bemessen)

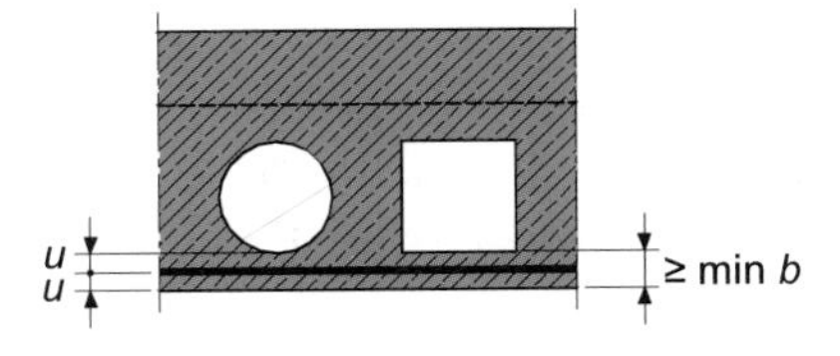

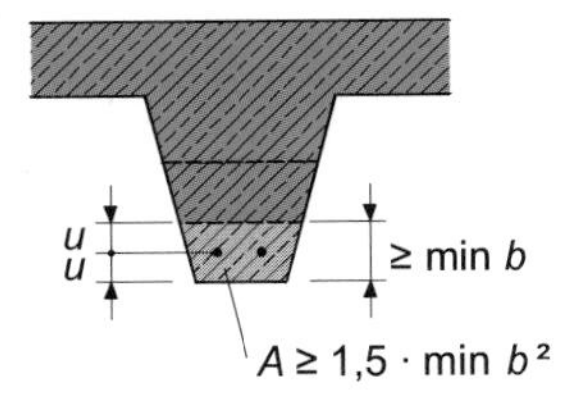

Aussparungen mit einem Durchmesser ≤ 100 mm:

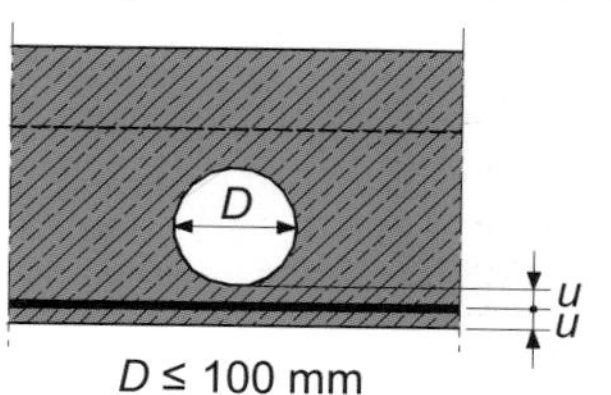

min b = kleinster Wert nach Tabelle 29, Tabelle 32, Tabelle 33 und Tabelle 36 für unbekleidete Rippen der geforderten Feuerwiderstandsklasse

u = Mindestachsabstand der Bewehrung zum Rand und zur Aussparung der geforderten Feuerwiderstandsklasse

Einlagige Bewehrung mit unterschiedlichen Stabdurchmessern und mehrlagige Bewehrung:

T4: 3.7.2.4

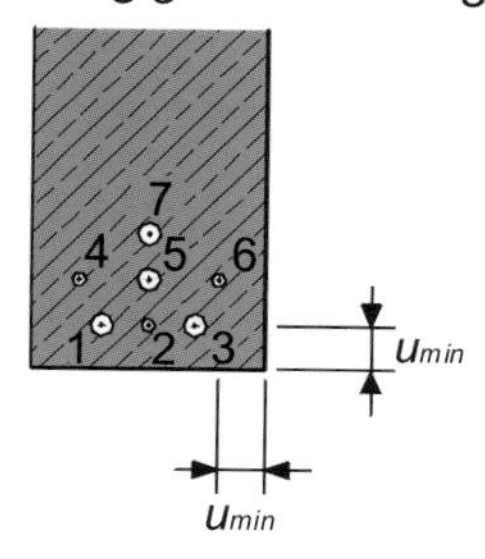

Achsabstand u = gemittelter Achsabstand u_m nach Bild und Gleichung 16 in Abschnitt II/1.1.1.3 und

$u_m \geq u$ nach Tabelle 31, Tabelle 35 und Tabelle 37

$u_{min} \geq u_{F30}$

$\geq 0{,}5 \cdot u$ nach Tabelle 31, Tabelle 35 und Tabelle 37 für unbekleidete Rippen bzw. für unbekleidete Platten

Bei mehrlagiger Rippenbewehrung werden an die Mindeststabanzahl n der Bewehrung keine Anforderungen gestellt.

Stütz- bzw. Einspannbewehrung bei statisch unbestimmten Systemen:

T4: 3.7.2.5

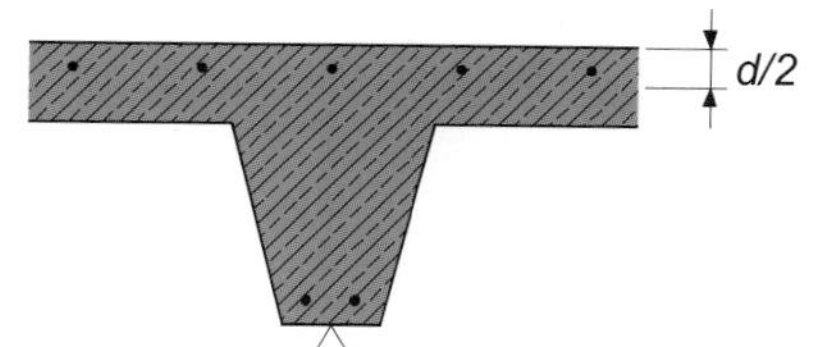

Stütz- bzw. Einspannbewehrung in der oberen Hälfte der Platte verlegen.

Verlängerung der Stützbewehrung:

T22: 5.2 / 3.7.2.6

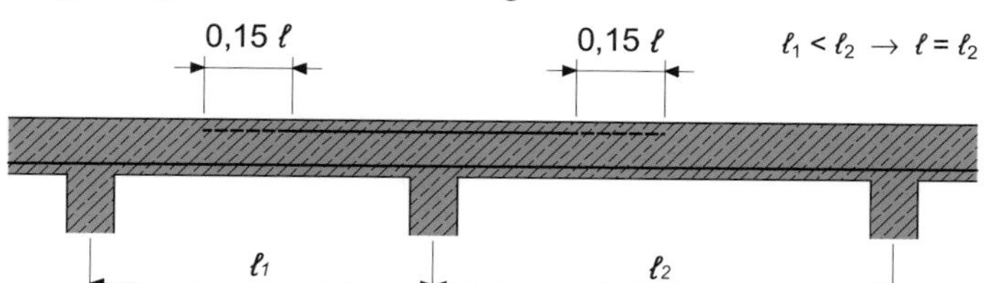

Wird die Stützbewehrung der Rippen an jeder Stelle gegenüber der nach DIN 1045-1 erforderlichen Stützbewehrung um $0{,}15 \times \ell$ verlängert, wobei bei durchlaufenden Rippen ℓ die Stützweite des angrenzenden größeren Feldes ist, dürfen die Achsabstände und die Stabanzahl der Feldbewehrung der Rippen entsprechend den Angaben in Tabelle 35 und Tabelle 37 bestimmt werden. Dies gilt nur, wenn die Momentenumlagerung bei der Bemessung für Normaltemperatur nicht mehr als 15 % beträgt.

2.1.4.5 Einachsig gespannte Decken ohne Massiv- oder Halbmassivstreifen

T4: 3.7.2.7

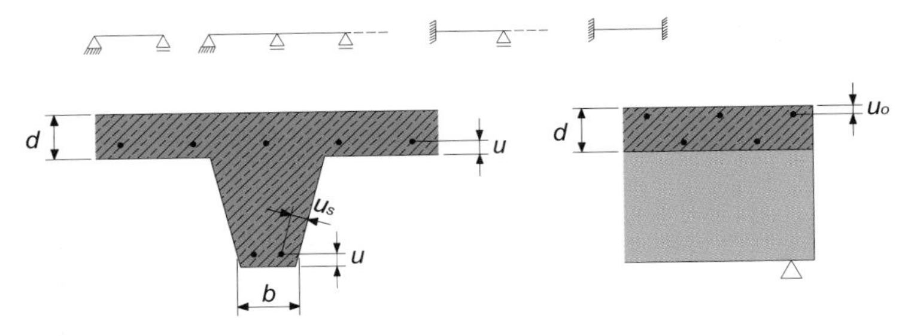

b = Mindestbreite der Rippe
d = Mindestdicke der Platte
d_R = Mindesthöhe der Rippe
u, u_s, u_o = Mindestachsabstand der Bewehrung

Tabelle 38: Mindestquerschnittsabmessungen, -achsabstände und -stabanzahlen von einachsig gespannten, maximal dreiseitig beanspruchten Stahlbeton- und Spannbeton-Rippendecken aus Normalbeton ***ohne*** *Massiv- oder Halbmassivstreifen*

T4: Tab. 26

	Die Bemessung ist durchzuführen nach	
	Abschnitt	Tabelle
Rippen von statisch bestimmt gelagerten Rippendecken		
b: Mindestrippenbreite (mm)	II/1.1.1.1	Tabelle 5 und Tabelle 6
u, u_s, u_m: Mindestachsabstände (mm)	II/1.1.1.3	Tabelle 7
n: Mindeststabanzahl	II/1.1.1.3	Tabelle 7
Rippen von statisch unbestimmt gelagerten Rippendecken		
b: Mindestrippenbreite (mm)	II/1.1.2.1	Tabelle 9
u_o, u, u_s, u_m: Mindestachsabstände (mm)	II/1.1.2.3	Tabelle 10
n: Mindeststabanzahl	II/1.1.2.3	Tabelle 10
Platten		
d: Mindestplattendicke (mm)	II/2.1.1.1 und II/2.1.1.2	Tabelle 20 und Tabelle 21
u_o: Mindestachsabstand (mm) der Stützbewehrung	II/2.1.1.4	Tabelle 23
u: Mindestachsabstand (mm) der Feldbewehrung	II/2.1.1.4	Tabelle 23 für unbekleidete, einachsig gespannte Platten mit Verlängerung der Stützbewehrung bei einem Stützweitenverhältnis von min $\ell \geq 0{,}8$ max ℓ

2.1.4.6 Decken aus Leichtbeton mit geschlossenem Gefüge nach DIN 1045-1

T4: 3.7.3
T22: 5.2 / 3.7.3

Die hier klassifizierten Decken dürfen nur bei Umweltbedingungen entsprechend den Expositionsklassen XC 1 und XC 3 nach DIN 1045-1 eingebaut werden.

T22: 5.2 / 3.7.3.2

Mindestbreite der Rippen und Mindestdicke unbekleideter Platten:

T4: 3.7.3.3

Die Werte für die Mindestbreite nach Tabelle 29, Tabelle 32, Tabelle 33 und nach Tabelle 36 dürfen folgendermaßen verringert werden:

- Rohdichteklasse D 1,0 um 20 %,
- Rohdichteklasse D 2,0 um 5 %,
- Zwischenwerte dürfen geradlinig interpoliert werden.

Dabei dürfen die folgenden Werte für die Mindestbreite und Mindestdicke nicht unterschritten werden:

Mindestbreite:

- F 30-A: $b \geq 100$ mm,
- $\geq$ F 60-A: $b \geq 150$ mm.

Mindestdicke:

- $d \geq 150$ mm.

Mindestachsabstand der Bewehrung:

T4: 3.7.3.4

Die Werte der Tabelle 31, Tabelle 35 und der Tabelle 37 dürfen folgendermaßen abgemindert werden:

- Rohdichteklasse D 1,0 um 20 %,
- Rohdichteklasse D 2,0 um 5 %,
- Zwischenwerte dürfen geradlinig interpoliert werden.

Dabei dürfen die folgenden Werte nicht unterschritten werden:

- F 30-A: u siehe Betondeckung c nach DIN 1045-1,
- $\geq$ F 60-A: $u \geq 30$ mm.

Der Mindestachsabstand der Bewehrung darf nur verringert werden, wenn keine Abminderung der Mindestrippenbreite erfolgt.

2.1.5 Stahlbeton- und Spannbeton-Plattenbalkendecken aus Normalbeton bzw. Leichtbeton mit geschlossenem Gefüge

T4: 3.8 und *T22:* 5.2 / 3.8

Allgemeine Anforderungen und Randbedingungen

Brandbeanspruchung:

T22: 5.2 / 3.8.1.1

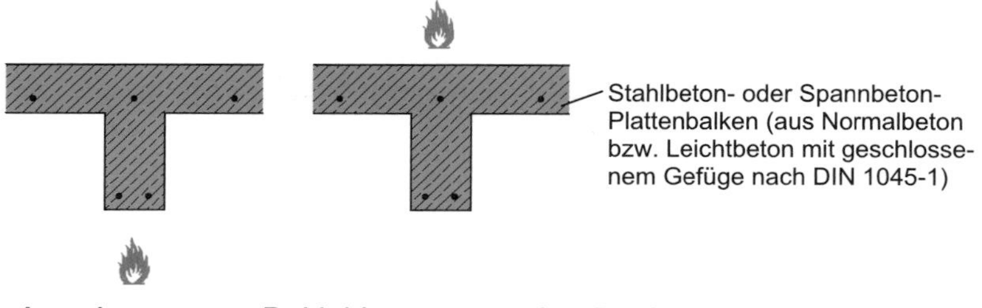

Die Anordnung von Bekleidungen an der Deckenunterseite bzw. von Fußbodenbelägen auf der Deckenoberseite ist erlaubt. Es sind jedoch bei Verwendung von Baustoffen der Klasse B die bauaufsichtlichen Anforderungen zu beachten.

T4: 3.8.1.2

Durchführung von elektrischen Leitungen:

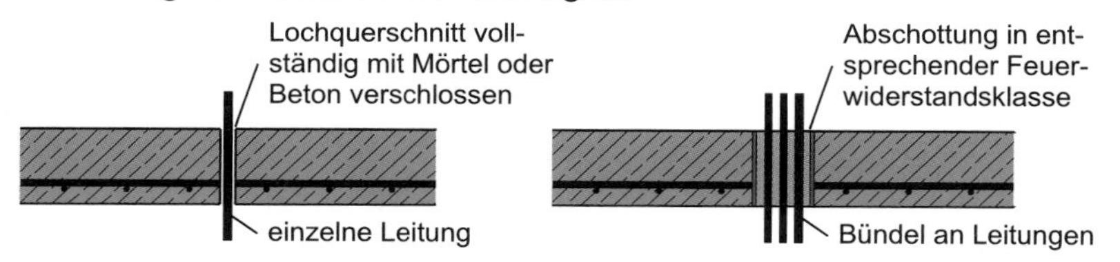

2.1.5.1 Decken aus Normalbeton

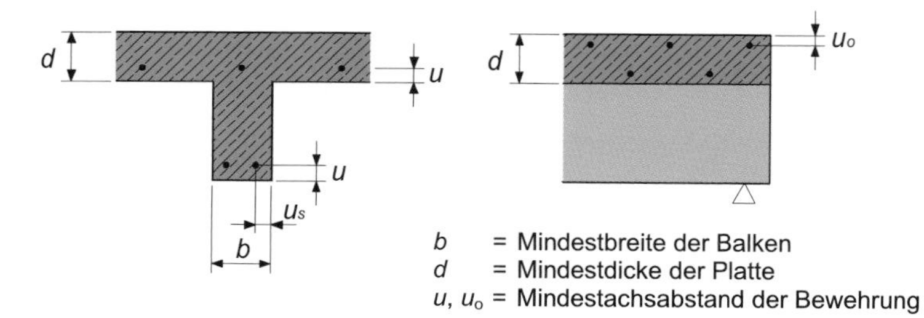

b = Mindestbreite der Balken
d = Mindestdicke der Platte
u, u_o = Mindestachsabstand der Bewehrung

Tabelle 39: Mindestquerschnittsabmessungen, -achsabstände und -stabanzahlen von maximal dreiseitig beanspruchten Stahlbeton- und Spannbeton-Plattenbalkendecken aus Normalbeton

T4: 3.8.2.1 und T4: 3.8.2.2 und T4: 3.8.2.3

	Die Bemessung ist durchzuführen nach	
	Abschnitt	Tabelle
Balken von statisch bestimmt gelagerten Plattenbalkendecken		
b: Mindestbalkenbreite (mm)	II/1.1.1.1	Tabelle 5 und Tabelle 6
u, u_s, u_m: Mindestachsabstände (mm)	II/1.1.1.3	Tabelle 7
n: Mindeststabanzahl	II/1.1.1.3	Tabelle 7
Balken von statisch unbestimmt gelagerten Plattenbalkendecken		
b: Mindestbalkenbreite (mm)	II/1.1.2.1	Tabelle 9
u_o, u, u_s, u_m: Mindestachsabstände (mm)	II/1.1.2.3	Tabelle 10
n: Mindeststabanzahl	II/1.1.2.3	Tabelle 10
Platten		
d: Mindestplattendicke (mm)	II/2.1.1.1 und II/2.1.1.2	Tabelle 20 und Tabelle 21
u_o: Mindestachsabstand (mm) der Stützbewehrung	II/2.1.1.4	Tabelle 23
u: Mindestachsabstand (mm) der Feldbewehrung bei einem Achsabstand der Balken ≤ 1,25 m	II/2.1.1.4	Tabelle 23 für unbekleidete, einachsig gespannte Platten mit Verlängerung der Stützbewehrung bei einem Stützweitenverhältnis von min $\ell \geq 0,8$ max ℓ
u: Mindestachsabstand (mm) der Feldbewehrung bei einem Achsabstand der Balken > 1,25 m	II/2.1.1.4	Tabelle 23 für unbekleidete, einachsig gespannte Platten sowie für unbekleidete, zweiachsig gespannte Platten

TT-Platten mit vierseitiger Brandbeanspruchung:

T4: 3.8.2.2

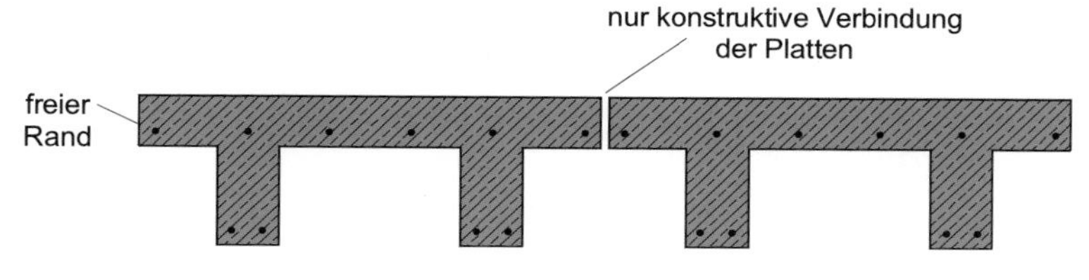

Mindestachsabstand der Platten-Feldbewehrung nach Tabelle 39.

2.1.5.2 Decken aus Leichtbeton mit geschlossenem Gefüge nach DIN 1045-1

T4: 3.8.1.3

Die Bemessung von Plattenbalkendecken aus Leichtbeton mit geschlossenem Gefüge nach DIN 1045-1 erfolgt nach Tabelle 39, wobei die Mindestquerschnittsabmessungen oder Mindestachsabstände nach Abschnitt II/2.1.4.5 abgemindert werden dürfen.

2.1.6 Stahlsteindecken

T4: 3.9

Allgemeine Anforderungen und Randbedingungen

Brandbeanspruchung:

T4: 3.9.1.1

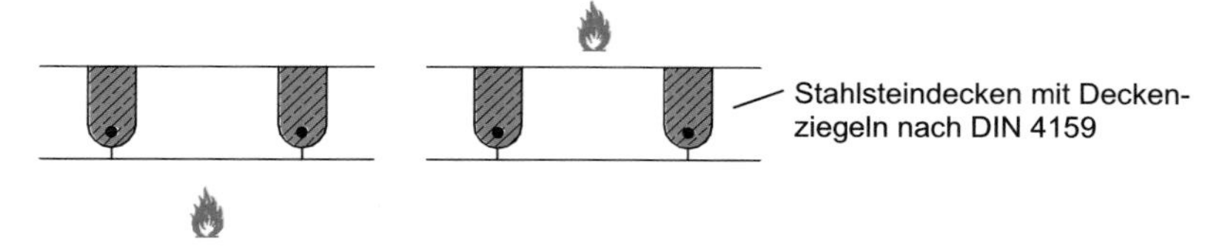

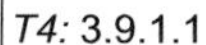

Die Anordnung von Bekleidungen an der Deckenunterseite bzw. von Fußbodenbelägen auf der Deckenoberseite ist erlaubt. Es sind jedoch bei Verwendung von Baustoffen der Klasse B die bauaufsichtlichen Anforderungen zu beachten.

T4: 3.9.1.2

Durchführung von elektrischen Leitungen:

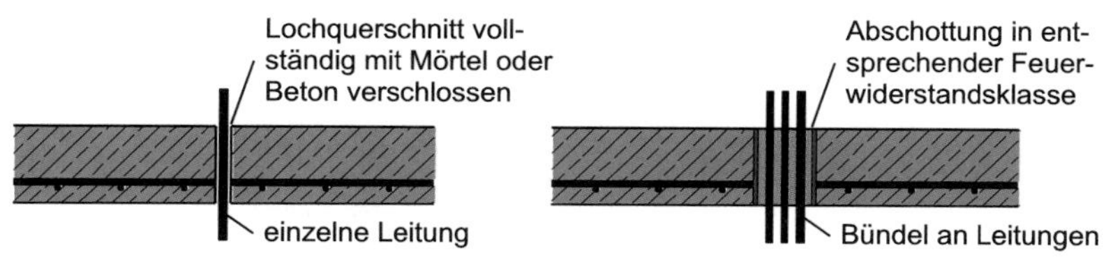

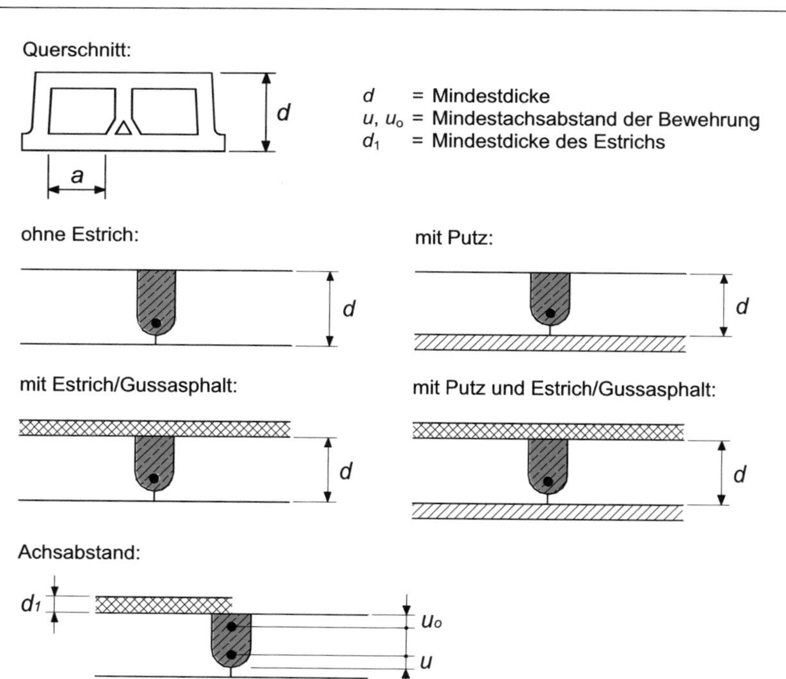

Tabelle 40: Mindestdicke und Mindestachsabstände von Stahlsteindecken

T4: Tab. 27

Feuerwiderstandsklasse[1]	F 30-A	F 60-A	F 90-A	F 120-A	F 180-A
Querschnitt					
d: Mindestdicke (mm)	d	d	d	d	d
ohne Berücksichtigung einer Bekleidung oder eines Estrichs	115	140	165	240	290
mit Berücksichtigung eines Putzes ≥ 15 mm nach Abschnitt I/2.2.4	90	115	140	165	240
mit Berücksichtigung eines Estrichs der Baustoffklasse A oder eines Gussasphaltestrichs ≥ 30 mm	90	90	115	140	165
mit Berücksichtigung eines Putzes ≥ 15 mm nach Abschnitt I/2.2.4 und eines Estrichs der Baustoffklasse A oder eines Gussasphaltestrichs ≥ 30 mm	90	90	90	115	140
Feldbewehrung unbekleideter Decken[2]					
u: Mindestachsabstand (mm)	u	u	u	u	u
bei statisch bestimmter Lagerung	10	10	20	30	45
bei statisch unbestimmter Lagerung und Anordnung der Bewehrung nach DIN 1045-1	10	10	20	30	45
bei statisch unbestimmter Lagerung mit Verlängerung der Stützbewehrung und einem Verhältnis min $\ell \geq 0{,}8$ max ℓ	10	10	10	15	35
bei statisch unbestimmter Lagerung mit Verlängerung der Stützbewehrung und einem Verhältnis min $\ell \geq 0{,}2$ max ℓ	Interpolation zwischen den Werten nach DIN 1045-1 und den Werten für das Stützweitenverhältnis min $\ell \geq 0{,}8$ max ℓ				
Stütz- bzw. Einspannbewehrung					
u_o: Mindestachsabstand (mm)	u_o	u_o	u_o	u_o	u_o
ohne Anordnung von Estrichen	10	10	15	30	50
bei Anordnung eines Estrichs der Baustoffklasse A oder eines Gussasphaltestrichs	10	10	10	15	20
d_1: Mindestdicke des Estrichs (mm)	-	-	10	15	30

[1] Bei Anordnung von Gussasphaltestrich und bei Verwendung von schwimmendem Estrich mit einer Dämmschicht der Baustoffklasse B muss die Benennung jeweils F 30-AB, F 60-AB, F 90-AB, F 120-AB und F 180-AB lauten.

[2] Bei Anordnung eines Putzes nach Abschnitt I/2.2.4 darf der Mindestachsabstand u um 10 mm – maximal auf u = 10 mm – abgemindert werden. Die Putzdicke muss bei Putz der Mörtelgruppe P II ≥ 15 mm und bei Putz der Mörtelgruppe P IV ≥ 10 mm sein.

Deckenziegel für Feuerwiderstandsklassen ≥ F 60:

T4: 3.9.2.2

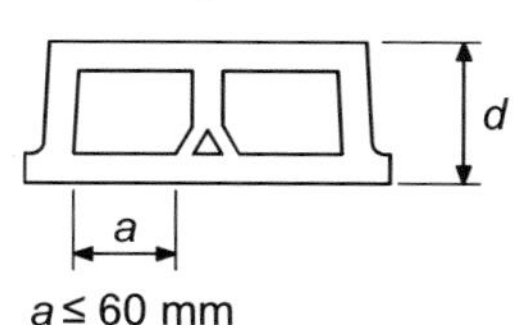

a = Abstand der Innenstege
$a \leq 60$ mm: Bemessung nach Tabelle 40
$a > 60$ mm: Bemessung durch Prüfung nach DIN 4102-2

Verlängerung der Stützbewehrung:

T4: 3.9.2.3

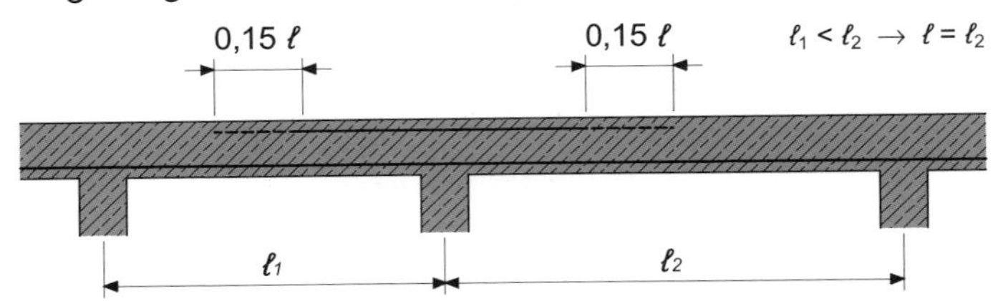

T4: 3.10

Wird die Stützbewehrung an jeder Stelle gegenüber der nach DIN 1045-1 erforderlichen Stützbewehrung um $0{,}15 \times \ell$ verlängert, wobei bei durchlaufenden Decken ℓ die Stützweite des angrenzenden größeren Feldes ist, dürfen die Achsabstände der Feldbewehrung entsprechend den Angaben in Tabelle 40 bestimmt werden. Dies gilt nur, wenn die Momentenumlagerung bei der Bemessung für Normaltemperatur nicht mehr als 15 % beträgt.

2.1.7 Stahlbeton- und Spannbeton-Balkendecken sowie entsprechende Rippendecken jeweils aus Normalbeton mit Zwischenbauteilen

T4: 3.10.1.1

Allgemeine Anforderungen und Randbedingungen

Brandbeanspruchung:

T4: 3.10.1.2

Die Anordnung von Bekleidungen an der Deckenunterseite bzw. von Fußbodenbelägen auf der Deckenoberseite ist erlaubt. Es sind jedoch bei Verwendung von Baustoffen der Klasse B die bauaufsichtlichen Anforderungen zu beachten.

Durchführung von elektrischen Leitungen:

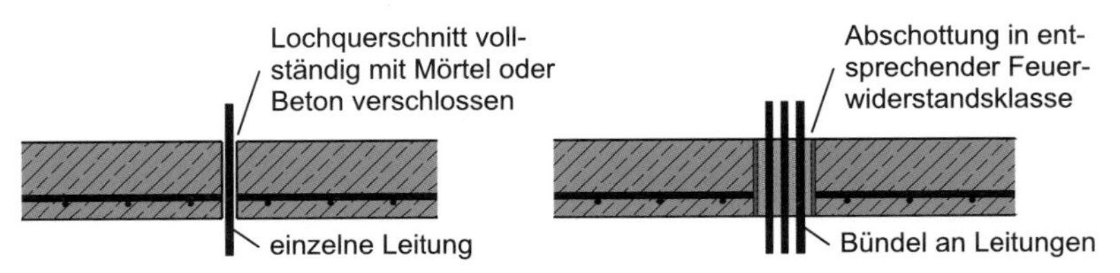

Decken mit ebener Untersicht und mit Zwischenbauteilen nach DIN 4158:

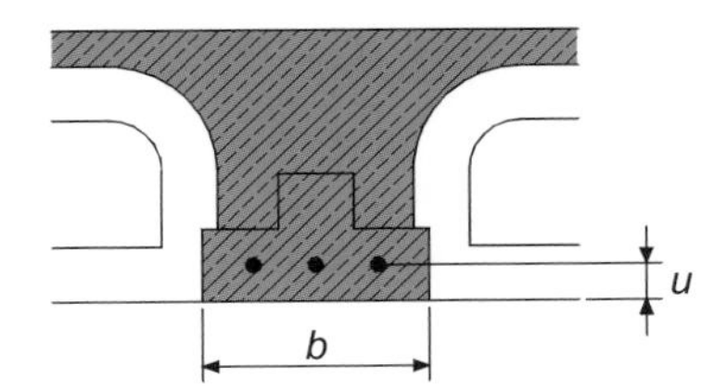

b = Mindestbreite
d = Mindestdicke der Decke mit Zwischenbauteil
u, u_s = Mindestachsabstand der Bewehrung

Decken mit ebener Untersicht und mit Zwischenbauteilen nach DIN 4159:

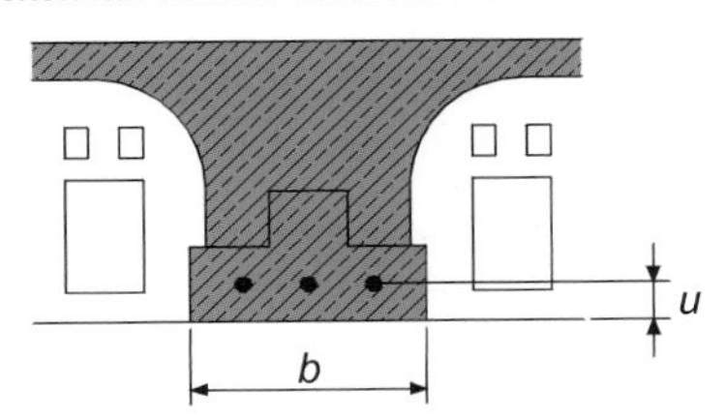

Decken mit ebener Untersicht und mit Zwischenbauteilen nach DIN 4160 und aus Baustoffen der Baustoffklasse B:

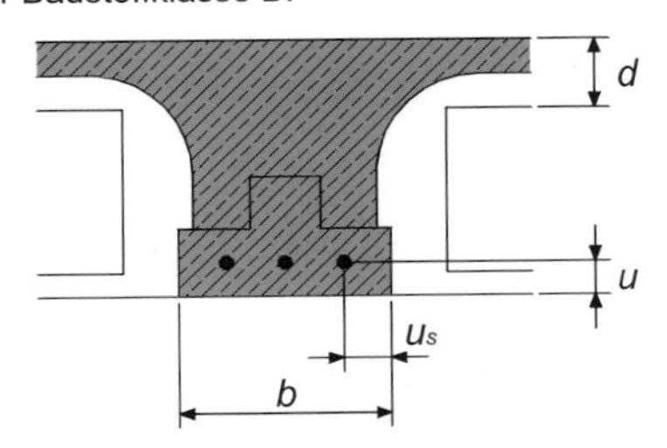

Decken mit nicht ebener Untersicht:

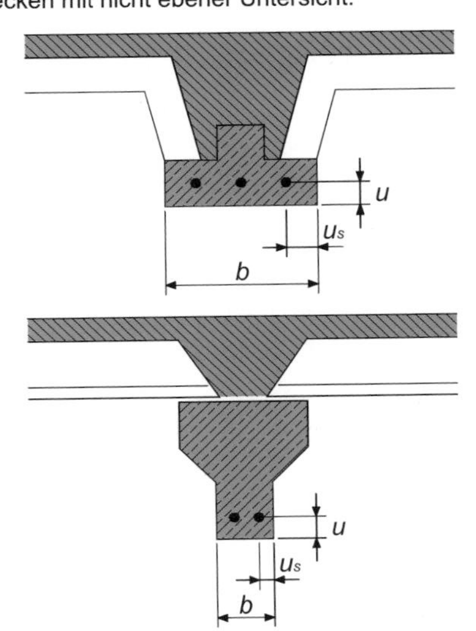

Tabelle 41: Mindestquerschnittsabmessungen, -achsabstände und -stabanzahlen von Stahlbeton- und Spannbeton-Balken und -Rippendecken aus Normalbeton mit Zwischenbauteilen

T4: Tab. 28

Konstruktionsmerkmale	Form der Zwischenbauteile	Die Bemessung ist durchzuführen nach Abschnitt	Tabelle
Mindestbreite *b* von Balken oder Rippen von Decken mit ebener Untersicht und mit			
Zwischenbauteilen nach DIN 4158	A bis D und DM	keine Anforderungen	
Zwischenbauteilen nach DIN 4159	nach DIN 4159, Abschnitt 5 und 6	keine Anforderungen	
Zwischenbauteilen nach DIN 4160			
mit Massiv- oder Halbmassivstreifen		II/2.1.4	Tabelle 36
ohne Massiv- oder Halbmassivstreifen		II/2.1.4	Tabelle 38
Zwischenbauteilen der Baustoffklasse B		II/2.1.4	Tabelle 29 bis Tabelle 38
Mindestbreite *b* von Balken oder Rippen von Decken mit nicht ebener Untersicht und mit			
Zwischenbauteilen nach DIN 4158			
mit Massiv- oder Halbmassivstreifen	E, EM, F, FM sowie GM	II/2.1.4	Tabelle 36
ohne Massiv- oder Halbmassivstreifen		II/2.1.4	Tabelle 38
Zwischenbauteilen nach DIN 4159	nach DIN 4159, Abschnitt 6	II/2.1.4	Tabelle 36 bzw. Tabelle 38
Zwischenbauteile nach DIN 278	Hourdis	II/2.1.4	Tabelle 38
Zwischenbauteilen der Baustoffklasse B[1)]		II/2.1.4	Tabelle 29 bis Tabelle 38
Mindestdicke *d* von Decken mit Zwischenbauteilen			
	Abschnitt II/2.1.7	II/2.1.1.1	Tabelle 20
Mindestachsabstände *u* und u_s sowie Mindeststabanzahl *n*			
bei Decken mit ebener Untersicht mit Zwischenbauteilen nach DIN 4158 und DIN 4159		II/2.1.1.3 bzw. II/2.1.1.4	Tabelle 22 bzw. Tabelle 23
bei Decken mit Zwischenbauteilen nach DIN 4160 oder mit Zwischenbauteilen der Baustoffklasse B[1)] und bei Decken mit nicht ebener Deckenuntersicht		II/2.1.4	Tabelle 31 Tabelle 35 Tabelle 37 Tabelle 38

[1)] Bei Verwendung von Zwischenbauteilen der Baustoffklasse B lautet die Benennung jeweils F...-AB.

T4: 3.10.2.6

Brandschutztechnisch wirksame Deckendicke *d*:

T4: 3.10.2.2

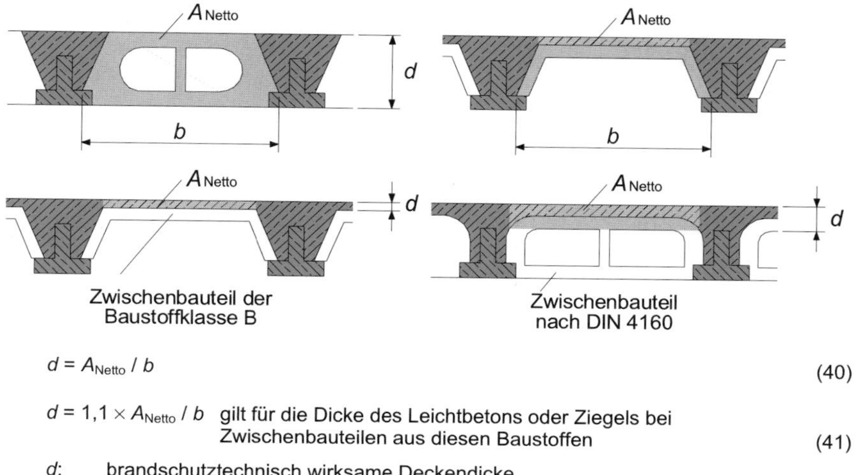

$d = A_{Netto} / b$ (40)

$d = 1{,}1 \times A_{Netto} / b$ gilt für die Dicke des Leichtbetons oder Ziegels bei Zwischenbauteilen aus diesen Baustoffen (41)

d: brandschutztechnisch wirksame Deckendicke

A_{Netto}: Nettoquerschnittsfläche der Zwischenbauteile und gegebenenfalls der darüber liegenden Ortbetonschicht

b: Breite der Zwischenbauteile

$d \geq d_{min}$ nach Tabelle 41

Randbedingung für unbekleidete Decken mit Zwischenbauteilen nach DIN 4158 und Decken mit Zwischenbauteilen nach DIN 278 für Feuerwiderstandsklassen ≥ F 90:

T4: 3.10.2.3

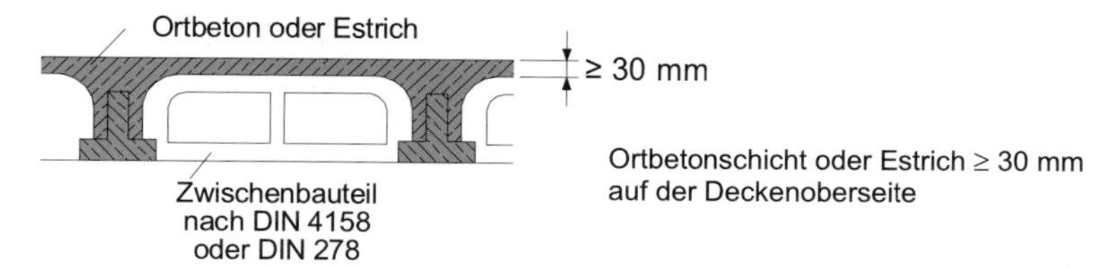

Ortbetonschicht oder Estrich ≥ 30 mm auf der Deckenoberseite

Decken mit Zwischenbauteilen nach DIN 4159 für Feuerwiderstandsklassen ≥ F 60:

T4: 3.10.2.4

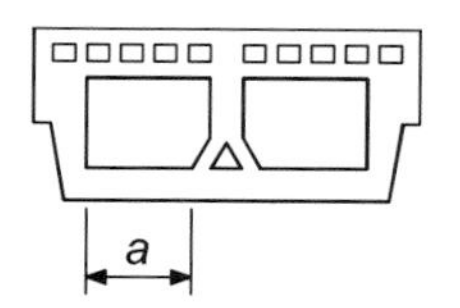

a = Abstand der Innenstege
$a \leq 60$ mm: Bemessung nach Tabelle 41
$a > 60$ mm: Bemessung nach Tabelle 41 für Zwischenbauteile nach DIN 4160

Abminderung des Mindestachsabstandes *u*: *T4:* 3.10.2.5

Zwischenbauteile nach DIN 4158 der Formen A und B:

- aus Normalbeton um 25 mm,
- aus Leichtbeton um 30 mm.

Zwischenbauteile nach DIN 4159, Abschnitt 5:

- um 12 mm.

2.1.8 Stahlbetondecken in Verbindung mit im Beton eingebetteten Stahlträgern sowie Kappendecken

T4: 3.11

Allgemeine Anforderungen und Randbedingungen

Brandbeanspruchung:

T4: 3.11.1.1

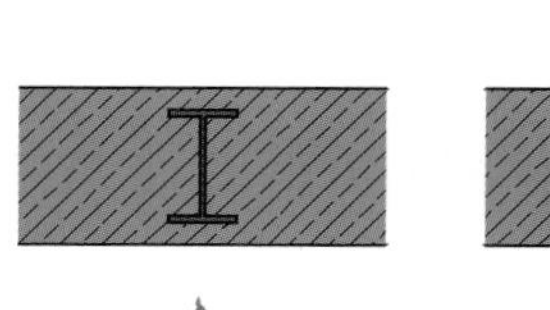

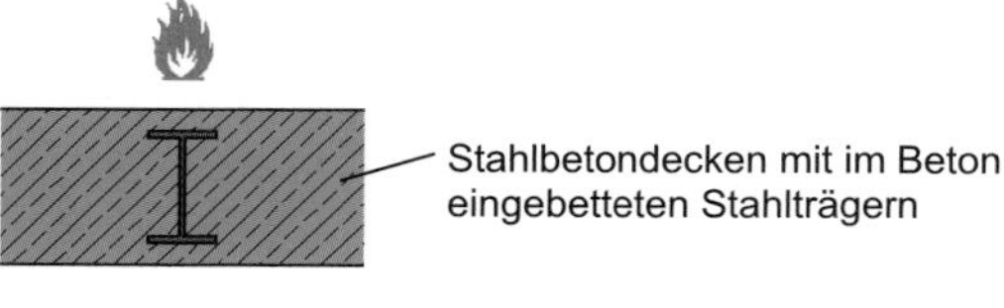

Die Anordnung von Bekleidungen an der Deckenunterseite bzw. von Fußbodenbelägen auf der Deckenoberseite ist erlaubt. Es sind jedoch bei Verwendung von Baustoffen der Klasse B die bauaufsichtlichen Anforderungen zu beachten.

T4: 3.11.1.2

Durchführung von elektrischen Leitungen:

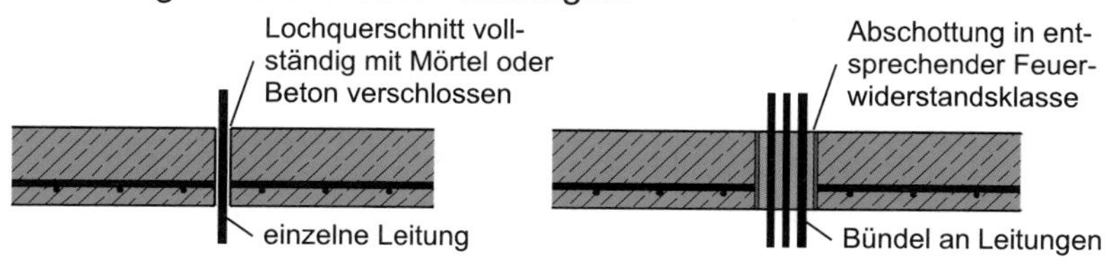

2.1.8.1 Decken ohne Zwischenbauteile

T4: 3.11.2

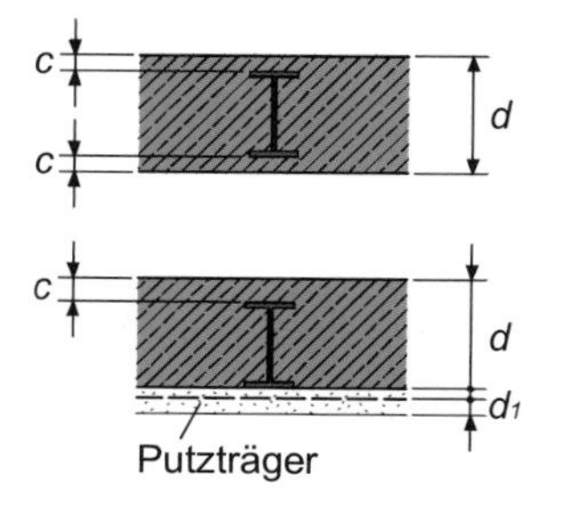

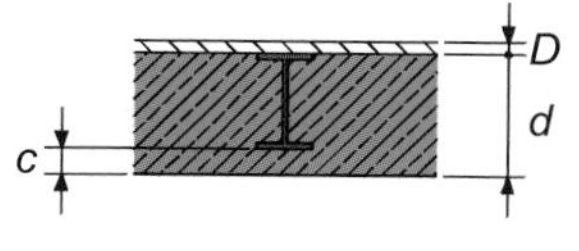

d = Mindestdicke
D = Mindestdicke des Estrichs
d_1 = Mindestputzdicke über Putzträger
b = Mindestbreite
c, c_s = Mindestbetondeckung

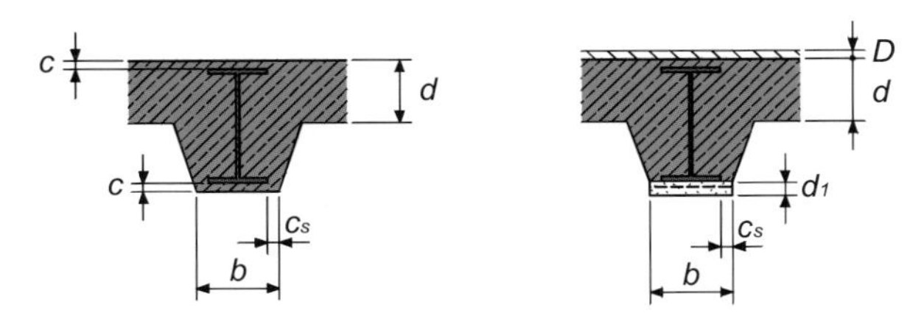

Tabelle 42: Mindestabmessungen und Mindestbetondeckungen sowie Mindestbekleidungsdicken von Stahlbetondecken mit im Beton eingebetteten Stahlträgern

T4: Tab. 29

Feuerwiderstandsklasse[1]	F 30-A	F 60-A	F 90-A	F 120-A	F 180-A
Mindestabmessungen von Stahlbetonplatten					
d: Mindestdicke (mm)	100	100	100	120	150
c: Mindestbetondeckung (mm)[2]	15	25	35	45	60
D: Mindestdicke (mm) des Estrichs der Baustoffklasse A, des Gussasphaltestrichs oder des Walzasphaltes	10	15	25	30	50
d_1: Mindestputzdicke (mm) über Putzträger bei Verwendung von Putzen					
der Mörtelgruppe P II oder P IVc nach DIN 18550-2	15	-	-	-	-
der Mörtelgruppe P IVa oder P IVb nach DIN 18550-2	5	15	25	-	-
nach Abschnitt I/2.2.4.3	5	5	5	10	20
Mindestabmessungen von Decken mit aus Platten herausragenden Trägern					
d, c, D, d_1[5]: Mindestabmessungen (mm)	siehe Mindestabmessungen bei Stahlbetonplatten				
bei einer Breite *b* (mm) von	120	150	180	200	240
c_s[2) 3)]: Mindestbetondeckung (mm)	35	50	65	75	90
bei einer Breite *b* (mm) von	≥ 160	≥ 200	≥ 250	≥ 300	≥ 400
c_s[2) 3)]: Mindestbetondeckung (mm)	15	25	35	45	60
Mindestabmessungen von Kappendecken[4]					
d, c, D, d_1: Mindestabmessungen (mm)	siehe Mindestabmessungen bei Stahlbetonplatten				
Mindestabmessungen von Kappendecken[4] mit Unterdecken					
d: Mindestdicke (mm)	$d \geq 50$ mm, Konstruktionen nach Abschnitt II/2.2				
c, D: Mindestabmessungen (mm)	siehe Mindestabmessungen bei Stahlbetonplatten				

1) Bei Anordnung von Gussasphaltestrich und bei Verwendung von schwimmendem Estrich mit einer Dämmschicht der Baustoffklasse B muss die Benennung jeweils F 30-AB, F 60-AB, F 90-AB, F 120-AB und F 180-AB lauten.
2) Betondeckungen unterhalb und seitlich von Stahlträgern müssen konstruktiv durch eine Bewehrung gesichert sein.
3) Zwischen den angegebenen Werten für die Breite *b* darf geradlinig interpoliert werden.
4) Der Gewölbeschub ist durch entsprechend feuerwiderstandsfähige Bauteile – z. B. Wände unter Beachtung der Verformung - aufzunehmen.
5) Alternativ zu d_1 gilt *c* für Stahlbetonplatten.

Für die Ausführung der Decken außerhalb der Trägerbereiche gelten die Abschnitte II/2.1.1 bis II/2.1.7.

T4: 3.11.2.2

2.1.8.2 Kappendecken

T4: 3.11.3

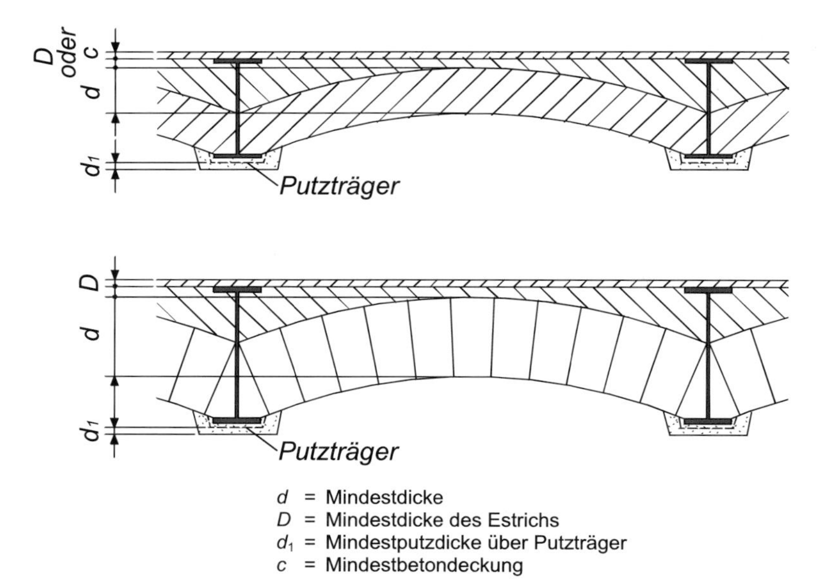

d = Mindestdicke
D = Mindestdicke des Estrichs
d_1 = Mindestputzdicke über Putzträger
c = Mindestbetondeckung

Für die Mindestabmessungen von Kappendecken gelten die Angaben in Tabelle 42. Die Angaben gelten in erster Linie für die Sanierung von Altbauten.

2.1.8.3 Hourdis-Decken

T4: 3.11.4

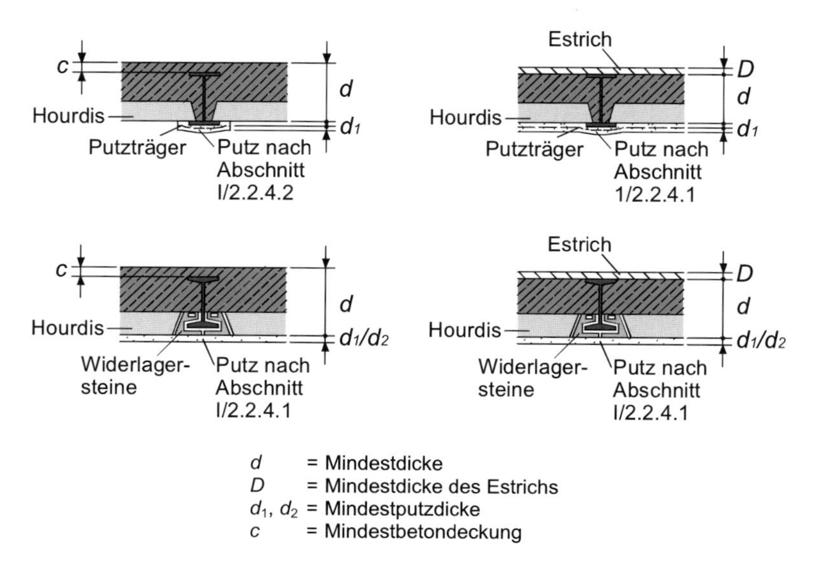

d = Mindestdicke
D = Mindestdicke des Estrichs
d_1, d_2 = Mindestputzdicke
c = Mindestbetondeckung

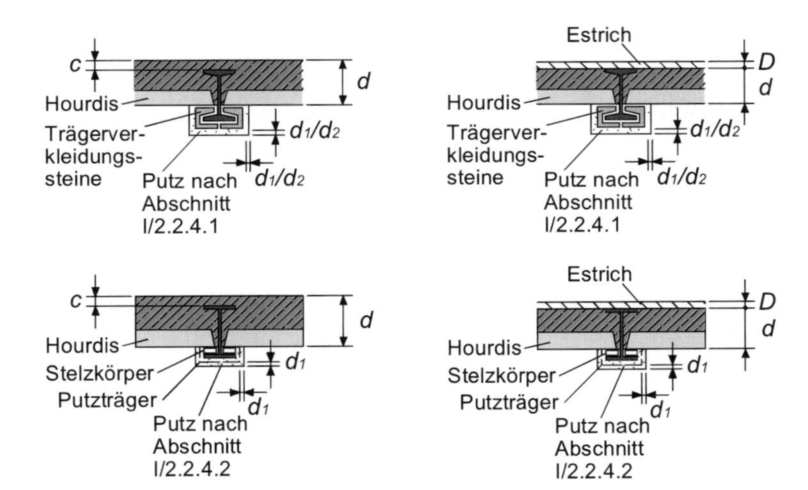

Mindestabmessungen c und D:

T4: 3.11.4.1

Es gelten die Angaben in Tabelle 42 für Stahlbetonplatten.

Brandschutztechnisch wirksame Deckendicke d:

T4: 3.11.4.2

$$d = A_{\text{Netto}} / b \tag{42}$$

$$d = 1{,}1 \times A_{\text{Netto}} / b \quad \text{gilt für die Dicke der Hourdis} \tag{43}$$

d: brandschutztechnisch wirksame Deckendicke

A_{Netto}: Nettoquerschnittsfläche der Hourdis und der darüber liegenden Ortbetonschicht

b: Breite der Hourdis

$d \geq d_{min}$ nach Tabelle 42

Putzdicke d_1 bzw. d_2:

T4: 3.11.4.3

Es gelten die Angaben in Tabelle 43.

Tabelle 43: Mindestputzdicken bei Hourdis-Decken

T4: Tab. 30

Feuerwiderstandsklasse	F 30-A		F 60-A		F 90-A		F 120-A		F 180-A	
d_1: Mindestputzdicke (mm) d_2: Mindestputzdicke (mm)	d_1	d_2	d_1	d_2	d_1	d_2	d_1	d_2	d_1	d_2
bei Verwendung von Putz										
der Mörtelgruppe P II oder P IVc nach DIN 18550-2	15	0	-	5	-	15	-	25	-	-
der Mörtelgruppe P IVa oder P IVb nach DIN 18550-2	5	0	15	5	25	10	-	20	-	-
nach Abschnitt I/2.2.4.3	5	0	5	5	5	5	10	10	20	15

2.1.9 Decken aus hochfestem Beton

TA1: 3.1 / 9.1

Die Angaben in Abschnitt II/2.1 zu den Mindestquerschnittsabmessungen und den Mindestachsabständen der Bewehrung gelten auch für Decken aus hochfestem Beton (> C 50/60 bei Normalbeton und > LC 50/55 bei Leichtbeton) nach DIN EN 206-1.

TA1: 3.1 / 9.3

Schutzbewehrung von Plattenbalken:

- Auf den brandbeanspruchten Seiten ist eine Schutzbewehrung nach Abschnitt I/2.2.3 mit einer Betondeckung c_{nom} = 15 mm einzubauen.
- Bei Plattenbalken in feuchter und/oder chemisch angreifender Umgebung ist c_{nom} um 5 mm zu erhöhen.
- Die Schutzbewehrung ist nicht erforderlich, wenn zerstörende Betonabplatzungen bei der Brandbeanspruchung durch betontechnische Maßnahmen nachweislich verhindert werden.

2.2 Stahlträger- und Stahlbetondecken mit Unterdecken

T4: 6.5

Allgemeine Anforderungen und Randbedingungen

Brandbeanspruchung:

T4: 6.5.1.1

1 = Abdeckung nach DIN 1045-1, DIN 4028 oder DIN 4223 mit $d \geq 5$ cm.
Schützt die Stahlträger vor Brandbeanspruchung von oben.
Die Abdeckung beeinträchtigt das Brandverhalten der Unterdecke, es werden drei Bauarten unterschieden.
Bemessung nach Abschnitt II/2.1.1 bis Abschnitt II/2.1.8.

2 = Stahlträger nach DIN 18800-1, liegt im Zwischendeckenbereich.
Bildet mit Abdeckung die tragende Decke.
Besteht aus Vollwandträgern, Fachwerkträgern oder Gitterträgern mit $U/A \leq 300\ m^{-1}$.

3 = Unterdecke nach DIN 18168-1.
Schützt die Stahlträger vor Brandbeanspruchung von unten.
Die Unterdecke kann allein bei Brandbeanspruchung einer Feuerwiderstandsklasse angehören.
Bemessung nach Abschnitt II/2.2.1 bis Abschnitt II/2.2.6.

Deckenbauarten:

T4: 6.5.1.1

Decken der Bauart I:

Stahlträgerdecken mit Abdeckung aus Leichtbeton sowie aus Stahlbeton- und Spannbetondecken mit Zwischenbauteilen aus Leichtbeton oder Ziegeln.

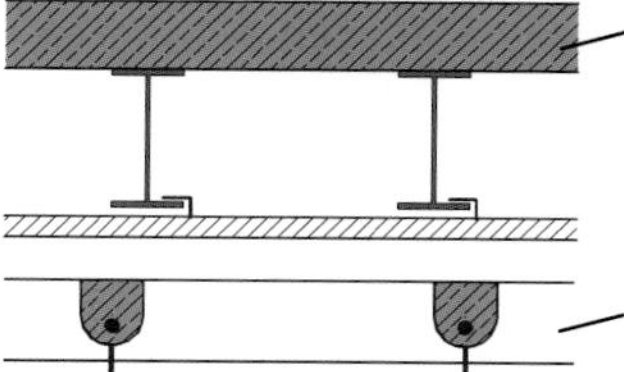

Stahlbetondecke aus Leichtbeton nach DIN 1045-1, Stahlbetonhohldielen aus Leichtbeton nach DIN EN 1520 und DIN 4213, Porenbetonplatten nach DIN 4223

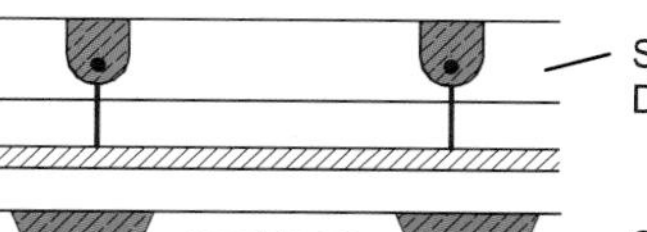

Stahlsteindecken mit Deckenziegeln nach DIN 4159

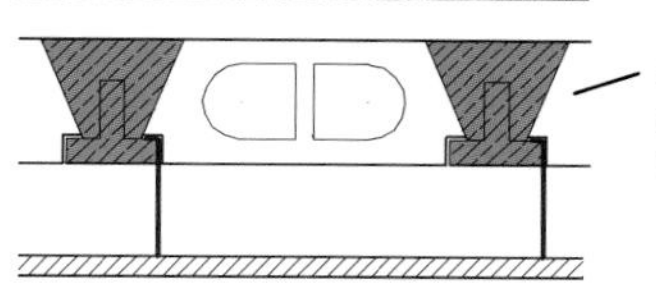

Stahlbeton- und Spannbeton-Balken- bzw. Rippendecken mit Zwischenbauteilen nach DIN 4158, DIN 4159, DIN 4160 oder DIN 278

Decken der Bauart II:

Stahlträgerdecken mit Abdeckung aus Normalbeton.

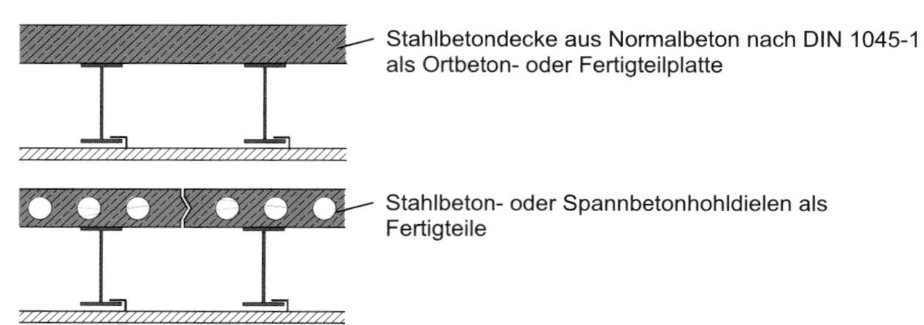

Decken der Bauart III:

Stahlbeton- und Spannbetondecken aus Normalbeton mit und ohne Zwischenbauteilen aus Normalbeton.

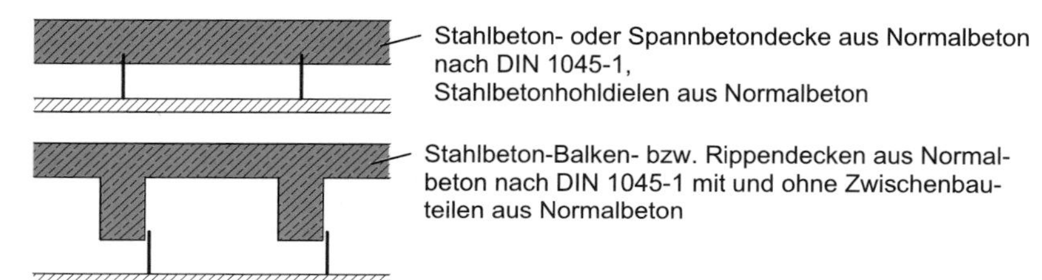

Anforderungen Zwischendeckenbereich:

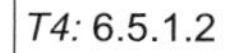

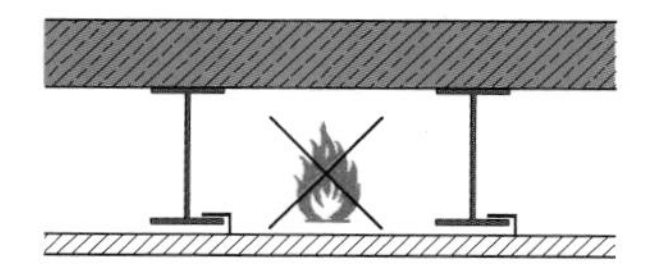

Bis auf die Unterkonstruktionsteile keine brennbaren Baustoffe und somit keine Brandbeanspruchung im Zwischendeckenbereich.
Unbedenklich sind Kabelisolierungen oder Baustoffe, deren Brandlast möglichst gleichmäßig verteilt und ≤ 7 kWh/m² sind. Ansonsten ist die Eignung der Unterdecke nach DIN 4102-2 nachzuweisen.

Anforderungen Unterdecke:

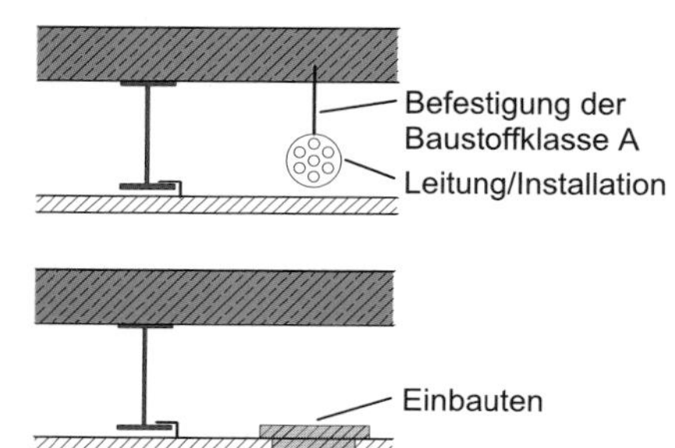

T4: 6.5.1.3

Leitungen und Installationen im Zwischendeckenbereich mit Baustoffen der Baustoffklasse A an der tragenden Decke befestigen, damit die Unterdecken nicht für die Zeit der klassifizierten Feuerwiderstandsdauer belastet werden.

T4: 6.5.1.4

Einbauten (Einbauleuchten, klimatechnische Geräte usw.) in der Unterdecke, die diese aufteilen oder unterbrechen sind nicht zulässig, da sie die brandschutztechnische Wirkung der Unterdecken aufheben.

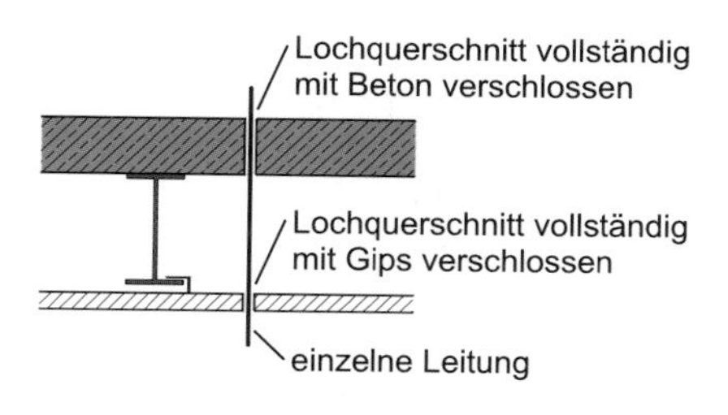

Zulässig sind einzelne elektrische Leitungen bei vollständigem Verschluss des Lochquerschnitts, bei gebündelten Leitungen sind Abschottungen in der entsprechenden Feuerwiderstandsklasse erforderlich.

T4: 6.5.1.5

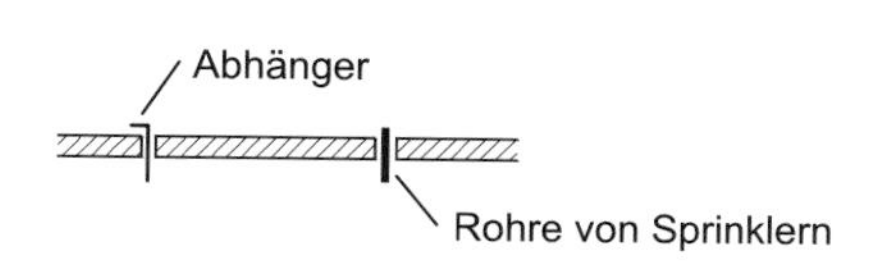

Erlaubt sind die Durchführung von Abhängern oder Rohren von Sprinklern, wenn der Durchführungsquerschnitt nicht wesentlich größer als der des Abhängers bzw. Rohres ist. Durchführungen von Abhängern durch Unterdecken, die allein bei Brandbeanspruchung einer Feuerwiderstandsklasse angehören, ist die Eignung durch Prüfung nachzuweisen.

T4: 6.5.1.6

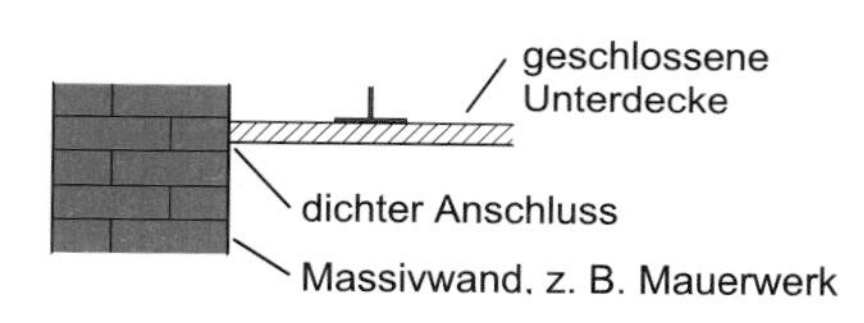

Die geschlossenen Unterdecken müssen an Massivwände angrenzen und dicht angeschlossen werden. Werden leichte Trennwände von unten oder oben an die Unterdecken angeschlossen bzw. grenzen die Unterdecken an leichte Trennwände, ist die Eignung durch Prüfung nachzuweisen.

T4: 6.5.1.7

Die Anordnung von zusätzlichen Bekleidungen an der Unterdecke ist nicht zulässig. Anstriche oder Beschichtungen sowie Dampfsperren sind bis zu eine Dicke von 0,5 mm erlaubt. Des Weiteren ist die Anordnung von Stahlträgerbekleidungen nach Abschnitt II/1.2 und von Fußbodenbelägen auf der Oberseite der tragenden Decke zulässig. Es sind jedoch bei Verwendung von Baustoffen der Baustoffklasse B die bauaufsichtlichen Anforderungen zu beachten.

T4: 6.5.1.8 und *T4:* 6.5.1.9

Dämmschichten im Zwischendeckenbereich können die Feuerwiderstandsdauer beeinflussen, weshalb zwischen Decken ohne Dämmschicht und Decken mit Dämmschicht unterschieden wird.

T4: 6.5.1.10

Deckenabmessungen:

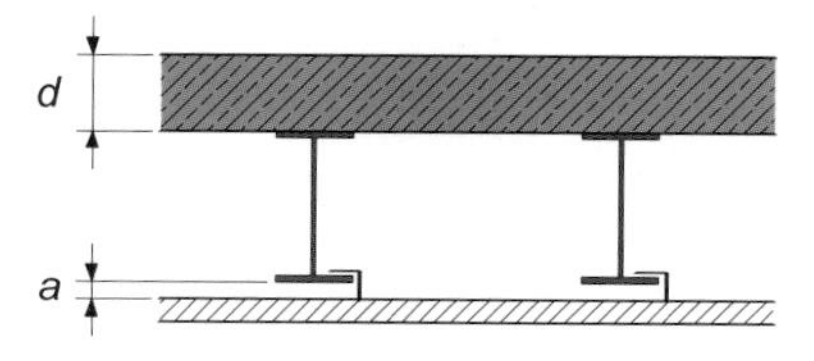

d = Mindestdeckendicke
a = Mindestabstand Abhängehöhe

2.2.1 Decken der Bauart I bis III mit hängenden Drahtputzdecken

T4: 6.5.2

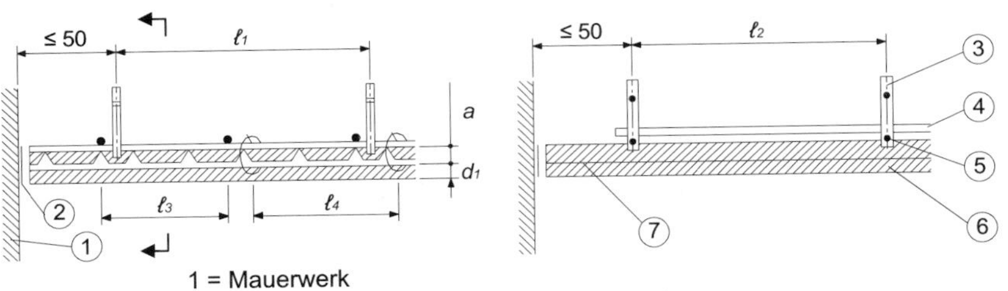

1 = Mauerwerk
2 = Trennstreifen ≤ 0,5 mm oder Kellenschnitt
3 = Abhänger (Schema)
4 = Querstab Ø ≥ 5
5 = Tragstab Ø ≥ 7
6 = Putz nach DIN 18550-2
7 = Putzträger aus Drahtgewebe oder Rippenstreckmetall

Tabelle 44: Decken der Bauart I bis III mit hängenden Drahtputzdecken nach DIN 4121

T4: Tab. 96

Decken der	mit oder ohne Dämmschicht im Zwischendeckenbereich	Feuerwiderstandsklasse	Mindest- dekendicke	Mindest- abstand (Abhängehöhe)	Zulässige Spannweite der Tragstäbe Ø ≥ 7	Zulässige Spannweite der Putzträger aus Drahtgewebe	Zulässige Spannweite der Putzträger aus Rippenstreckmetall	Zulässige Abstände der Querstäbe Ø ≥ 5	Zulässige Abstände der Putzträgerbefestigungspunkte	Mindestputzdicke[2] bei Verwendung von Putz der Mörtelgruppe P II oder P IVc	Mindestputzdicke[2] der Mörtelgruppe P IVa oder P IVb	Mindestputzdicke[2] nach Abschnitt I/2.2.4.3
			d mm	a mm	ℓ_1 mm	ℓ_2 mm	ℓ_2 mm	ℓ_3 mm	ℓ_4 mm	d_1 mm	d_1 mm	d_1 mm
Bauart I	mit oder ohne	F 30-A	50	12	750	500	1000	1000	200	15	5	5
		F 60-A	50	15	700	400	800	750	200	-	20	10
		F 90-A	50	20	400	350	750	750	200	-	-	20
		F 120-A	50	30	400	350	750	750	200	-	-	30
Bauart II[1]	mit	Bemessung entsprechend Decken der Bauart I										
	ohne	F 30-A	50	12	750	500	1000	1000	200	10	5	5
		F 60-A	50	15	700	400	800	750	200	15	5	5
		F 90-A	50	20	400	350	750	750	200	25	15	10
		F 120-A	50	30	400	350	750	750	200	-	25	15
Bauart III[1]	mit	Bemessung entsprechend Decken der Bauart I										
	ohne	F 30-A	50	12	750	500	1000	1000	200	5	5	5
		F 60-A	50	15	700	400	800	750	200	5	5	5
		F 90-A	50	20	400	350	750	750	200	15	5	5
		F 120-A	50	30	400	350	750	750	200	25	10	5
		F 180-A	50	40	400	350	750	750	200	-	20	15

[1] Gilt auch für Decken bzw. Abdeckungen unter Verwendung von Zwischenbauteilen aus Normalbeton.

[2] d_1 über Putzträger gemessen. Die Gesamtputzdicke muss $D \geq d_1 + 10$ mm sein, der Putz muss den Putzträger also 10 mm durchdringen.

2.2.2 Decken der Bauart I bis III mit Unterdecken aus Holzwolle-Leichtbauplatten

T4: 6.5.3

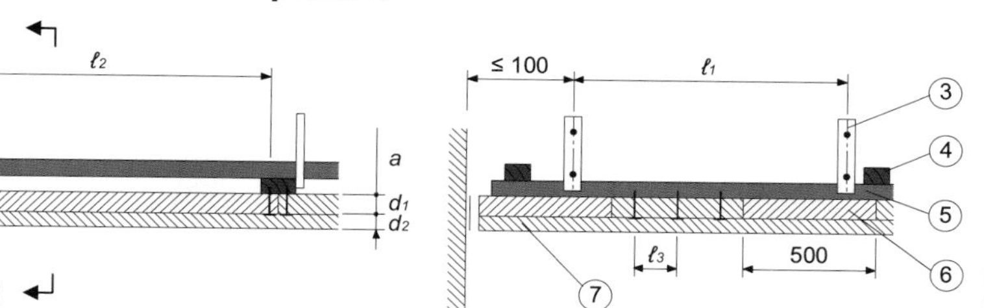

1 = Mauerwerk
2 = Trennstreifen ≤ 0,5 mm oder Kellenschnitt
3 = Abhänger (Schema)
4 = ggf. Grundlattung oder Grundprofile aus Stahlblech
5 = Traglattung oder Tragprofile aus Stahlblech
6 = Holzwolle-Leichtbauplatten nach DIN 1101 mit oder ohne Porenverschluss
7 = ggf. Putz nach DIN 18550-2

Tabelle 45: Decken der Bauart I bis III mit Unterdecken aus Holzwolle-Leichtbauplatten nach DIN 1101 mit und ohne Putz

T4: Tab. 97

Decken der	mit oder ohne Dämmschicht im Zwischendeckenbereich	Feuerwiderstandsklasse	Mindest- deckendicke	Mindest- abstand (Abhängehöhe)	Zulässige Spannweite der Traglattung oder Tragprofile	Zulässige Spannweite der Holzwolle-Leichtbauplatten	Zulässige Abstände der Befestigung	Mindestdicke der Holzwolle-Leichtbauplatten	Mindestputzdicke bei Verwendung von Putz der Mörtelgruppe P II oder P IVc	Mindestputzdicke der Mörtelgruppe P IVa oder P IVb	Mindestputzdicke nach Abschnitt I/ 2.2.4.3
			d mm	a mm	ℓ_1[2] mm	ℓ_2 mm	ℓ_3 mm	d_1 mm	d_2 mm	d_2 mm	d_2 mm
Bauart I	mit oder ohne	F 30-AB	50	25	1000	500	200	50[3]	-	-	-
		F 30-AB	50	25	1000	500	200	25	25	20	15
		F 60-AB	50	25	750	500	200	25	-	-	25
Bauart II[1]	mit oder ohne	F 30-AB	50	25	1000	500	200	50[3]	-	-	-
		F 30-AB	50	25	1000	500	200	25	25	20	15
		F 60-AB	50	25	750	500	200	25	-	-	25
Bauart III[1]	mit oder ohne	F 30-AB	50	25	1000	500	200	35[3]	-	-	-
		F 30-AB	50	25	1000	500	200	25	15	10	5
		F 60-AB	50	25	750	500	200	25	20	15	10
		F 60-AB	50	50	500	500	200	35	-	-	20

[1] Gilt auch für Decken bzw. Abdeckungen unter Verwendung von Zwischenbauteilen aus Normalbeton.
[2] Sofern die Abhänger an der Grundlattung oder den Grundprofilen angebracht werden, ist ℓ_1 gleich dem Abstand der Grundlattung bzw. der Grundprofile.
[3] Stöße sind dicht auszuführen. Fugen sind mit Mörtel der Gruppe P IV nach DIN 18550-2 zu verspachteln.

2.2.3 Decken der Bauart I bis III mit Unterdecken aus Gipskarton-Putzträgerplatten (GKP) mit Putz

T4: 6.5.4

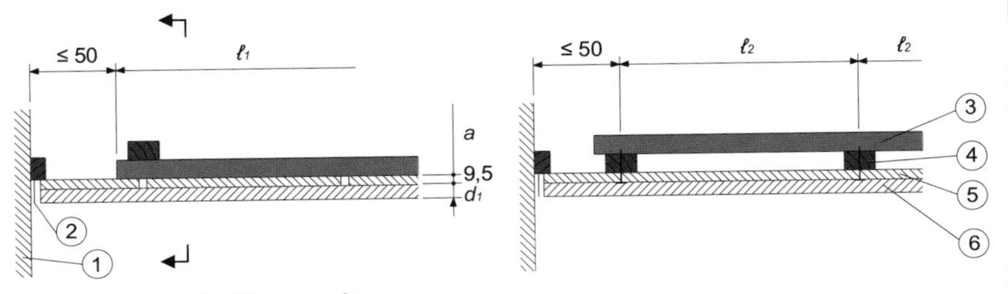

1 = Mauerwerk
2 = Trennstreifen ≤ 0,5 mm oder Kellenschnitt
3 = Grundlattung oder Stahlblechprofile mit Klipps
4 = Traglattung oder Stahlblechprofile mit Klipps
5 = Gipskarton-Putzträger (GKP) nach DIN 18180
6 = Putz nach DIN 18550-2

Tabelle 46: Decken der Bauart I bis III mit Unterdecken aus Gipskarton-Putzträgerplatten (GKP) nach DIN 18180 mit Putz

T4: Tab. 98

Decken der	mit oder ohne Dämmschicht im Zwischendeckenbereich	Feuerwiderstandsklasse	Mindest- deckendicke	Mindest- abstand (Abhängehöhe)	Zulässige Spannweite der Grund- und Traglattung bzw. der Grund- und Tragprofile	Zulässige Spannweite der GKP-Platten[2]	Mindestputzdicke bei einer Unterkonstruktion aus Holzlatten bei Verwendung von Putz der Mörtelgruppe P IVa oder P IVb	Mindestputzdicke bei einer Unterkonstruktion aus Holzlatten bei Verwendung von Putz nach Abschnitt I/2.2.4.3	Mindestputzdicke bei einer Unterkonstruktion aus Stahlblechprofilen bei Verwendung von Putz der Mörtelgruppe P IVa oder P IVb	Mindestputzdicke bei einer Unterkonstruktion aus Stahlblechprofilen bei Verwendung von Putz nach Abschnitt I/2.2.4.3
			d mm	a mm	ℓ_1 mm	ℓ_2 mm	d_1 mm	d_1 mm	d_1 mm	d_1 mm
Bauart I	mit oder ohne	F 30-AB	50	40	1000	500	20	15	-	-
		F 30-A	50	40	1000	500	-	-	20	15
Bauart II[1]	mit	Bemessung entsprechend Decken der Bauart I								
	ohne	F 30-AB	50	40	1000	500	20	15	-	-
		F 30-A	50	40	1000	500	-	-	15	10
		F 60-A	50	80	1000	500	-	-	-	20
Bauart III[1]	mit	Bemessung entsprechend Decken der Bauart I								
	ohne	F 30-AB	50	40	1000	500	15	10	-	-
		F 60-AB	50	80	1000	500	-	20	-	-
		F 30-A	50	40	1000	500	-	-	10	5
		F 60-A	50	80	1000	500	-	-	15	10
		F 90-A	50	80	1000	500	-	-	-	20

[1] Gilt auch für Decken bzw. Abdeckungen unter Verwendung von Zwischenbauteilen aus Normalbeton.
[2] Befestigung nach DIN 18181.

2.2.4 Decken der Bauart I bis III mit Unterdecken aus Gipskarton-Feuerschutzplatten (GKF) mit geschlossener Fläche

T4: 6.5.5

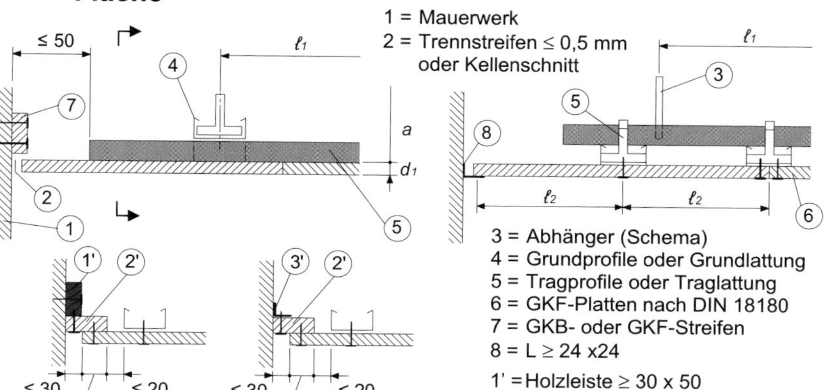

Tabelle 47: Decken der Bauart I bis III mit Unterdecken aus Gipskarton-Feuerschutzplatten (GKF) nach DIN 18180 mit geschlossener Fläche

T4: Tab. 99

Decken der	mit oder ohne Dämmschicht im Zwischendeckenbereich	Feuerwiderstandsklasse	Mindest- deckendicke d mm	Mindest- abstand (Abhängehöhe) a mm	Zulässige Spannweite der Grund- und Traglattung bzw. der Grund- und Tragprofile ℓ_1 mm	Zulässige Spannweite der GKF-Platten[2] ℓ_2 mm	Mindest-GKF-Plattendicke bei Verwendung von Grund- und Traglatten aus Holz d_1 mm	Mindest-GKF-Plattendicke bei Verwendung von Grund- und Tragprofilen aus Stahlblech d_1 mm
Bauart I	mit oder ohne	F 30-AB	50	40	1000	500	15	-
		F 30-A	50	40	1000	500	-	15
Bauart II[1]	mit	Bemessung entsprechend Decken der Bauart I						
	ohne	F 30-AB	50	40	1000	500	12,5	-
		F 30-A	50	40	1000	500	-	12,5
Bauart III[1]	mit	Bemessung entsprechend Decken der Bauart I						
	ohne	F 30-AB	50	40	1000	500	12,5	-
		F 30-A	50	40	1000	500	-	12,5
		F 60-AB	50	80	1000	500	2 x 12,5	-
		F 60-A	50	80	1000	500	-	12,5
		F 90-A	50	80	1000	500	-	15
		F 120-A	50	80	1000	400	-	18

[1] Gilt auch für Decken bzw. Abdeckungen unter Verwendung von Zwischenbauteilen aus Normalbeton.
[2] Befestigung und Verspachtelung der Fugen nach DIN 18181. Bei zweilagigen Unterdecken ist jede Lage für sich an der Unterkonstruktion zu befestigen. Fugen sind zu versetzen. Bewehrungsstreifen sind nur bei den raumseitigen Fugen erforderlich.

2.2.5 Decken der Bauart I bis III mit Unterdecken aus Deckenplatten DF oder SF aus Gips

T4: 6.5.6

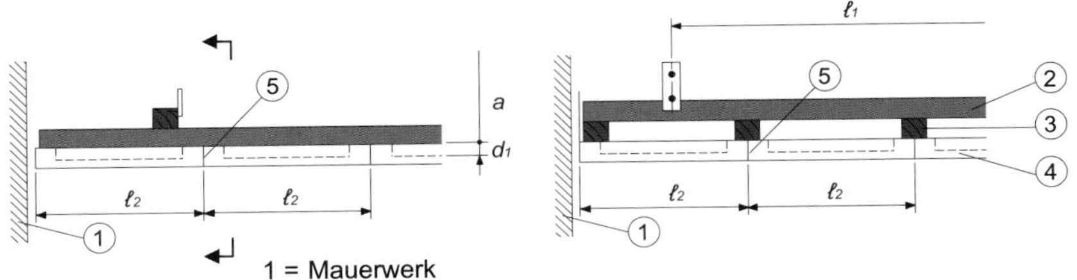

1 = Mauerwerk
2 = Grundlattung oder Grundprofile
3 = Traglattung oder Tragprofile
4 = Deckenplatten DF oder SF aus Gips nach DIN 18169
5 = Fugen nach DIN 18169, ggf. mit Stahlblechschienen

Tabelle 48: Decken der Bauart I bis III mit Unterdecken aus Deckenplatten DF oder SF aus Gips nach DIN 18169

T4: Tab. 100

Decken der	mit oder ohne Dämmschicht im Zwischendeckenbereich[2]	Feuerwiderstandsklasse	Mindest-deckendicke	Mindest-abstand (Abhängehöhe)	Zulässige Spannweite der Grundlattung oder Tragprofile	Zulässige Spannweite der GKP-Platten[2]	Mindest-dicke der Dämmschicht[3] in den Deckenplatten nach DIN 18169	Mindest-rohdichte der Dämmschicht[3] in den Deckenplatten nach DIN 18169	Montage: Schraub-, Einschub- oder Einlegemontage nach DIN 18169
			d mm	a mm	ℓ_1 mm	ℓ_2 mm	d_1 mm	ρ kg/m³	
Bauart I	mit oder ohne	F 30-AB	50	40	1000	625	keine zusätzlichen Anforderungen[6]		geschraubt[4]
		F 30-A	50	40	1000	625			eingeschoben oder eingelegt
Bauart II[1]	mit	Bemessung entsprechend Decken der Bauart I							
	ohne	F 30-AB	50	40	1000	625	keine zusätzlichen Anforderungen[6]		geschraubt[4]
		F 30-A	50	40	1000	625			eingeschoben oder eingelegt
		F 60-A	50	80	1000	625	15	100	
		F 90-A	50	80	1000	625	15	100	eingeschoben[5]
Bauart III[1]	mit	Bemessung entsprechend Decken der Bauart I							
	ohne	F 30-AB	50	40	1000	625	keine zusätzlichen Anforderungen[6]		geschraubt[4]
		F 60-A	50	40	1000	625			eingeschoben oder eingelegt
		F 60-A	50	80	1000	625	15	100	
		F 90-A	50	80	1000	625	15	100	eingeschoben[5]
		F 120-A	50	80	1000	625	15	100	

[1] Gilt auch für Decken bzw. Abdeckungen unter Verwendung von Zwischenbauteilen aus Normalbeton.
[2] Die Dämmschicht in den Deckenplatten gehört zur Unterdecke. Die Dämmschicht im Zwischenbereich wird unabhängig davon betrachtet.
[3] Die Dämmschicht muss aus mineralischen Fasern nach DIN V 18165-1, Abschnitt 2.1 bestehen, der Baustoffklasse A angehören und einen Schmelzpunkt ≥ 1000 °C nach DIN 4102-17 besitzen.
[4] Bei Schraubmontage sind je Deckenplatte mindestens 4 Schrauben erforderlich.
[5] Bei Einschubmontage müssen Stahlblechschienen in allen Längs- und Querfugen angeordnet werden.
[6] Die Dämmschicht in den Deckenplatten ist nach DIN 18169 auszuführen.

2.2.6 Unterdecken, die bei Brandbeanspruchung von unten allein einer Feuerwiderstandsklasse angehören

T4: 6.5.7

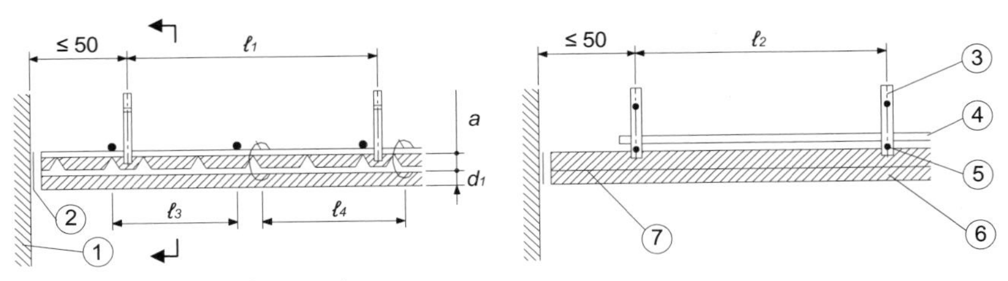

1 = Mauerwerk
2 = Trennstreifen ≤ 0,5 mm oder Kellenschnitt
3 = Abhänger (Schema)
4 = Querstab Ø ≥ 5
5 = Tragstab Ø ≥ 7
6 = Putz nach DIN 18550-2
7 = Putzträger aus Drahtgewebe oder Rippenstreckmetall

Tabelle 49: Hängende Drahtputzdecken nach DIN 4121, die bei Brandbeanspruchung von unten allein einer Feuerwiderstandsklasse angehören

T4: Tab. 101

Feuerwiderstandsklasse	Zulässige Spannweite der			Zulässige Abstände der		Mindestputzdicke[1] bei Verwendung von Putz	
	Tragstäbe Ø ≥ 7	Putzträger aus Drahtgewebe	Putzträger aus Rippenstreckmetall	Querstäbe Ø ≥ 5	Putzträger-befestigungspunkte	der Mörtelgruppe P IVa oder P IVb	nach Abschnitt I/2.2.4.3
	ℓ_1 mm	ℓ_2 mm	ℓ_2 mm	ℓ_3 mm	ℓ_4 mm	d_1 mm	d_1 mm
F 30-A	750	500	1000	1000	200	20	15
F 60-A	700	400	800	750	200	-	25

[1] d_1 über Putzträger gemessen. Die Gesamtputzdicke muss $D \geq d_1 + 10$ mm sein, der Putz muss den Putzträger also 10 mm durchdringen.

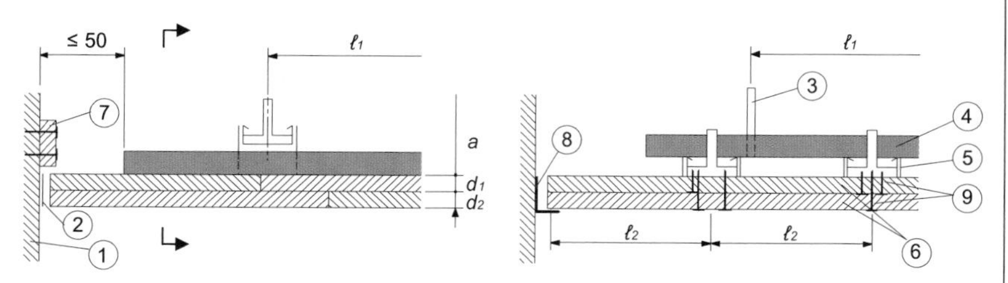

1 = Mauerwerk
2 = Trennstreifen ≤ 0,5 mm oder Kellenschnitt
3 = Abhänger (Schema)
4 = Grundprofile oder Grundlattung
5 = Tragprofile oder Traglattung
6 = Gipskarton-Feuerschutzplatten (GKF)
7 = GKB- oder GKF-Streifen
8 = L ≥ 24 x24
9 = Fugenverspachtelung und Befestigung jeder Lage nach DIN 18181, Quer- und Längsfugen versetzt anordnen

Tabelle 50: Unterdecken aus Gipskarton-Feuerschutzplatten (GKF) nach DIN 18180 mit geschlossener Fläche, die bei Brandbeanspruchung von unten allein einer Feuerschutzklasse angehören

T4: Tab. 102

Feuerwiderstandsklasse	Zulässige Spannweite der		Mindest-GKF-Plattendicke bei Verwendung von			
	Grund- und Traglattung bzw. der Grund- und Tragprofile	GKF-Platten[2)]	Grund- und Traglattung aus Holz		Grund- und Tragprofilen aus Stahlblech	
	ℓ_1 mm	ℓ_2 mm	d_1 mm	d_2 mm	d_1 mm	d_2 mm
F 30-B	1000	500	12,5	12,5	-	-
F 30-A	1000	500	-	-	12,5	12,5
F 60-B	1000	400	18	15	-	-
F 60-A	1000	400	-	-	18	15

2.3 Decken in Holztafelbauart

T4: 5.2

Allgemeine Anforderungen und Randbedingungen

Brandbeanspruchung:

T4: 5.2.1.1

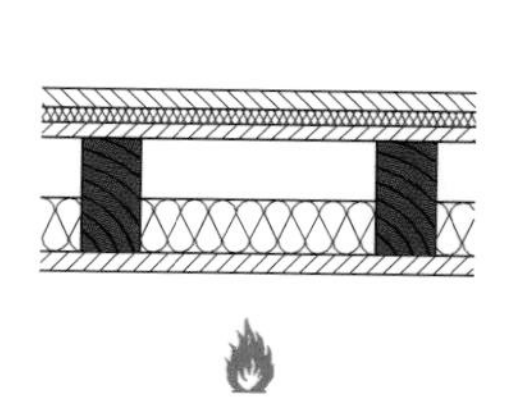

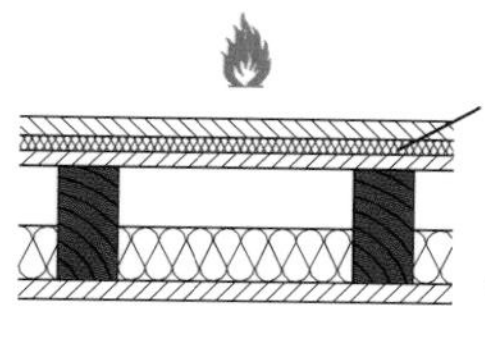

Decken in Holztafelbauart nach DIN 1052 mit der Unterscheidung in Decken mit brandschutztechnisch notwendiger und nicht notwendiger Dämmschicht

Die Anordnung von zusätzlichen Bekleidungen, ausgenommen Stahlbleche, an der Deckenunterseite bzw. von Fußbodenbelägen auf der Deckenoberseite ist erlaubt.

T4: 5.2.1.2

Dampfsperren beeinflussen die Feuerwiderstandsklasse nicht.

T4: 5.2.3.5

Durchführung von elektrischen Leitungen:

T4: 5.2.1.3 und *TA1:* 3.4.2 / 5.2.1.3

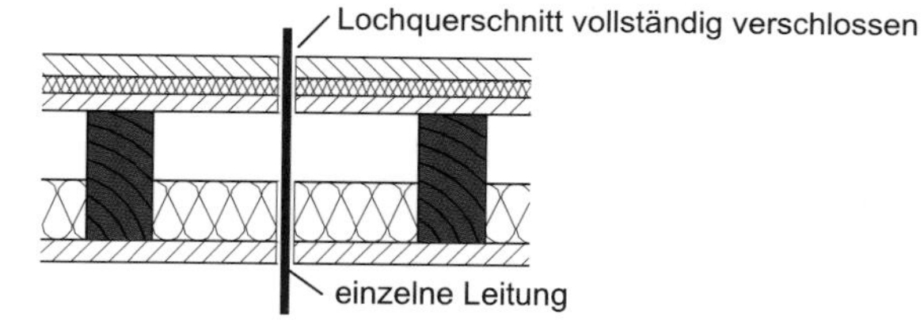

Holzrippen:

T22: 6.2 / 5.2.2.1

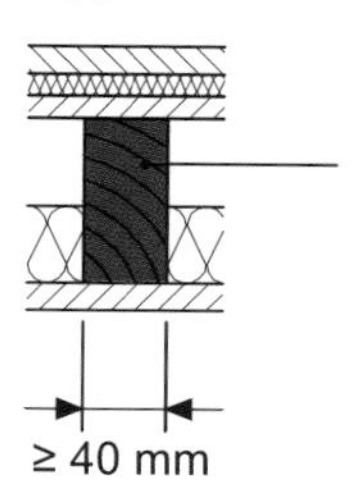

- Festigkeitsklassen nach DIN 1052:
  Nadelschnittholz NH ≥ C24,
  Laubschnittholz LH ≥ D30,
  Brettschichtholz BSH ≥ GL24c.
- Rippenbreite ≥ 40 mm.
- Bemessung nach DIN 1052.

T4: 5.2.2.2

Untere Beplankung aus:

T4: 5.2.3.1

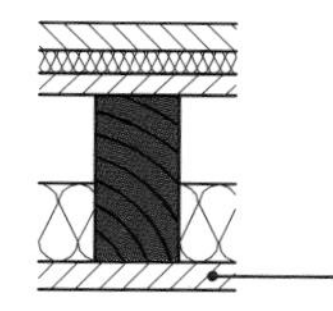

- Sperrholz nach DIN 68705-3 oder DIN 68705-5,
- Spanplatten nach DIN EN 312 und DIN EN 13986,
- Holzfaserplatten nach DIN 68754-1 oder
- Gipskarton-Bauplatten GKB und Gipskarton-Feuerschutzplatten GKF nach DIN 18180.

Bekleidung aus:

T4: 5.2.3.1

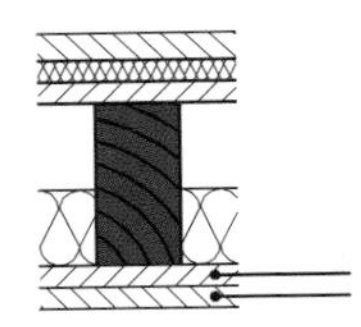

- Gipskarton-Putzträgerplatten GKP nach DIN 18180,
- Fasebretter aus Nadelholz nach DIN 68122,
- Stülpschalungsbretter aus Nadelholz nach DIN 68123,
- Profilbretter mit Schattennut nach DIN 68126-1,
- Gespundete Bretter aus Nadelholz nach DIN 4072,
- Holzwolle-Leichtbauplatten nach DIN 1101,
- Deckenplatten aus Gips nach DIN 18169 oder
- Drahtputzdecken nach DIN 4121.

Obere Beplankung oder Schalung aus:

T4: 5.2.3.2

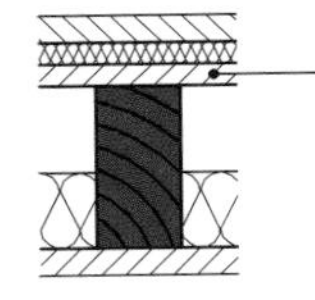

- Sperrholzplatten nach DIN 68705-3 oder DIN 68705-5,
- Spanplatten nach DIN 68763 oder
- Gespundete Bretter aus Nadelholz nach DIN 4072.

Die Platten und Bretterschalungen müssen eine geschlossene Fläche besitzen. Die Holzwerkstoffplatten müssen eine Rohdichte ≥ 600 kg/m³ haben.

T4: 5.2.3.3

Fugen von Platten und Brettern:

T4: 5.2.3.4

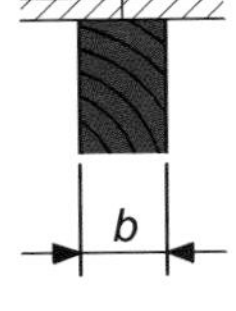

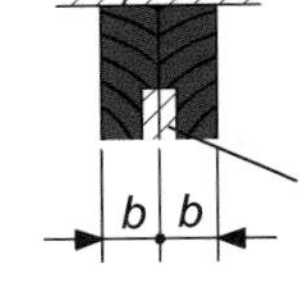

Feder aus Holz oder Holzwerkstoffen

Platten und Bretter auf Holzrippen dicht stoßen.

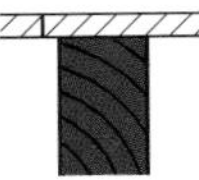

Ausnahmen:
Dicht gestoßene Längsränder von Brettern, Gipskartonplatten und Holzwolle-Leichtbauplatten, wenn die Fugen nach DIN 18181 verspachtelt sind.
Ränder von Holzwerkstoffplatten, wenn sie mit Nut und Feder oder über Spundung dicht gestoßen werden.

Stöße von Deckenplatten aus Gips nach DIN 18169 ausbilden.

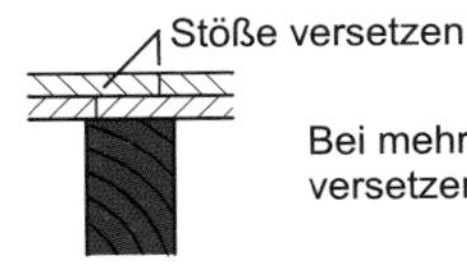

Bei mehrlagiger Beplankung und/oder Bekleidung sind die Stöße zu versetzen.

Gipskarton-Bauplatten sind nach DIN 18181 mit Schnellschrauben, Klammern oder Nägeln auf den Holzrippen zu befestigen.

T4: 5.2.3.6

Lattung bei Bekleidungen an der Deckenunterseite:

T4: 5.2.3.7

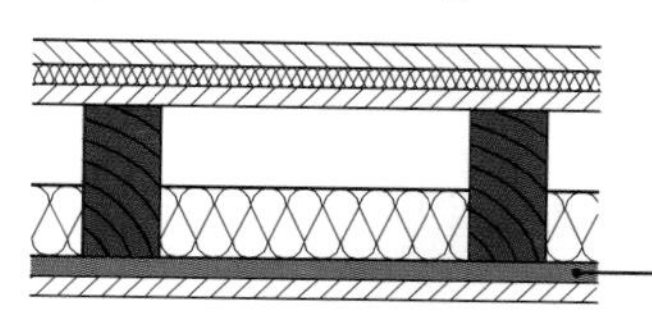

Zwischen Holzrippe und Bekleidung an der Unterseite ist eine Lattung (Grundlattung oder Grund- und Feinlattung), auch aus Metallschienen nach DIN 18181, zulässig.

Bekleidungsdicke d_D bei Brettern:

T4: 5.2.3.9

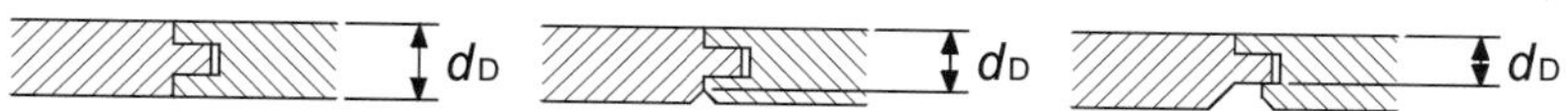

Bild 13: Dicke d_D von Brettern

Schwimmende Estriche und schwimmende Fußböden:

T4: 5.2.5.1

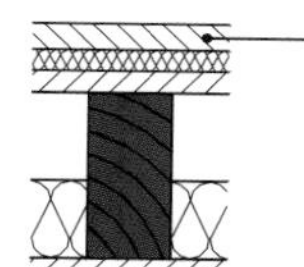

- Zum Schutz gegen Brandbeanspruchung von oben ist ein schwimmender Estrich oder schwimmender Fußboden erforderlich.
- Der Einbau ist nicht erforderlich, wenn:
  die obere Beplankung oder Schalung aus ≥ 19 mm dicken Spanplatten nach DIN 68763 mit einer Rohdichte von ≥ 600 kg/m³ oder aus ≥ 21 mm dicken gespundeten Brettern aus Nadelholz nach DIN 4072 besteht und
  die Nutzlast ≤ 1,0 kN/m² auf der obere Beplankung oder Schalung ist oder die Decke bei einer Feuerwiderstandsklasse F 30 keine raumabschließende sondern nur aussteifende Funktion hat.

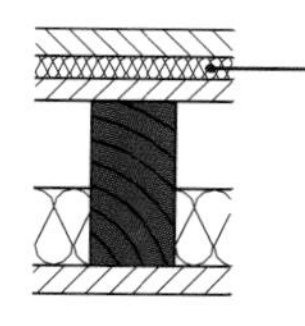

T4: 5.2.5.2

- Dämmschicht unter Estrichen und Fußböden aus Mineralfaser-Dämmstoffen nach DIN 18165-2, Abschnitt 2.2, der Baustoffklasse B 2 und einer Rohdichte ≥ 30 kg/m³.

Deckenabmessungen:

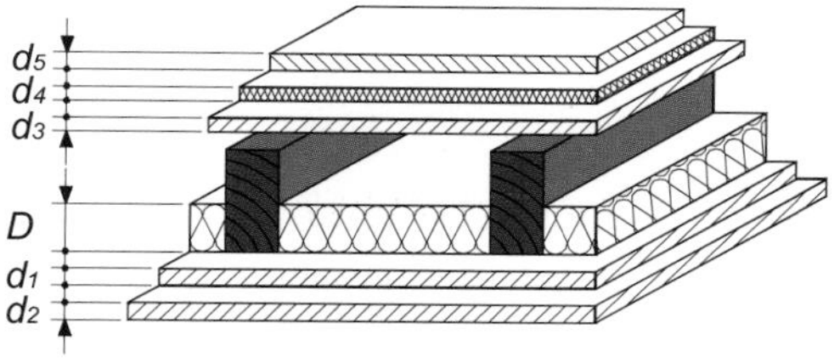

d_1 = Mindestdicke der unteren Beplankung oder Bekleidung
d_2 = Mindestdicke der Bekleidung
d_3 = Mindestdicke der oberen Beplankung oder Schalung
d_4 = Mindestdicke der Dämmschicht des schwimmenden Estrichs oder des schwimmenden Fußbodens
d_5 = Mindestdicke des schwimmenden Estrichs oder des schwimmenden Fußbodens
D = Mindestdicke der brandschutztechnisch notwendigen Dämmschicht

2.3.1 Decken in Holztafelbauart mit brandschutztechnisch notwendiger Dämmschicht

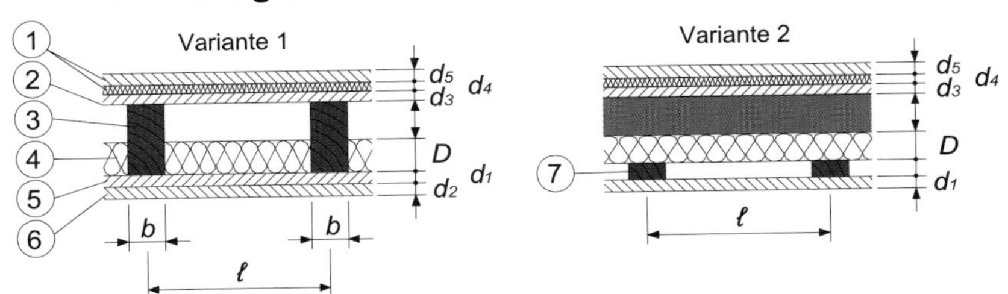

1 = schwimmender Estrich oder schwimmender Fußboden
2 = obere Beplankung oder Schalung
3 = Holzrippe
4 = brandschutztechnisch notwendige Dämmschicht
5 = untere Beplankung oder Bekleidung
6 = Bekleidung
7 = ggf. Lattung

Tabelle 51: Decken in Holztafelbauart mit brandschutztechnisch notwendiger Dämmschicht

T4: Tab. 56

Feuerwiderstandsklasse	Holzrippen	Untere Beplankung oder Bekleidung aus				Notwendige Dämmschicht		Obere Beplankung oder Schalung	Schwimmender Estrich oder schwimmender Fußboden aus			
		Holzwerkstoffplatten mit $\rho \geq$ 600 kg/m³	Gipskarton-Feuerschutzplatten (GKF)		zul. Spannweite[6]	aus Mineralfaser-Platten oder -Matten		aus Holzwerkstoffplatten mit $\rho \geq$ 600 kg/m³	Dämmschicht mit $\rho \geq$ 30 kg/m³	Mörtel, Gips oder Asphalt	Holzwerkstoffplatten, Brettern oder Parkett	Gipskartonplatten
	Mindestbreite	Mindestdicke				Mindestdicke	Mindestrohdichte	Mindestdicke	Mindestdicke			
	b mm	d_1 mm	d_1 mm	d_2 mm	ℓ mm	D mm	ρ kg/m³	d_3 mm	d_4 mm	d_5 mm	d_5 mm	d_5 mm
F 30-B	40	16[1]			625	60	30	13[2]	15[3]	20		
F 30-B	40	16[1]			625	60	30	13[2]	15[3]		16	
F 30-B	40	16[1]			625	60	30	13[2]	15[3]			9,5
F 60-B	40		12,5	12,5	500	60	30	13[2]	15[3]	20		
F 60-B	40		12,5	12,5	500	60	30	13[2]	30[4]		25	
F 60-B	40		12,5	12,5	500	60	30	13[2]	15[3]			18[5]

1) Ersetzbar durch:
a) ≥ 13 mm dicke Holzwerkstoffplatten (untere Lage) + 9,5 mm dicke GKB- oder GKF-Platten (raumseitige Lage) oder
b) ≥ 12,5 mm dicke GKF-Platten mit einer Spannweite ≤ 500 mm oder
c) Bretterschalung nach Abschnitt II/2.3 (Aufzählungen für Bretter siehe Bekleidung) mit einer Dicke nach Bild 13 von $d_D \geq 16$ mm.

2) Ersetzbar durch Bretterschalung (gespundet) mit $d \geq 21$ mm.
3) Ersetzbar durch ≥ 9,5 mm dicke Gipskartonplatten.
4) Ersetzbar durch ≥ 15 mm dicke Gipskartonplatten.
5) Erreichbar z. B. mit 2 x 9,5 mm.
6) Zulässige Spannweite bezogen auf die Holzrippen bzw. auf die Lattung.

Brandschutztechnisch notwendige Dämmschichten:

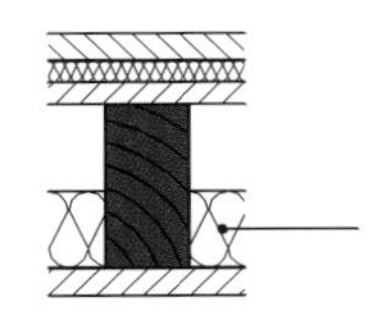

- Aus Mineralfaser-Dämmstoffen nach DIN V 18165-1, Abschnitt 2.2, der Baustoffklasse A und einem Schmelzpunkt ≥ 1000 °C nach DIN 4102-17. *T4:* 5.2.4.2
- Plattenförmige Mineralfaser-Dämmschichten durch strammes Einpassen (Stauchung bis etwa 1 cm) zwischen den Rippen und durch Anleimen an den Rippen gegen Herausfallen sichern. *T4:* 5.2.4.3
- Mattenförmige Mineralfaser-Dämmschichten auf Maschendraht steppen, der durch Nagelung (Nagelabstände ≤ 100 mm) an den Holzrippen befestigt wird.
- Bei dichter Verlegung der Mineralfaser-Dämmschicht auf der Lattung zwischen Rippen und Deckenunterseite, dürfen das Anleimen bzw. der Maschendraht und die Nagelung entfallen.

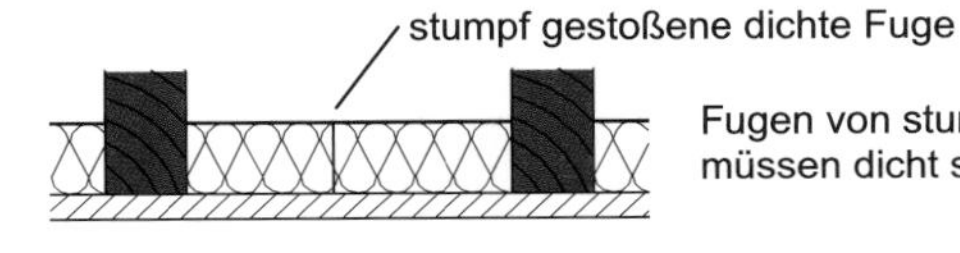

Fugen von stumpf gestoßenen Dämmschichten müssen dicht sein. *T4:* 5.2.4.4

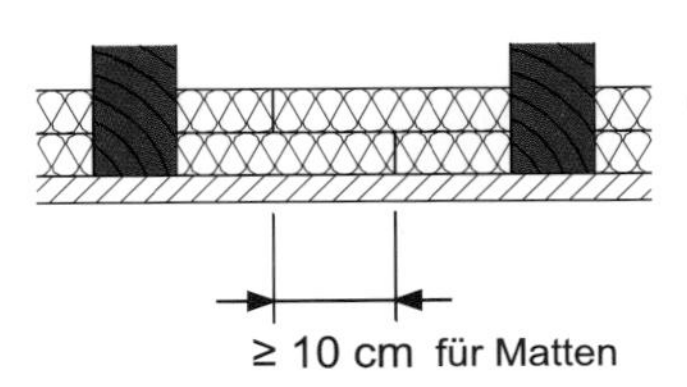

Brandschutztechnisch günstig sind ungestoßene oder zweilagig mit versetzten Stößen eingebaute Dämmschichten. Fugenüberlappung ≥ 10 cm bei mattenförmigen Dämmschichten.

2.3.2 Decken in Holztafelbauart mit brandschutztechnisch nicht notwendiger Dämmschicht

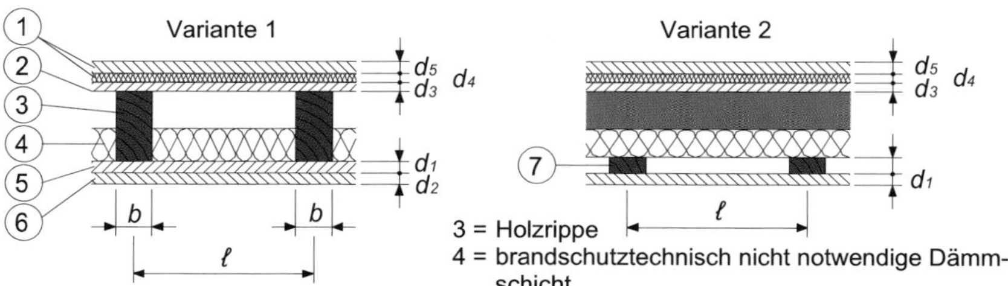

3 = Holzrippe
4 = brandschutztechnisch nicht notwendige Dämmschicht
1 = schwimmender Estrich oder schwimmender Fußboden
5 = untere Beplankung oder Bekleidung
6 = Bekleidung
2 = obere Beplankung oder Schalung
7 = ggf. Lattung

Tabelle 52: Decken in Holztafelbauart mit brandschutztechnisch nicht notwendiger Dämmschicht

T4: Tab. 57

Feuerwiderstandsklasse	Holzrippen	Untere Beplankung oder Bekleidung aus				Obere Beplankung oder Schalung	Schwimmender Estrich oder schwimmender Fußboden aus			
		Holzwerkstoffplatten mit $\rho \geq 600$ kg/m³	Gipskarton-Feuerschutzplatten (GKF)		zul. Spannweite[7]	aus Holzwerkstoffplatten mit $\rho \geq 600$ kg/m³	Dämmschicht mit $\rho \geq 30$ kg/m³	Mörtel, Gips oder Asphalt	Holzwerkstoffplatten, Brettern oder Parkett	Gipskartonplatten
	Mindestbreite	Mindestdicke				Mindestdicke	Mindestdicke			
	b mm	d_1 mm	d_1 mm	d_2 mm	ℓ mm	d_3 mm	d_4 mm	d_5 mm	d_5 mm	d_5 mm
F 30-B	40	19[1]			625	16[2]	15[4]	20		
F 30-B	40	19[1]			625	16[2]	15[4]		16	
F 30-B	40	19[1]			625	16[2]	15[4]			9,5
F 60-B	40		12,5	12,5	400	19[3]	15[4]	20		
F 60-B	40		12,5	12,5	400	19[3]	30[5]		25	
F 60-B	40		12,5	12,5	400	19[3]	15[4]			18[6]

[1] Ersetzbar durch:
a) ≥ 16 mm dicke Holzwerkstoffplatten (untere Lage) + 9,5 mm dicke GKB- oder GKF-Platten (raumseitige Lage) oder
b) ≥ 12,5 mm dicke GKF-Platten mit einer Spannweite ≤ 400 mm oder
c) ≥ 15 mm dicke GKF-Platten mit einer Spannweite ≤ 500 mm oder
d) ≥ 50 mm dicke Holzwolle-Leichtbauplatten mit einer Spannweite ≤ 500 mm oder
e) ≥ 25 mm dicke Holzwolle-Leichtbauplatten mit einer Spannweite ≤ 500 mm und mit ≥ 20 mm dickem Putz nach DIN 18550-2 oder
f) ≥ 9,5 mm dicke Gipskarton-Putzträgerplatten (GKP) mit einer Spannweite ≤ 500 mm und mit ≥ 20 mm dickem Putz der Mörtelgruppe P IVa bzw. P IVb nach DIN 18550-2 oder
g) Bretterschalung nach Abschnitt II/2.3 (Aufzählungen für Bretter siehe Bekleidung) mit einer Dicke nach Bild 13 von $d_D \geq 16$ mm.

[2] Ersetzbar durch Bretterschalung (gespundet) mit $d \geq 21$ mm.
[3] Ersetzbar durch Bretterschalung (gespundet) mit $d \geq 27$ mm.
[4] Ersetzbar durch ≥ 9,5 mm dicke Gipskartonplatten.
[5] Ersetzbar durch ≥ 15 mm dicke Gipskartonplatten.
[6] Erreichbar z. B. mit 2 x 9,5 mm.
[7] Zulässige Spannweite bezogen auf die Holzrippen bzw. auf die Lattung.

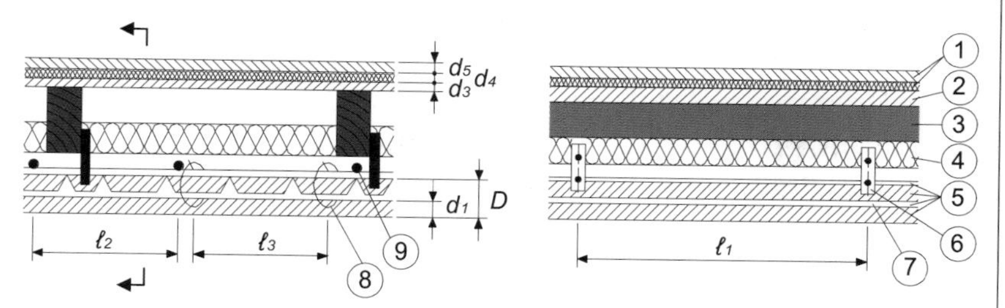

1 = schwimmender Estrich oder schwimmender Fußboden nach Tabelle 52
2 = obere Beplankung oder Schalung nach Tabelle 52
3 = Holzrippe nach Tabelle 52
4 = brandschutztechnisch nicht notwendige Dämmschicht
5 = Drahtputzdecke nach DIN 4121
6 = Befestigungslasche oder Abhänger
7 = Putzträger aus Drahtgewebe oder Rippenstreckmetall
8 = Tragstab Ø ≥ 7
9 = Querstab Ø ≥ 5

Tabelle 53: Decken in Holztafelbauart mit brandschutztechnisch nicht notwendiger Dämmschicht mit Drahtputzdecken nach DIN 4121

T4: Tab. 58

Feuerwiderstandsklasse	Drahtputzdecke nach DIN 4121						
	Zulässige Spannweite der			Zulässige Abstände der		Mindestputzdicke[2)] bei Verwendung von Putz	
	Tragstäbe Ø ≥ 7[1)]	Putzträger aus Drahtgewebe	Putzträger aus Rippenstreckmetall	Querstäbe Ø ≥ 5[1)]	Putzträgerbefestigungspunkte	der Mörtelgruppe P II P IVa, P IVb oder P IVc	nach Abschnitt I/2.2.4.3
	ℓ_1 mm	ℓ_2 mm	ℓ_2 mm	ℓ_3 mm	ℓ_4 mm	d_1 mm	d_1 mm
F 30-B	750	500	1000	1000	200	20	15
F 60-B	700	400	800	750	200	-	25

1) Die Quer- und Tragstäbe dürfen bei Decken der Feuerwiderstandsklasse F 30 unter Fortlassen der Befestigungslaschen oder Abhänger auch unmittelbar unter den Holzrippen mit Krampen befestigt werden.
2) d_1 über Putzträger gemessen. Die Gesamtputzdicke muss $D \geq d_1$ + 10 mm sein, der Putz muss den Putzträger also 10 mm durchdringen.

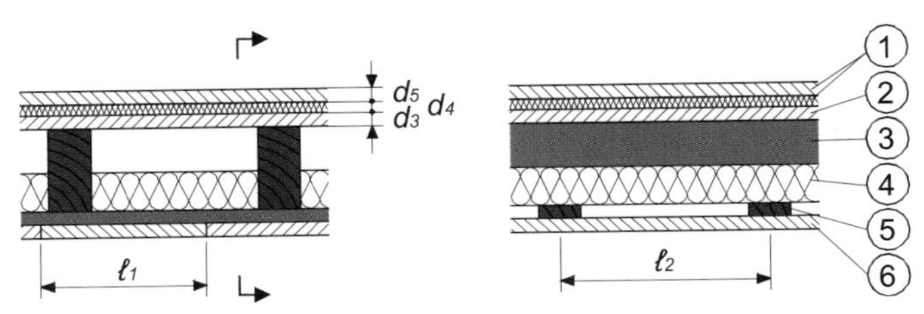

1 = schwimmender Estrich oder schwimmender Fußboden nach Tabelle 52
2 = obere Beplankung oder Schalung nach Tabelle 52
3 = Holzrippe nach Tabelle 52
4 = brandschutztechnisch nicht notwendige Dämmschicht
5 = Traglattung oder Tragschienen
6 = Deckenplatten aus Gips nach DIN 18169

Tabelle 54: Decken in Holztafelbauart mit brandschutztechnisch nicht notwendiger Dämmschicht mit Deckenplatten aus Gips nach DIN 18169

T4: Tab. 59

Feuerwiderstandsklasse	Deckenplatten aus Gips nach DIN 18169 und deren Montage					
	Zulässige Abstände der Traglatten oder -schienen = Rastermaß der Deckenplatten	Plattenart nach DIN 18169	Mindestdicke	Mindestrohdichte ρ		Montage (Schraubmontage, Einschubmontage oder Einlegemontage nach DIN 18169)
			der Dämmschicht[1] in den Deckenplatten nach DIN 18169 bei der Plattenart			
	$\ell_1 = \ell_2$ mm		DF und SF mm	DF kg/m³	SF kg/m³	
F 30-B	625	DF oder SF	keine Anforderungen			geschraubt[2], eingeschoben oder eingelegt
F 60-B	625	DF oder SF	15	100	50	eingeschoben[3]

[1] Die Dämmschicht in den Deckenplatten muss die Anforderungen nach Abschnitt II/2.3.1 erfüllen.
[2] Bei Schraubmontage sind je Deckenplatte mindestens 4 Schrauben erforderlich.
[3] Bei Einschubmontage müssen Stahlblechschienen in allen Längs- und Querfugen angeordnet werden.

Brandschutztechnisch nicht notwendige Dämmschichten:

T4: 5.2.4.1

An die Dämmschicht-Art, -Dicke, -Befestigung usw. bestehen keine Anforderungen. Die Decken können mit und ohne Dämmschicht ausgeführt werden.

2.4 Holzbalkendecken

T4: 5.3

Allgemeine Anforderungen und Randbedingungen

Brandbeanspruchung:

T4: 5.3.1.1

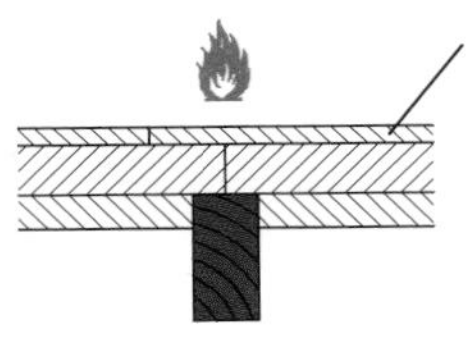

Holzbalkendecken nach DIN 1052 mit der Unterscheidung in Decken mit

- vollständig freiliegenden,
- verdeckten und
- teilweise freiliegenden

Balken.

Holzbalken:

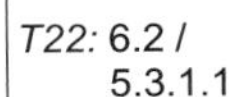

T22: 6.2 / 5.3.1.1

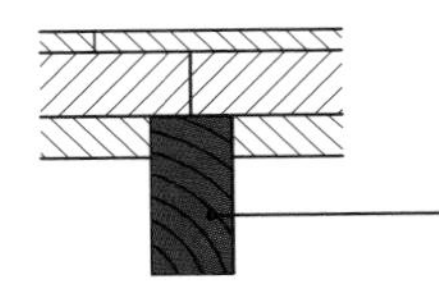

Festigkeitsklassen nach DIN 1052:
Nadelschnittholz NH ≥ C24,
Laubschnittholz LH ≥ D30,
Brettschichtholz BSH ≥ GL24c.

Die Anordnung von zusätzlichen Bekleidungen, ausgenommen Stahlbleche, an der Deckenunterseite bzw. von Fußbodenbelägen auf der Deckenoberseite ist erlaubt.

T4: 5.3.1.2

Durchführung von elektrischen Leitungen:

T4: 5.3.1.3

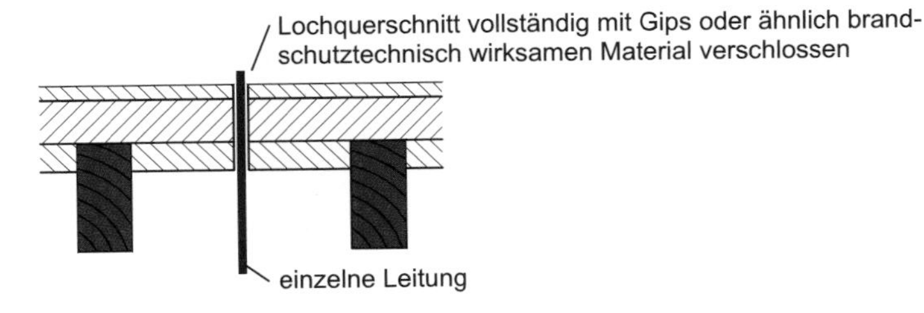

2.4.1 Holzbalkendecken mit vollständig freiliegenden, dreiseitig dem Feuer ausgesetzten Holzbalken

T4: 5.3.2

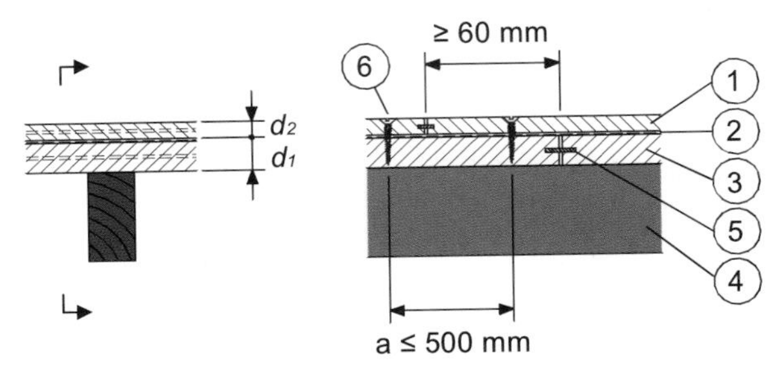

1 = Spanplatte (Fugenabdeckung)
2 = ggf. Zwischenschicht aus Filz oder Pappe
3 = Spanplatte
4 = Holzbalken, Bemessung nach Abschnitt II/1.4
5 = Feder aus Sperrholz, harte Holzfaserplatte oder gespundet
6 = Holzschraube

Tabelle 55: Holzbalkendecken mit dreiseitig dem Feuer ausgesetzten Holzbalken mit zweilagiger oberer Schalung ohne schwimmenden Estrich oder schwimmenden Fußboden

T4: Tab. 60

Feuerwiderstandsklasse	F 30-B
d_1: Mindestdicke (mm)	38
d_2: Mindestdicke (mm)	19

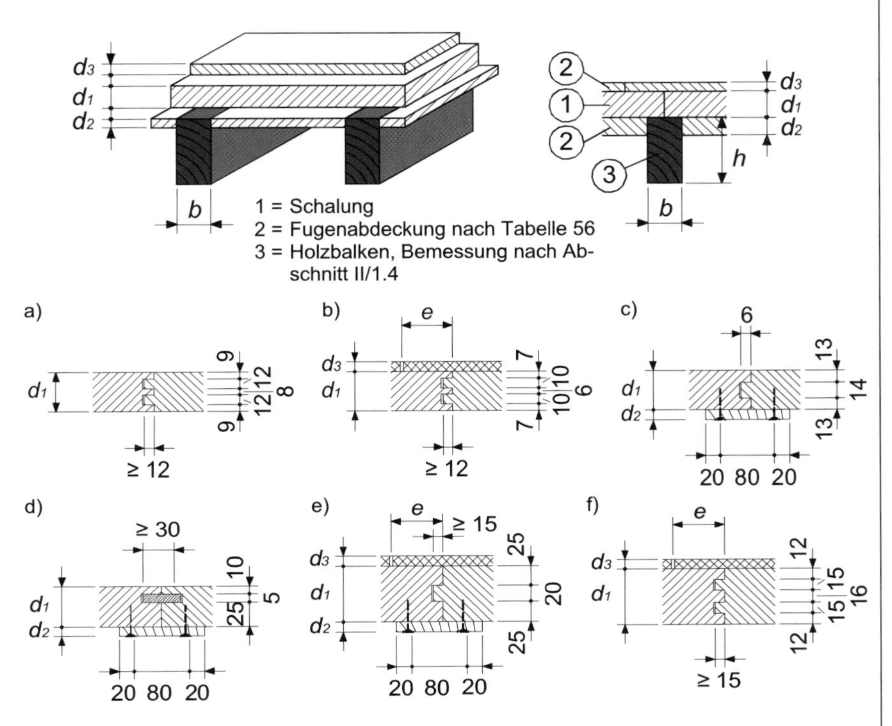

Tabelle 56: Holzbalkendecken mit dreiseitig dem Feuer ausgesetzten Holzbalken ohne schwimmenden Estrich oder schwimmenden Fußboden

T4: Tab. 61

Feuerwiderstandsklasse	Schalung nach Abschnitt II/2.3 aus				Fugenabdeckung				
	Holzwerkstoffplatten mit $\rho \geq 600$ kg/m³		Brettern oder Bohlen		aus Holzwerkstoffplatten	aus Gipskartonplatten	aus Mineralfaserplatten[4]		Mindestfugenversatz
	Fugenausbildung	Mindestdicke	Fugenausbildung	Mindestdicke	Mindestdicke	Mindestdicke	Mindestdicke	Mindestrohdichte	
		d_1 mm		d_1 mm	d_2 mm	d_3 mm	d_3 mm	ρ kg/m³	e mm
F 30-B			Bild a	50	keine Anforderungen				
			Bild b	40		9,5[3]			60
			Bild b	40			15	30	60
	Bild c	40[1]			30[2]				
	Bild d	40[1]			30[2]				
F 60-B	Bild e	70[1]			30[2]	9,5[3]			60
	Bild e	70[1]			30[2]		15	30	60
			Bild f	70		9,5[3]			60
			Bild f	70			15	30	60

1) Bei Holzwerkstoffen der Baustoffklasse B 1 darf die Mindestdicke um 10 % verringert werden.
2) Befestigungsabstände in Fugenrichtung ≤ 200 mm. Es darf auch Holz verwendet werden.
3) Ersetzbar durch ≥ 13 mm dicke Holzwerkstoffplatten.
4) Nach DIN V 18165-2, Abschnitt 2.2. Baustoffklasse mindestens B 2.

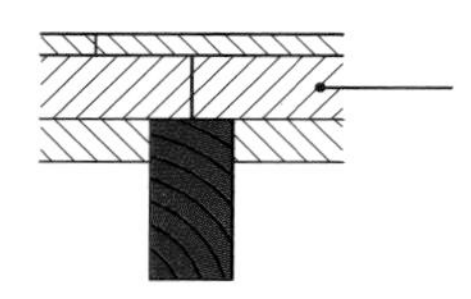

Holzbalkendecken ohne schwimmenden Estrich oder schwimmenden Fußboden müssen eine obere Schalung aus Holzwerkstoffplatten, Brettern oder Bohlen nach Abschnitt II/2.3 besitzen.

T4: 5.3.2.2

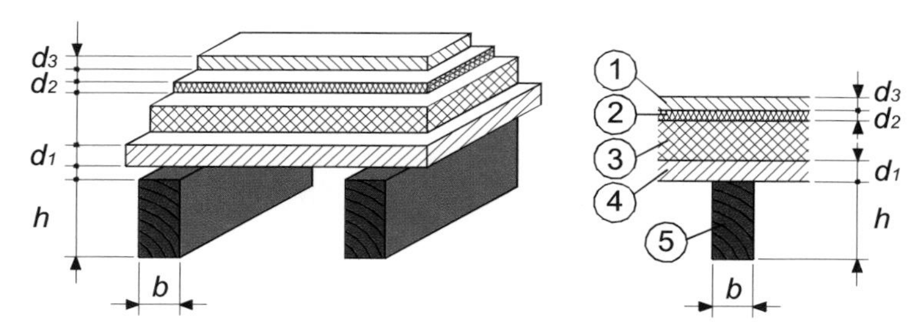

1 = schwimmender Estrich oder Fußboden, Fußboden auf Lagerhölzern
2 = Mineralfaser-Dämmschicht
3 = ggf. Zwischenschicht aus Beton, Schüttung, Kork, Holzwerkstoffen oder Ähnlichem
4 = Schalung
5 = Holzbalken, Bemessung nach Abschnitt II/1.4

Tabelle 57: Holzbalkendecken mit dreiseitig dem Feuer ausgesetzten Holzbalken mit schwimmenden Estrich oder schwimmenden Fußboden

T4: Tab. 62

Feuerwiderstandsklasse	Schalung nach Abschnitt II/2.3 Mindestdicke bei Verwendung von		Mineralfaser-Dämmschicht mit $\rho \geq 30$ kg/m³	Fußboden[2] Mindestdicke bei Verwendung von	
	Holzwerkstoffplatten mit $\rho \geq 600$ kg/m³	Brettern oder Bohlen	Mindestdicke	Holzwerkstoffplatten mit $\rho \geq 600$ kg/m³	Brettern, gespundet
	d_1 mm	d_1[1] mm	d_2 mm	d_3 mm	d_3 mm
F 30-B	25	28	15	16	21
	19 + 16[3]	22 + 16[3]	15	16	21
F 60-B	45	50	30	25	28
	35 + 19[3]	40 + 19[3]	30	25	28

[1] Dicke nach Bild 13 mit $d_D \geq d_1$.
[2] Anstelle der hier angegeben Fußböden dürfen auch schwimmende Estriche oder schwimmende Fußböden mit den in Tabelle 51 angegeben Mindestdicken verwendet werden.
[3] Die erste Zahl gilt für die tragende Schalung, die zweite Zahl gilt für eine zusätzliche, raumseitige Bretterschalung mit einer Dicke nach Bild 13 mit $d_D \geq d_1$.

2.4.2 Holzbalkendecken mit verdeckten Holzbalken

T4: 5.3.3

Es gelten die Bedingungen aus Abschnitt II/2.3 sinngemäß. Des Weiteren dürfen:

T4: 5.3.3.1

- anstelle der notwendigen Dämmschicht auch Einschubböden mit Lehmschlag mit einer Dicke $d \geq 60$ mm verwendet und
- zwischen der oberen Schalung und den Holzbalken Querhölzer mit einer Breite $b \geq 40$ mm angeordnet werden. Die Querhölzer dürfen auch mit Zapfen oder Versätzen in die Holzbalken eingebunden werden, wenn die Verbindung oberhalb der notwendigen Dämmschicht bzw. Einschubbodens liegt. Andere Verbindungen siehe Abschnitt II/9.

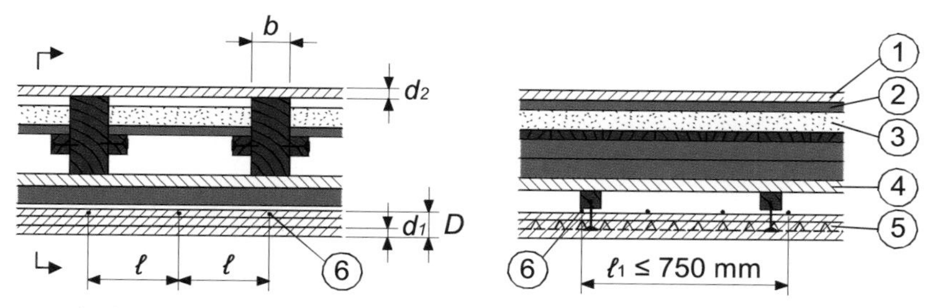

1 = Fußbodenbretter oder Unterboden
2 = Holzbalken, Bemessung nach Abschnitt II/1.4
3 = Einschubboden mit beliebiger Dämmung bzw. notwendiger Dämmschicht
4 = Rohrputzdecke oder Ähnliches
5 = Drahtputzdecke nach DIN 4121 nach Tabelle 53
6 = Tragstab

Tabelle 58: Holzbalkendecken mit verdeckten Holzbalken

T4: Tab. 63

Feuerwiderstandsklasse	Mindestbreite der Holzbalken	Mindestdicke der Fußbodenbretter oder des Unterbodens	Zulässige Spannweite des Putzträgers bei Drahtgewebe	Zulässige Spannweite des Putzträgers bei Rippenstreckmetall	Mindestputzdicke[1)]
	b mm	d_2 mm	ℓ mm	ℓ mm	b mm
F 30-B	120	28	500	1000	15
	160	21	500	1000	15

[1)] Putz der Mörtelgruppe P II, P IVa, P IVb oder P IVc nach DIN 18550-2. d_1 über Putzträger gemessen. Die Gesamtputzdicke muss $D \geq d_1 + 10$ mm sein, der Putz muss den Putzträger also 10 mm durchdringen. Zwischen Rohrputz oder Ähnlichem und Drahtputz darf kein wesentlicher Zwischenraum sein, siehe Bild.

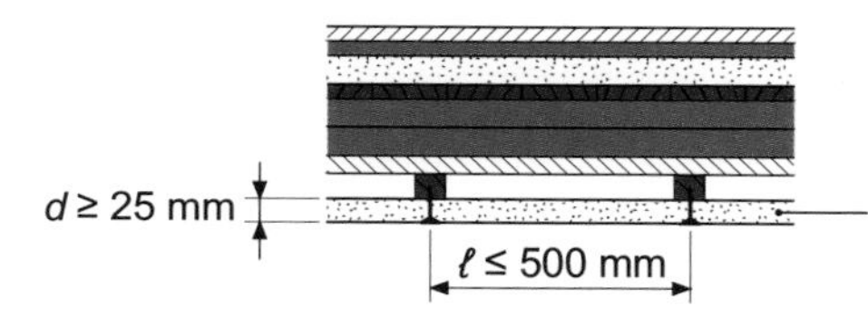

Anstelle der Drahtputzdecke können auch Gipskarton-Feuerschutzplatten (GKF) nach DIN 18180 mit einer Dicke $d = 25$ mm bzw. $d = 2 \times 12{,}5$ mm und einer Spannweite $\ell < 500$ mm verwendet werden.

T4: 5.3.3.3

2.4.3 Holzbalkendecken mit teilweise freiliegenden, dreiseitig dem Feuer ausgesetzten Holzbalken

T4: 5.3.4

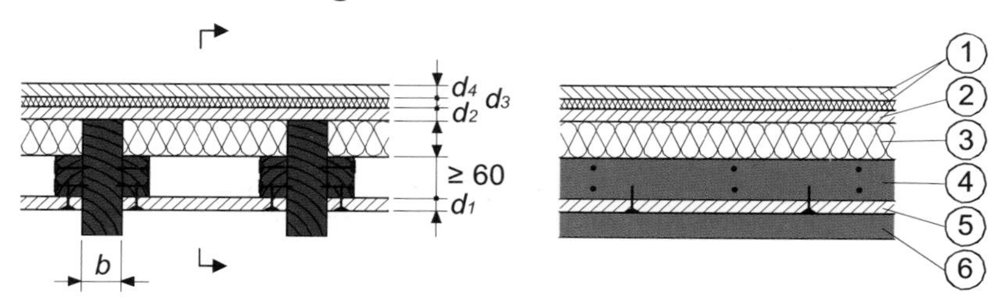

1 = schwimmender Estrich oder schwimmender Fußboden
2 = Schalung
3 = brandschutztechnische nicht notwendige Dämmschicht
4 = Holzlatten ≥ 40/60 mm, befestigt mit Nägeln in zwei verschiedenen Höhen
5 = Bekleidung, ein- oder zweilagig
6 = Holzbalken, nur im unteren Bereich dreiseitig dem Feuer ausgesetzt, Bemessung nach Abschnitt II/1.4

Tabelle 59: Holzbalkendecken mit teilweise freiliegenden Holzbalken mit brandschutztechnisch nicht notwendiger Dämmschicht

T4: Tab. 64

Feuerwiderstandsklasse	Bekleidung nach Abschnitt II/2.4.3			Schalung nach Abschnitt II/2.4.3	Schwimmender Estrich oder schwimmender Fußboden nach Abschnitt II/2.3 aus			
	aus Holzwerkstoffplatten mit $\rho \geq 600$ kg/m³ Mindestdicke	aus Gipskarton-Feuerschutzplatten (GKF) Mindestdicke	zul. Spannweite[7]	aus Holzwerkstoffplatten mit $\rho \geq 600$ kg/m³ Mindestdicke	Dämmschicht mit $\rho \geq 30$ kg/m³	Mörtel, Gips oder Asphalt	Holzwerkstoffplatten, Brettern oder Parkett	Gipskartonplatten
					Mindestdicke			
	d_1 mm	d_1 mm	ℓ mm	d_3 mm	d_4 mm	d_5 mm	d_5 mm	d_5 mm
F 30-B	19[1]		625	16[2]	15[4]	20		
	19[1]		625	16[2]	15[4]		16	
	19[1]		625	16[2]	15[4]			9,5
F 60-B		2 x 12,5	400	19[3]	15[4]	20		
		2 x 12,5	400	19[3]	30[5]		25	
		2 x 12,5	400	19[3]	15[4]			18[6]

[1] Ersetzbar durch:
a) ≥ 16 mm dicke Holzwerkstoffplatten (obere Lage) + 9,5 mm dicke GKB- oder GKF-Platten (raumseitige Lage) oder
b) ≥ 12,5 mm dicke GKF-Platten mit einer Spannweite ≤ 400 mm oder
c) ≥ 15 mm dicke GKF-Platten mit einer Spannweite ≤ 500 mm oder
d) ≥ 50 mm dicke Holzwolle-Leichtbauplatten mit einer Spannweite ≤ 500 mm oder
e) Bretter (gespundet) einer Dicke nach Bild 13 von $d_D \geq 21$ mm.

[2] Ersetzbar durch Bretterschalung (gespundet) mit $d \geq 21$ mm.

[3] Ersetzbar durch Bretterschalung (gespundet) mit $d \geq 27$ mm.

[4] Ersetzbar durch ≥ 9,5 mm dicke Gipskartonplatten.

[5] Ersetzbar durch ≥ 15 mm dicke Gipskartonplatten.

[6] Erreichbar z. B. mit 2 x 9,5 mm.

[7] Zulässige Spannweite bezogen auf die Holzrippen bzw. auf die Lattung.

Untere Bekleidung:

T4: 5.3.4.2

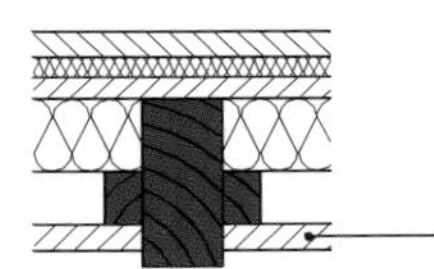

- Die in Abschnitt II/2.3 angegebenen Bekleidungen können verwendet werden.
- Die Platten müssen eine geschlossene Fläche besitzen und mit den Längsrändern dicht an die Holzbalken anschließen.
- Querfugen von Gipskartonplatten und Holzwolle-Leichtbauplatten sind nach DIN 18181 zu verspachteln. Querfugen von Holzwerkstoffplatten, die eine Rohdichte ≥ 600 kg/m³ haben müssen, sind mit Nut und Feder oder über Spundung dicht zu schließen.
- Bei mehrlagiger Bekleidung sind die Stöße zu versetzen, jede Lage ist für sich an Holzlatten ≥ 40/60 mm zu befestigen.
- Bei größeren Abständen der Balken ist eine Lattung nach Abschnitt II/2.3 zulässig, die zulässige Spannweite bezieht sich dann auf die Lattung.

Dämmschicht:

T4: 5.3.4.3

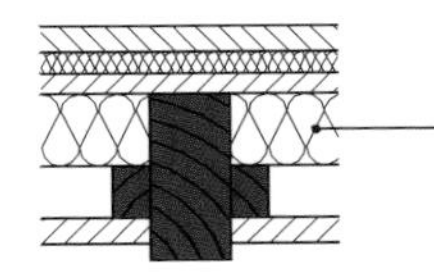

- Brandschutztechnisch ist keine Dämmschicht notwendig.
- Wird eine brandschutztechnisch wirksame Dämmschicht angeordnet, kann:

  für die Feuerwiderstandsklasse F 30:
  die Dicke der Bekleidung d_1 von 19 mm auf 16 mm und
  die Dicke der Schalung d_2 von 16 mm auf 13 mm,

  und für die Feuerwiderstandsklasse F 60:
  die Dicke der Schalung d_2 von 19 mm auf 16 mm

  verringert werden.
- Brandschutztechnisch wirksame Dämmschicht aus Mineralfaser-Dämmstoffen nach DIN V 18165-1, Abschnitt 2.2, der Baustoffklasse A und einem Schmelzpunkt ≥ 1000 °C nach DIN 4102-17.

  Anforderungen an die Dicke und Rohdichte nach Tabelle 51.

  Plattenförmige Dämmschicht durch strammes Einpassen (Stauchung bis etwa 1 cm) dicht einbauen und durch Holzlatten ≥ 40/60 mm befestigen.

  Fugen von stumpf gestoßenen Dämmschichten müssen dicht sein.
  Brandschutztechnisch günstig sind ungestoßene oder zweilagig mit versetzten Stößen eingebaute Dämmschichten.

Schalung aus:

T4: 5.3.4.4

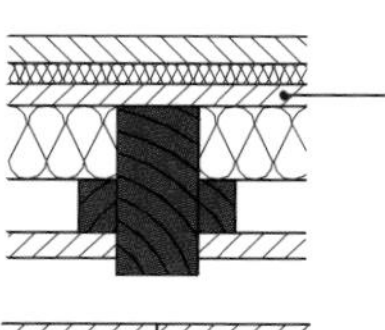

Die in Abschnitt II/2.3 angegebenen oberen Schalungen können verwendet werden.

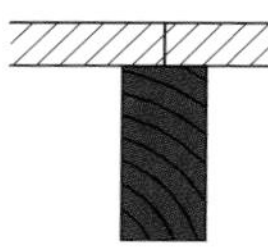

Platten und Bretter auf Holzbalken dicht stoßen.

Schwimmende Estriche und schwimmende Fußböden:

T4: 5.3.4.5

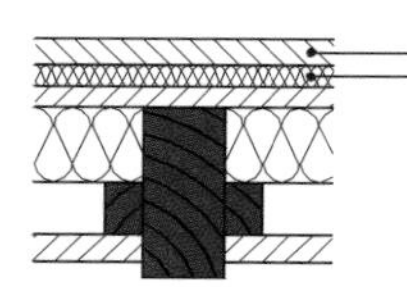

Es gelten die Angaben in Abschnitt II/2.3 sinngemäß.

3 Dächer

3.1 Stahlbetondächer

T4: 3.12

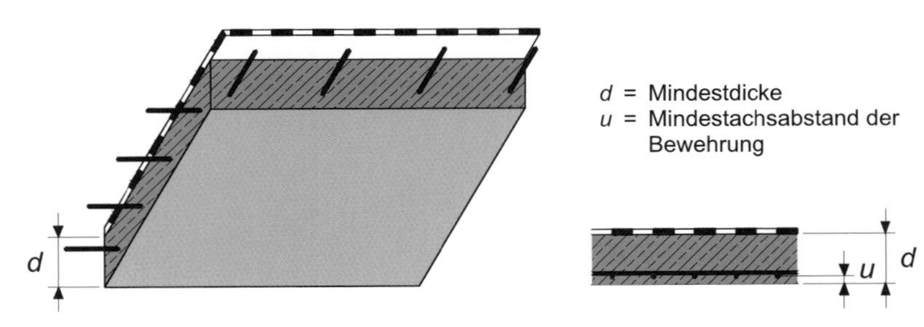

Für die Bemessung von Stahlbetondächern aus Normalbeton bzw. Leichtbeton gelten die Angaben in Tabelle 60.

Tabelle 60: Stahlbetondächer

T4: 3.12.1

Konstruktionsmerkmale	Die Bemessung ist durchzuführen nach Abschnitt
Stahlbeton- und Spannbetonplatten aus Normalbeton bzw. Leichtbeton	II/2.1.1
Stahlbetonhohldielen oder Porenbetonplatten	II/2.1.2
Stahlbeton- und Spannbetondächer aus Fertigteilen	II/2.1.3
Stahlbeton- und Spannbeton-Rippendächer aus Normalbeton bzw. Leichtbeton ohne Zwischenbauteile	II/2.1.4
Stahlbeton- und Spannbeton-Plattenbalkendächer aus Normalbeton bzw. Leichtbeton	II/2.1.5
Stahlsteindächern	II/2.1.6
Stahlbeton- und Spannbeton-Balkendächer sowie Rippendächer aus Normalbeton mit Zwischenbauteilen	II/2.1.7
Stahlbetondächer in Verbindung mit in Beton eingebetteten Stahlträgern sowie Kappendächer	II/2.1.8
Stahlbetondächer aus hochfestem Beton	II/2.1.9

Abminderung der Mindestdicke *d*:

T4: 3.12.2

Die in den jeweiligen Abschnitten der Tabelle 60 geforderte Mindestdicke *d* darf um 20 mm abgemindert werden, wenn

- auf der Dachabdichtung ein ≥ 50 mm dicke Kiesschüttung oder eine ≥ 50 mm dicke Schicht aus dicht verlegten Betonplatten angeordnet und
- als Dämmschicht mineralische Faserdämmstoffe nach DIN V 18165-2, Abschnitt 2.2, der Baustoffklasse B 2 mit einer Rohdichte ≥ 30 kg/m³ verwendet wird.

Die für F 30 jeweils angegebenen Deckendicken dürfen dabei nicht unterschritten werden.

Fugen bei Dächern aus Fertigteilen:

T4: 3.6.2.4

Fugen dürfen unter den folgenden Bedingungen offen bleiben:

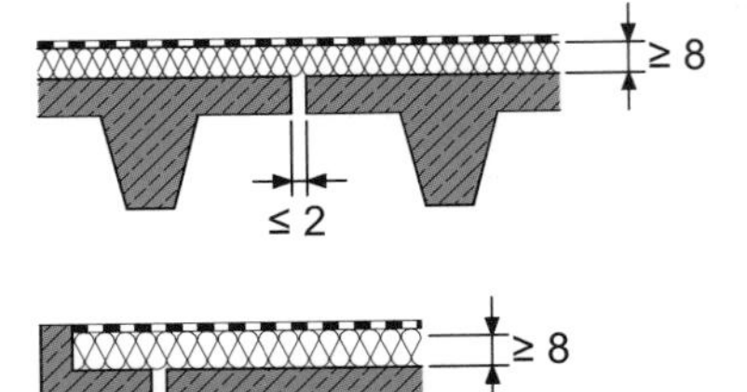

Die Dämmschicht mit $d \geq 8$ cm auf der Plattenoberseite muss der Baustoffklasse A angehören und eine Rohdichte ≥ 30 kg/m³ aufweisen.

3.2 Stahlträger- und Stahlbetondächer mit Unterdecken

T4: 6.5.1.1

Dächer aus Stahlträgern bzw. Stahlbeton mit Unterdecken werden entsprechend den Angaben in Abschnitt II/2.2 bemessen.

3.3 Dächer aus Holz und Holzwerkstoffen und in Holztafelbauart

T4: 5.4

Allgemeine Anforderungen und Randbedingungen

Brandbeanspruchung:

T4: 5.4.1.1

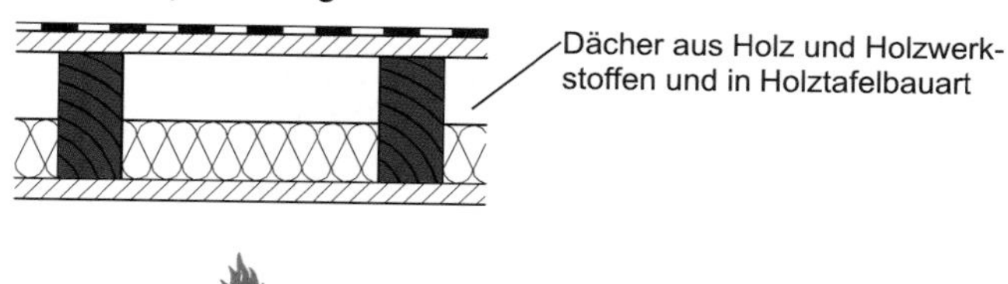

Die Anordnung von Öffnungen, die nachweislich das Brandverhalten nicht negativ beeinflussen, sowie die Anordnung von zusätzlichen Bekleidungen an der Dachunterseite, ausgenommen Stahlbleche, ist erlaubt.

T4: 5.4.1.2 und *T4:* 5.4.1.3

Dampfsperren beeinflussen die Feuerwiderstandsklasse nicht.

T4: 5.4.1.5

An die Bedachung bestehen keine Anforderungen, diese dürfen beliebig sein. Die bauaufsichtlichen Anforderungen sind zu beachten. Bedachungen, die gegen Flugfeuer und strahlende Wärme widerstandsfähig sind, sind in Abschnitt II/10.2 aufgeführt.

T4: 5.4.1.4

3.3.1 Dächer mit Sparren oder Ähnlichem mit bestimmten Abmessungen

T4: 5.4.2

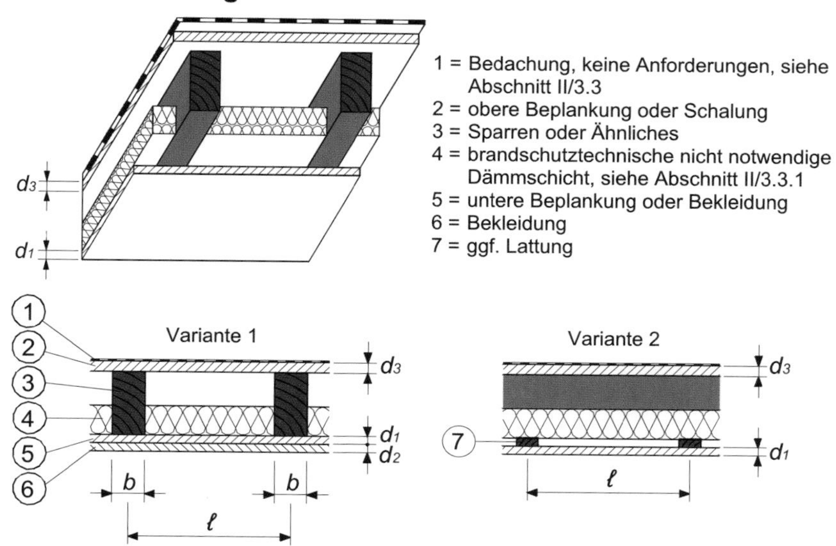

Tabelle 61: Dächer mit Sparren oder Ähnlichem mit bestimmten Abmessungen T4: Tab. 65

Feuerwiderstandsklasse	Sparren oder Ähnliches nach Abschnitt II/3.3.1 Mindestbreite	Untere Beplankung oder Bekleidung nach Abschnitt II/2.3 aus Holzwerkstoffplatten mit $\rho \geq 600$ kg/m³ Mindestdicke	aus Gipskarton-Feuerschutzplatten (GKF)		zulässige Spannweite[4]	Obere Beplankung oder Schalung nach Abschnitt II/2.3 aus Holzwerkstoffplatten mit $\rho \geq 600$ kg/m³ Mindestdicke
	b mm	d_1 mm	d_1 mm	d_2 mm	ℓ mm	d_3 mm
F 30-B	40	19[1]			625	16[2]
F 60-B	40		12,5	12,5	400	19[3]

[1] Ersetzbar durch:
a) ≥ 16 mm dicke Holzwerkstoffplatten (obere Lage) + 9,5 mm dicke GKB- oder GKF-Platten (raumseitige Lage) oder
b) ≥ 12,5 mm dicke GKF-Platten mit einer Spannweite ≤ 400 mm oder
c) ≥ 15 mm dicke GKF-Platten mit einer Spannweite ≤ 500 mm oder
d) ≥ 50 mm dicke Holzwolle-Leichtbauplatten mit einer Spannweite ≤ 500 mm oder
e) ≥ 25 mm dicke Holzwolle-Leichtbauplatten mit einer Spannweite ≤ 500 mm und mit ≥ 20 mm dickem Putz nach DIN 18550-2 oder
f) ≥ 9,5 mm dicke Gipskarton-Putzträgerplatten (GKP) mit einer Spannweite ≤ 500 mm und mit ≥ 20 mm dickem Putz der Mörtelgruppe P IVa bzw. P IVb nach DIN 18550-2 oder
g) Bretterschalung nach Abschnitt II/2.3 (Aufzählungen für Bretter siehe Bekleidung) mit einer Dicke nach Bild 13 von $d_D \geq 19$ mm.

[2] Ersetzbar durch Bretterschalung (gespundet) mit $d \geq 21$ mm.
[3] Ersetzbar durch Bretterschalung (gespundet) mit $d \geq 27$ mm.
[4] Zulässige Spannweite bezogen auf die Holzrippen bzw. auf die Lattung.

Sparren:

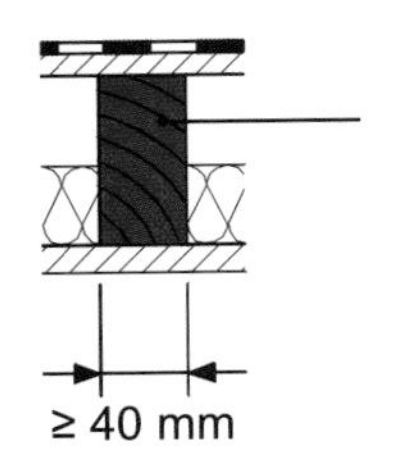

- Festigkeitsklassen nach DIN 1052: Nadelschnittholz NH ≥ C24, Laubschnittholz LH ≥ D30, Brettschichtholz BSH ≥ GL24c. *T22:* 6.2 / 5.2.2.1
- Sparrenbreite ≥ 40 mm. *T4:* 5.2.2.2
- Bemessung nach DIN 1052.

Lattung bei Bekleidungen an der Dachunterseite:

T4: 5.4.2.1

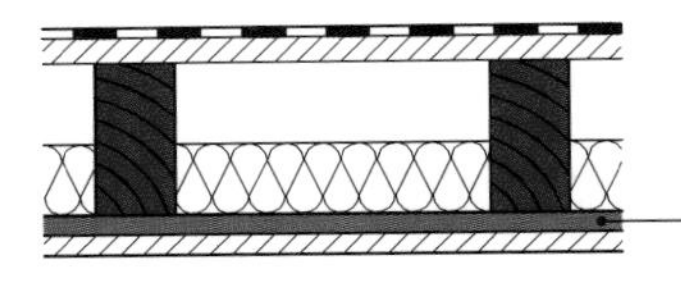

Zwischen Holzrippe und Bekleidung an der Unterseite ist bei größeren Sparrenabständen eine Lattung (Grundlattung oder Grund- und Feinlattung), auch aus Metallschienen nach DIN 18181, zulässig.

Brandbeanspruchung von oben:

T4: 5.4.2.2

Die Feuerwiderstandklasse gilt auch für eine Brandbeanspruchung von oben, wenn auf der Dachoberseite

- eine ≥ 50 mm dicke Kiesschüttung oder
- eine ≥ 50 mm dicke Schicht aus dicht verlegten Betonplatten oder
- ein schwimmender Estrich nach Abschnitt II/2.3 angeordnet wird.

Bekleidungsdicke d_D bei Brettern:

T4: 5.4.2.3

Bei Bekleidung aus Brettern gilt die Dicke d_D nach Bild 13.

Dämmschicht:

T4: 5.4.2.4

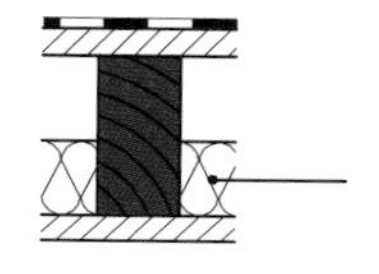

- Brandschutztechnisch ist keine Dämmschicht notwendig.
- Wird eine brandschutztechnisch wirksame Dämmschicht angeordnet, kann:

  für die Feuerwiderstandsklasse F 30:
  die Dicke der Bekleidung d_1 von 19 mm auf 16 mm und
  die Dicke der Schalung d_2 von 16 mm auf 13 mm,

  und für die Feuerwiderstandsklasse F 60:
  die Dicke der Schalung d_2 von 19 mm auf 16 mm

  verringert werden.
- Brandschutztechnisch wirksame Dämmschicht aus Mineralfaser-Dämmstoffen nach DIN V 18165-1, Abschnitt 2.2, der Baustoffklasse A und einem Schmelzpunkt ≥ 1000 °C nach DIN 4102-17.

  Anforderungen an die Dicke und Rohdichte nach Tabelle 51.

  Plattenförmige Dämmschicht durch strammes Einpassen (Stauchung bis etwa 1 cm) dicht einbauen und durch Holzlatten ≥ 40/60 mm befestigen.

  Fugen von stumpf gestoßenen Dämmschichten müssen dicht sein.
  Brandschutztechnisch günstig sind ungestoßene oder zweilagig mit versetzten Stößen eingebaute Dämmschichten.

3.3.2 Dächer mit Dach-Trägern, -Bindern oder Ähnlichem mit beliebigen Abmessungen

T4: 5.4.3

Konstruktion:

T4: 5.4.3.1

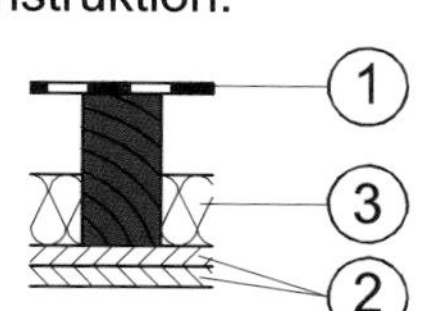

1 = Oberseite mit Bedachung oder Schalung beliebiger Dicke mit einer Bedachung
2 = Unterseite mit Bekleidung
3 = ggf. brandschutztechnische Dämmschicht nach Abschnitt II/3.3.2, siehe Tabelle 62 und Tabelle 65

Dächer mit unterseitiger Plattenbekleidung:

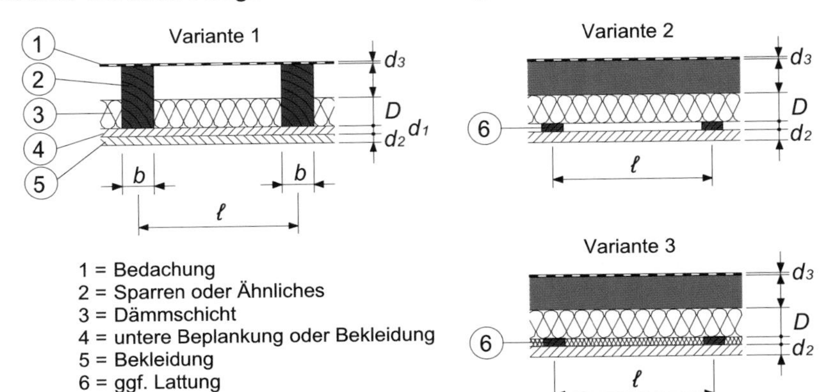

Tabelle 62: Dächer F 30-B mit unterseitiger Plattenbekleidung

T4: Tab. 66

Feuerwiderstandsklasse	Beplankung bzw. Bekleidung nach Abschnitt II/2.3: aus Holzwerkstoffplatten mit $\rho \geq 600$ kg/m³	aus Gipskarton-Feuerschutzplatten (GKF)	aus Gipskarton-Putzträgerplatten (GKP)	aus Putz der Mörtelgruppe P IVa oder P IVb	zul. Spannweite[4]	Dämmschicht aus Mineralfaser-Platten oder -Matten nach Abschnitt II/3.3.2: Mindestdicke	Mindestrohdichte	Dach-Träger, -Binder oder Ähnliches sowie Bedachung	
	Mindestdicke								
	d_1 mm	d_2 mm	d_1 mm	d_2 mm	ℓ mm	D mm	ρ kg/m³	b mm	d_3 mm
F 30-B	16 + 12,5[1]				625	Baustoffklasse mind. B 2, ansonsten aus brandschutztechnischen Gründen keine Anforderungen		keine Anforderungen, siehe Abschnitt II/3.3	
	13 + 15[1]				625				
	0	2 x 12,5			500				
			9,5[2] + 15[3]		400				
	0	15			400	40	100		
	0	15			400	60	50		
	0	15			400	80	30		
	13 + 12,5[1]				625	40	100		
	13 + 12,5[1]				625	60	50		
	13 + 12,5[1]				625	80	30		

[1] Die Gipskartonplatten sind auf den Holzwerkstoffplatten ($\ell \leq 625$ mm) mit einer zulässigen Spannweite ≤ 400 mm zu befestigen.
[2] Ersetzbar durch ≥ 50 mm dicke Holzwolle-Leichtbauplatten nach DIN 1101 mit einer Spannweite ≤ 1000 mm.
[3] Ersetzbar durch ≥ 10 mm dicken Vermiculite- oder Perliteputz nach Abschnitt I/2.2.4.3.
[4] Für größere Spannweiten siehe Tabelle 65.

Dächer mit unterseitiger Drahtputzdecke:

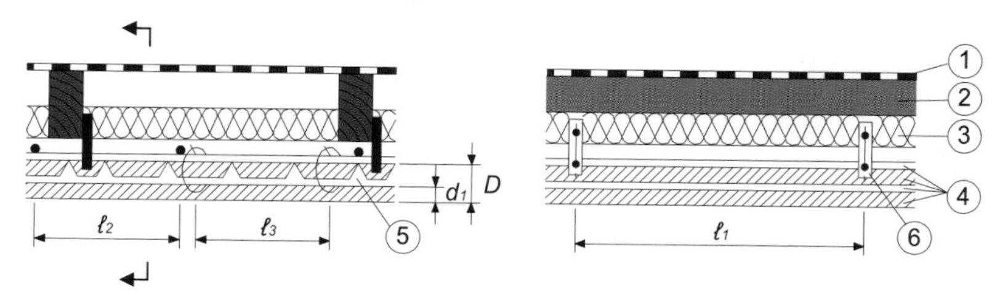

1 = Bedachung, keine Anforderungen, siehe Abschnitt II/3.3
2 = Dach-Träger, -Binder oder Ähnliches, keine Anforderungen
3 = brandschutztechnisch nicht notwendige Dämmschicht, Baustoffklasse mind. B 2
4 = Drahtputzdecke nach DIN 4121
5 = Putzträger aus Drahtgewebe oder Rippenstreckmetall
6 = Befestigungslasche oder Anhänger[1)]

Tabelle 63: Dächer F 30-B mit unterseitiger Drahtputzdecke nach DIN 4121

T4: Tab. 67

Feuerwiderstandsklasse	Zulässige Spannweite der			Zulässige Abstände der		Mindestputzdicke[2)] bei Verwendung von Putz	
	Tragstäbe Ø ≥ 7[1)]	Putzträger aus Draht-gewebe	Putzträger aus Rippen-streckmetall	Querstäbe Ø ≥ 5[1)]	Putzträger-befesti-gungs-punkte	der Mörtel-gruppe P II, P IVa, P IVb oder P IVc	nach Abschnitt I/2.2.4.3
	ℓ mm	ℓ_1 mm	ℓ_1 mm	ℓ_2 mm	ℓ_3 mm	d_1 mm	d_1 mm
F 30-B	750	500	1000	1000	200	15	10

[1)] Die Trag- und Querstäbe dürfen unter Fortlassen der Befestigungslaschen oder Abhänger auch unmittelbar unter den Dach-Trägern oder -Bindern mit Krampen befestigt werden.
[2)] d_1 über Putzträger gemessen. Die Gesamtputzdicke muss $D \geq d_1 + 10$ mm sein, der Putz muss den Putzträger also 10 mm durchdringen.

Dächer mit Dämmschicht aus Schaumkunststoffen:

T4: 5.4.3.5

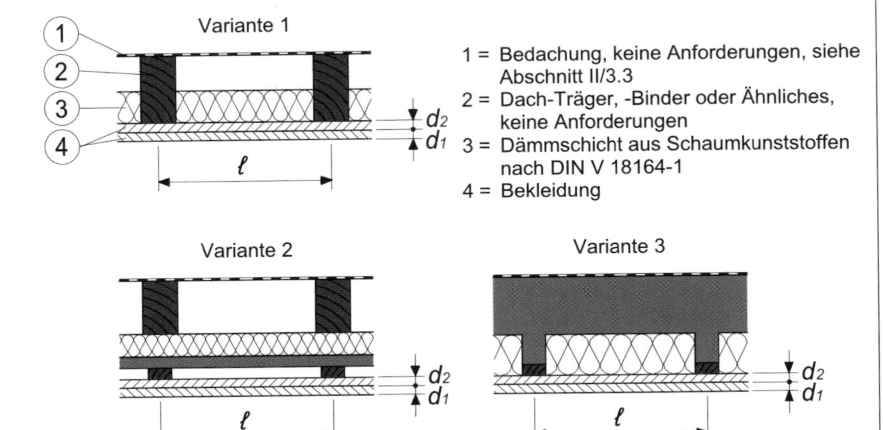

Tabelle 64: Dächer F 30-B mit Dämmschicht aus Schaumkunststoffen nach DIN V 18164-1

T4: Tab. 68

Feuerwiderstands-klasse	Bekleidung nach Abschnitt II/3.3.2			Dämmschicht
	aus Holzwerkstoff-platten mit $\rho \geq 600$ kg/m³	aus Gipskarton-Feuerschutzplatten (GKF)	zulässige Spannweite	
	d_1 [1)] mm	d_2 [1)] mm	ℓ mm	
F 30-B	19 + 12,5		625	Schaumkunststoff nach DIN V 18164-1
	16 + 15,0		625	
	0	2 x 12,5	500	

[1)] Die Reihenfolge d_1 und d_2 ist beliebig.

Dächer mit unterseitiger Bekleidung bei großer Spannweite:

T4: 5.4.3.6

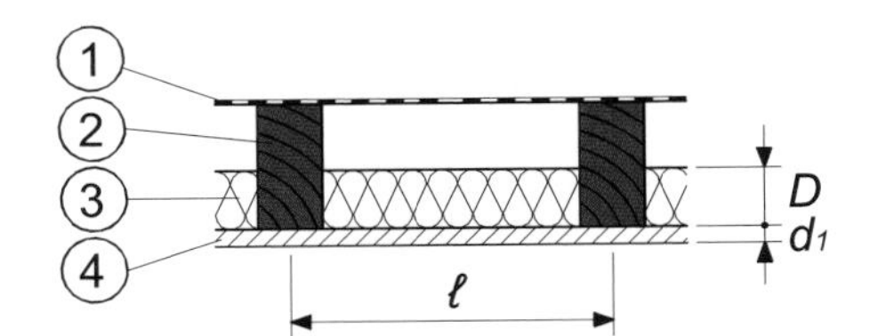

1 = Bedachung, keine Anforderungen, siehe Abschnitt II/3.3
2 = Dach-Träger, -Binder oder Ähnliches, keine Anforderungen
3 = Dämmschicht
4 = Bekleidung

Tabelle 65: Dächer F 30-B mit unterseitiger Bekleidung bei großer Spannweite

T4: Tab. 69

Feuerwiderstandsklasse	Bekleidung nach Abschnitt II/3.3.2			Dämmschicht aus Mineralfaser-Platten oder -Matten nach Abschnitt II/3.3.2	
	aus Holzwerkstoffplatten mit $\rho \geq 600$ kg/m³	aus Brettern oder Bohlen	zulässige Spannweite	Mindestdicke	Mindestrohdichte
	d_1 mm	d_1 mm	ℓ [3] mm	D mm	ρ kg/m³
F 30-B	25 [1]	25 [2]	1250	80	30

[1] Ersetzbar durch Holzwerkstoffplatten (obere Lage) mit d_1 = 20 mm und raumseitige Profilbretter mit d_2 = 16 mm, Dicke d_D nach Bild 13 mit $d_D \geq d_2$.
[2] Dicke d_D nach Bild 13 mit $d_D \geq d_1$.
[3] Die zulässige Spannweite gilt für die Bekleidung, die Anordnung einer Lattung zwischen Dach-Träger bzw. -Binder ist zulässig, siehe Bilder zu Tabelle 62.

Beplankung/Bekleidung:

T4: 5.4.3.2

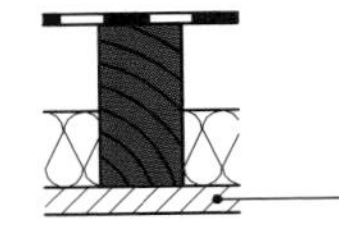

- Die in Abschnitt II/2.3 angegebenen Werkstoffe können verwendet werden.
- Die Platten müssen eine geschlossene Fläche besitzen und dicht gestoßen werden.
- Fugen von Gipskarton-Bauplatten und Holzwolle-Leichtbauplatten sind nach DIN 18181 zu verspachteln.
- Die Bekleidung ist mit oder ohne Lattung an den Dach-Trägern, -Bindern oder Ähnlichem nach den Bestimmungen der Normen zu befestigen.

Zwischenraum:

T4: 5.4.3.4

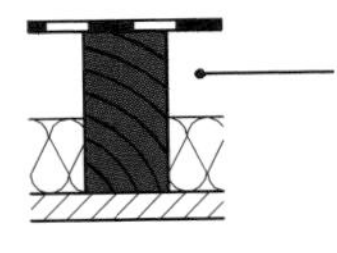

Der Raum zwischen Dämmschicht und Bedachung darf belüftet sein.

Brandschutztechnisch notwendige Dämmschichten:

T4: 5.4.3.4

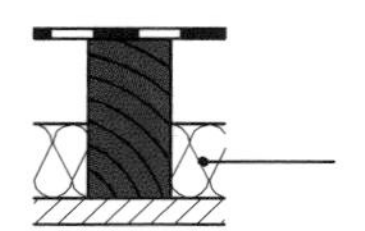

- Aus Mineralfaser-Dämmstoffen nach DIN V 18165-1, Abschnitt 2.2, der Baustoffklasse A und einem Schmelzpunkt ≥ 1000 °C nach DIN 4102-17.
- Plattenförmige Mineralfaser-Dämmschichten durch strammes Einpassen (Stauchung bis etwa 1 cm) zwischen den Dach-Trägern oder Ähnlichem und durch Anleimen an den Dach-Trägern gegen Herausfallen sichern.
- Mattenförmige Mineralfaser-Dämmschichten auf Maschendraht steppen, der durch Nagelung (Nagelabstände ≤ 100 mm) an den Dach-Trägern oder Ähnlichem befestigt wird.
- Sicherung der Dämmschicht gegen Herausfallen auch durch Annnageln der Dämmschichtränder mit Hilfe von Holzleisten ≥ 25 x 25 mm oder durch Einquetschen zwischen einer Lattung und den Dach-Trägern.
- Bei dichter Verlegung der Mineralfaser-Dämmschicht auf der Lattung zwischen Dach-Trägern und Dachunterseite, dürfen das Anleimen bzw. der Maschendraht und die Nagelung entfallen.
- Bei stramm eingepassten Dämmplatten mit einer Dicke ≥ 100 mm, einer Rohdichte ≥ 40 kg/m³ und einer lichten Weite der Dach-Träger/Latten ≤ 400 mm darf das Anleimen entfallen.

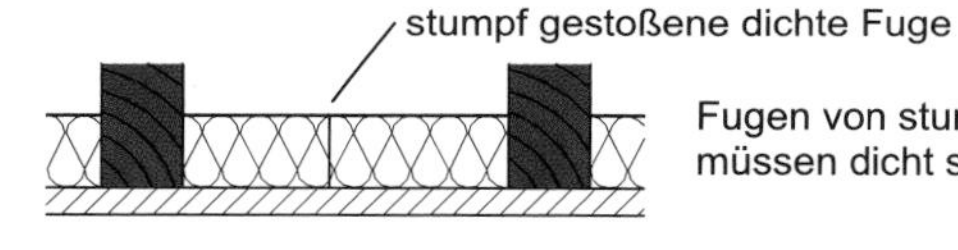

Fugen von stumpf gestoßenen Dämmschichten müssen dicht sein.

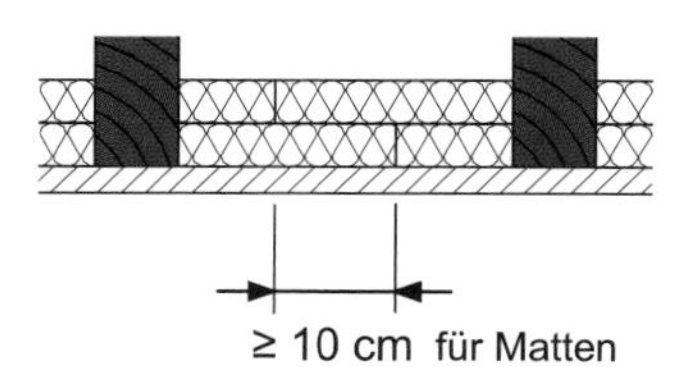

Fugenüberlappung ≥ 10 cm bei mattenförmigen Dämmschichten.

3.3.3 Dächer mit vollständig freiliegenden, dreiseitig dem Feuer ausgesetzten Sparren oder Ähnlichem

T4: 5.4.4

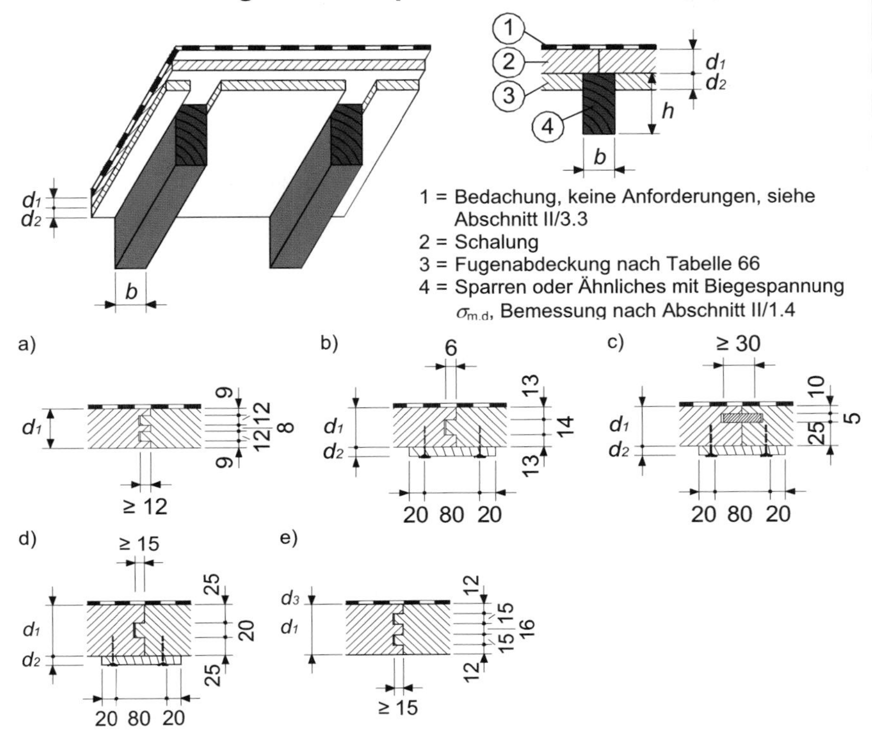

Tabelle 66: Dächer mit dreiseitig dem Feuer ausgesetzten Sparren oder Ähnlichem mit und ohne Fugenabdeckung

T4: Tab. 70

Feuerwiderstandsklasse	Schalung nach Abschnitt II/2.3 aus: Holzwerkstoffplatten mit $\rho \geq 600$ kg/m³ – Fugenausbildung	Holzwerkstoffplatten mit $\rho \geq 600$ kg/m³ – Mindestdicke d_1 mm	Brettern oder Bohlen – Fugenausbildung	Brettern oder Bohlen – Mindestdicke d_1 mm	Fugenabdeckung aus Holzwerkstoffplatten – Mindestdicke d_2 mm
F 30-B			Bild a	50	keine Anforderungen
	Bild b	40[1)]			30[2)]
	Bild c	40[1)]			30[2)]
F 60-B	Bild d	70[1)]			30[2)]
			Bild e	70	keine Anforderungen

1) Bei Holzwerkstoffen der Baustoffklasse B 1 darf die Mindestdicke um 10 % verringert werden.
2) Befestigungsabstände in Fugenrichtung ≤ 200 mm. Es darf auch Holz verwendet werden.

Dächer ohne doppelte Spundungen bzw. Nut-Feder-Verbindungen und keiner unteren Fugenabdeckung:

T4: 5.4.4.3

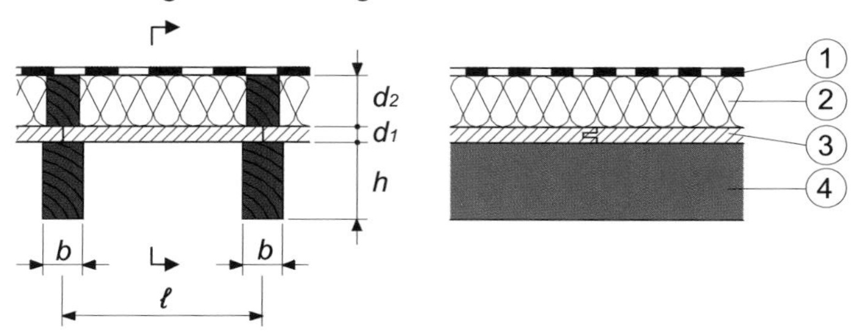

1 = Bedachung, keine Anforderungen, siehe Abschnitt II/3.3
2 = Mineralfaser-Dämmschicht und Lagerhölzer
3 = Schalung, nicht durch Verkehrslast belastet
4 = Sparren oder Ähnliches mit Biegespannung $\sigma_{m,d}$, Bemessung nach Abschnitt II/1.4

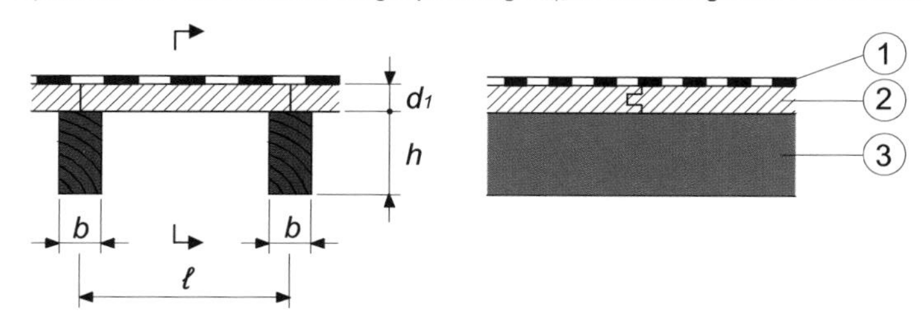

1 = Bedachung, keine Anforderungen siehe Abschnitt II/3.3
2 = Schalung
3 = Sparren oder Ähnliches mit Biegespannung $\sigma_{m,d}$, Bemessung nach Abschnitt II/1.4

Tabelle 67: Dächer F 30-B mit dreiseitig dem Feuer ausgesetzten Sparren oder Ähnlichem

T4: Tab. 71

Feuerwiderstandsklasse	Schalung nach Abschnitt II/2.3			Mineralfaser-Dämmschicht nach Abschnitt II/3.3.2	
	aus Holzwerkstoffplatten mit $\rho \geq 600$ kg/m³	aus Brettern oder Bohlen	zulässige Spannweite	Mindestdicke	Mindestrohdichte
	d_1 [1)] mm	d_1 [1)] mm	ℓ mm	d_2 mm	ρ kg/m³
F 30-B	28		1250	80	30
		28	1250	80	30
	25 + 16		1250	80	30
	40		1250	-	-
		50	1250	-	-
	30 + 16		1250	-	-

1) Bei zweilagiger Anordnung ist die Bretterschalung raumseitig anzuordnen. Bei profilierten Brettern oder Bohlen ist die Dicke nach Bild 13 mit $d_D \geq d_1$ einzuhalten.

Dächer mit Anordnung von Lagerhölzern und einer Dämmschicht aus Schaumkunststoffen:

T4: 5.4.4.7

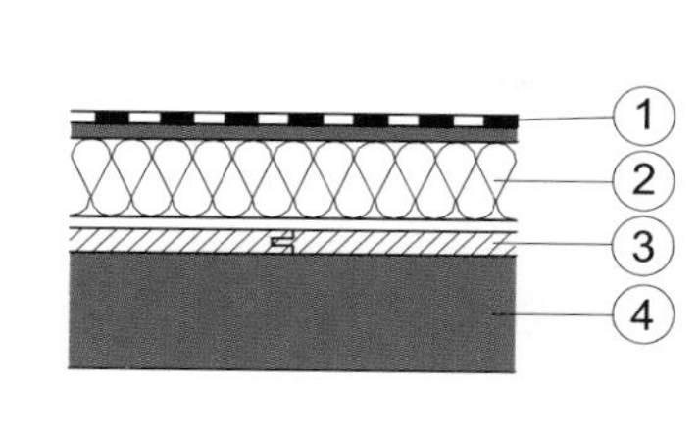

1 = Bedachung, keine Anforderungen, siehe Abschnitt II/3.3
2 = Dämmschicht aus Schaumkunststoffen nach DIN 18164-1
3 = Schalung
4 = Sparren oder Ähnliches mit Biegespannung $\sigma_{m,d}$, Bemessung nach Abschnitt II/1.4

Tabelle 68: Dächer F 30-B mit dreiseitig dem Feuer ausgesetzten Sparren oder Ähnlichem bei Anordnung von Lagerhölzern und einer Dämmschicht aus Schaumkunststoffen nach DIN V 18164-1

T4: Tab. 72

Feuerwiderstands-klasse	Schalung nach Abschnitt II/2.3 aus: Holzwerkstoffplatten mit $\rho \geq 600$ kg/m³	Schalung nach Abschnitt II/2.3 aus: Brettern oder Bohlen mit Nut-Feder-Ausbildung[1]	Bekleidung aus Gipskarton-Feuerschutzplatten (GKF)	zulässige Spannweite der Schalung
	Mindestdicke			
	d_1 mm	d_1 mm	d_1 mm	ℓ mm
F 30-B	36			750
	27			650
		40		750
		32		650
	22 + 19			750
	25	+	15	750
	16	+	12,5	650
		30 + 12,5		750
		16 + 12,5		650
			2 x 12,5	500

[1] Bei zweilagiger Anordnung ist die Bretterschalung raumseitig anzuordnen. Es ist die Dicke nach Bild 13 mit $d_D \geq d_1$ einzuhalten.
Bei zweilagiger Anordnung darf die GKF-Platte wahlweise oben oder unten (raumseitig) liegen. Für die Bretterschalung ist die Dicke nach Bild 13 mit $d_D \geq d_1$ einzuhalten.

Dächer mit zweilagiger oberer Schalung sind nach Tabelle 55 zu bemessen, die Bedachung darf direkt auf der Schalung aufgebracht werden.

T4: 5.4.4.6

3.3.4 Dächer mit teilweise freiliegenden, dreiseitig dem Feuer ausgesetzten Sparren oder Ähnlichem

T4: 5.4.5

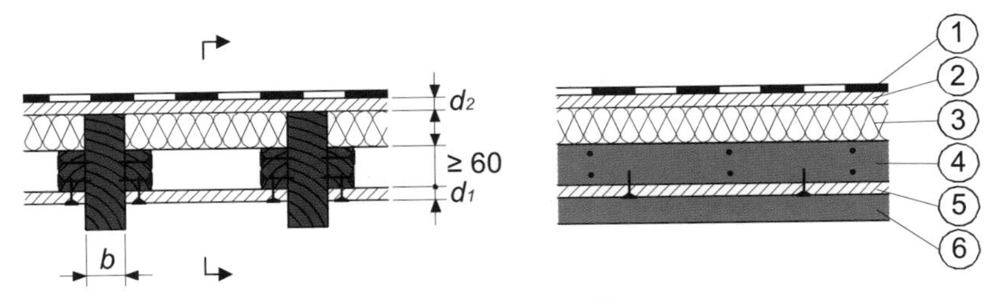

1 = Bedachung, keine Anforderungen, siehe Abschnitt II/3.3
2 = Schalung
3 = brandschutztechnisch nicht notwendige Dämmschicht, siehe Abschnitt II/3.3.4
4 = Holzlatten ≥ 40/60 mm, befestigt mit Nägeln in zwei verschiedenen Höhen
5 = Bekleidung, ein- oder zweilagig
6 = Sparren oder Ähnliches aus Brettschicht- oder Vollholz, Bemessung nach Abschnitt II/1.4

Tabelle 69: Holzbalkendächer mit teilweise freiliegenden Sparren oder Ähnlichem mit nicht notwendiger Dämmschicht

T4: Tab. 73

Feuerwiderstands-klasse	Bekleidung nach Abschnitt II/3.3.4			Schalung nach Abschnitt II/2.3 aus Holzwerkstoffplatten mit $\rho \geq 600$ kg/m³
	aus Holzwerkstoff-platten mit $\rho \geq 600$ kg/m³	aus Gipskarton-Feuerschutzplatten (GKF)	zulässige Spannweite	
	d_1 mm	d_1 mm	ℓ mm	d_2 mm
F 30-B	19[1]		625	16[2]
F 60-B		2 x 12,5	400	19[3]

[1] Ersetzbar durch:
a) ≥ 16 mm dicke Holzwerkstoffplatten (obere Lage) + 9,5 mm dicke GKB- oder GKF-Platten (raumseitige Lage) oder
b) ≥ 12,5 mm dicke GKF-Platten mit einer Spannweite ≤ 400 mm oder
c) ≥ 15 mm dicke GKF-Platten mit einer Spannweite ≤ 500 mm oder
d) ≥ 50 mm dicke Holzwolle-Leichtbauplatten mit einer Spannweite ≤ 500 mm oder

[2] Ersetzbar durch Bretterschalung (gespundet) mit $d \geq 21$ mm.

[3] Ersetzbar durch Bretterschalung (gespundet) mit $d \geq 27$ mm.

Untere Bekleidung:

T4: 5.4.5.2

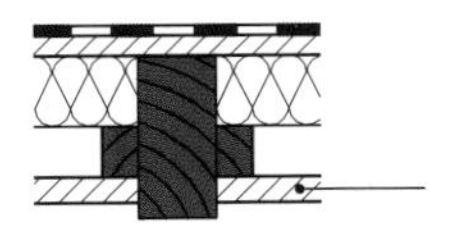

- Die in Abschnitt II/2.3 angegebenen Bekleidungen können verwendet werden.
- Die Platten müssen eine geschlossene Fläche besitzen und mit den Längsrändern dicht an die Sparren oder Ähnlichem anschließen.
- Querfugen von Gipskartonplatten und Holzwolle-Leichtbauplatten sind nach DIN 18181 zu verspachteln. Querfugen von Spanplatten, die eine Rohdichte ≥ 600 kg/m³ haben müssen, sind mit Nut und Feder oder über Spundung dicht zu stoßen.
- Bei mehrlagiger Bekleidung sind die Stöße zu versetzen, jede Lage ist für sich an Holzlatten ≥ 40/60 mm zu befestigen.
- Bei größeren Abständen der Sparren ist eine Lattung nach Abschnitt II/2.3 zulässig, die zulässige Spannweite bezieht sich dann auf die Lattung.

Bekleidungsdicke d_D bei Brettern:

T4: 5.4.5.3

Bei Bekleidung aus Brettern gilt die Dicke d_D nach Bild 13.

Dämmschicht:

T4: 5.4.5.4

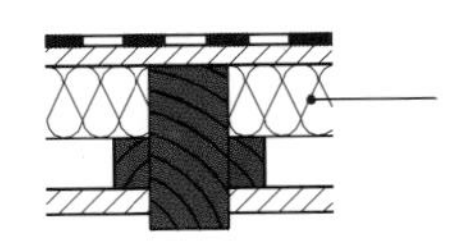

- Brandschutztechnisch ist keine Dämmschicht notwendig.
- Wird eine brandschutztechnisch wirksame Dämmschicht angeordnet, kann:

  für die Feuerwiderstandsklasse F 30:
  die Dicke der Bekleidung d_1 von 19 mm auf 16 mm und
  die Dicke der Schalung d_2 von 16 mm auf 13 mm,

  und für die Feuerwiderstandsklasse F 60:
  die Dicke der Schalung d_2 von 19 mm auf 16 mm

  verringert werden.
- Brandschutztechnisch wirksame Dämmschicht aus Mineralfaser-Dämmstoffen nach DIN V 18165-1, Abschnitt 2.2, der Baustoffklasse A und einem Schmelzpunkt ≥ 1000 °C nach DIN 4102-17.

  Anforderungen an die Dicke und Rohdichte nach Tabelle 51.

  Plattenförmige Dämmschicht durch strammes Einpassen (Stauchung bis etwa 1 cm) dicht einbauen und durch Holzlatten ≥ 40/60 mm befestigen.

  Fugen von stumpf gestoßenen Dämmschichten müssen dicht sein.
  Brandschutztechnisch günstig sind ungestoßene oder zweilagig mit versetzten Stößen eingebaute Dämmschichten.

4 Stützen und tragende Pfeiler

4.1 Stahlbetonstützen

T4: 3.13

4.1.1 Unbekleidete Stahlbetonstützen

Allgemeine Anforderungen und Randbedingungen

Die Angaben gelten für Stützen aus Normalbeton nach DIN 1045-1 mit ein- oder mehrseitiger Brandbeanspruchung.

T4: 3.13.1.1

Einseitige Brandbeanspruchung:

T4: 3.13.1.3

Stütze in raumabschließenden Wänden aus Beton oder Mauerwerk

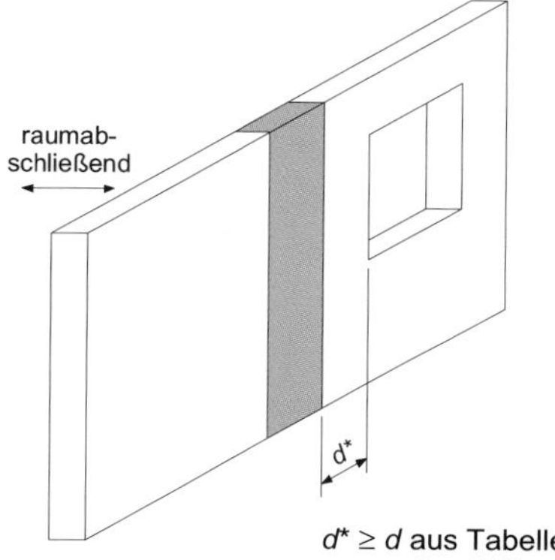

$d^* \geq d$ aus Tabelle 70, ansonsten Stütze mit mehrseitiger Brandbeanspruchung

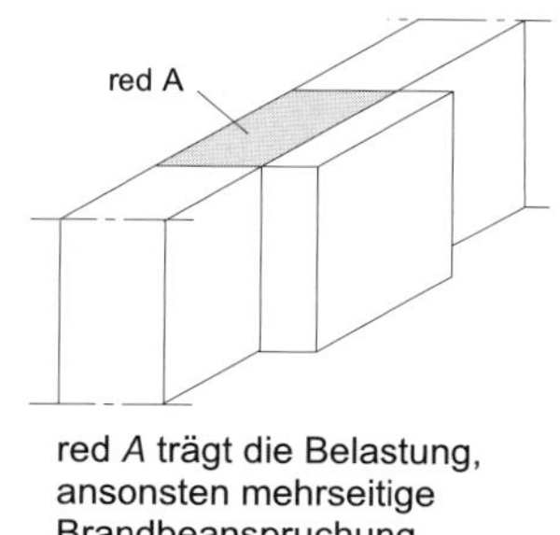

red *A* trägt die Belastung, ansonsten mehrseitige Brandbeanspruchung

Stützen als integraler Bestandteil von Wänden werden als „gegliederte Stahlbetonwände“ nach Abschnitt II/8.1.2 bemessen.

T4: 3.13.1.4

Stahlbetonkonsolen an Stützen werden nach Abschnitt II/1.1.1.4, Stahlkonsolen nach Abschnitt II/4.2 bemessen.

T4: 3.13.1.5

Der Ausnutzungsfaktor α_1 ergibt sich für eine Bemessung nach Tabelle 70 aus dem Verhältnis des Bemessungswertes der vorhandenen Längskraft im Brandfall $N_{fi,d,t}$ zum Bemessungswert der Tragfähigkeit N_{Rd} und der Multiplikation mit α^*:

T22: 6.2 / 3.13.2.2 und 3.13.2.3 und *T4:* 3.13.2.5

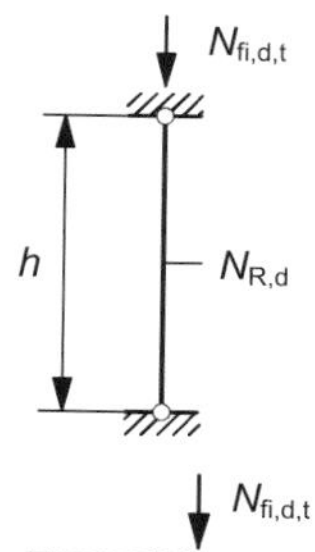

$$\alpha_1 = (N_{fi,d,t} / N_{Rd}) \times \alpha^* \qquad (44)$$

mit $\alpha^* = 2{,}0$ als Vereinfachung für $\leq$ C 45/55 oder nach Bild 14

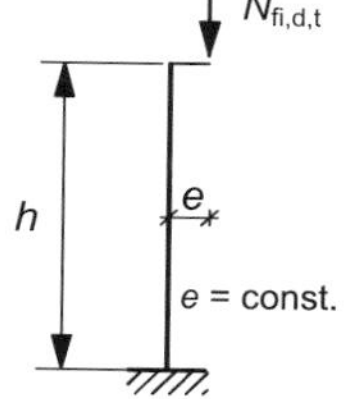

Bei planmäßig ausmittiger Beanspruchung ist für die Ermittlung von α_1 von einer konstanten Ausmitte auszugehen.

Die Ersatzlänge zur Bestimmung der Tragfähigkeit entspricht der bei Raumtemperatur, jedoch mindestens der Stützenlänge. Die Ersatzlänge im Brandfall ist nach DIN 1045-1, Abschnitt 8.6.2 (4) zu bestimmen.

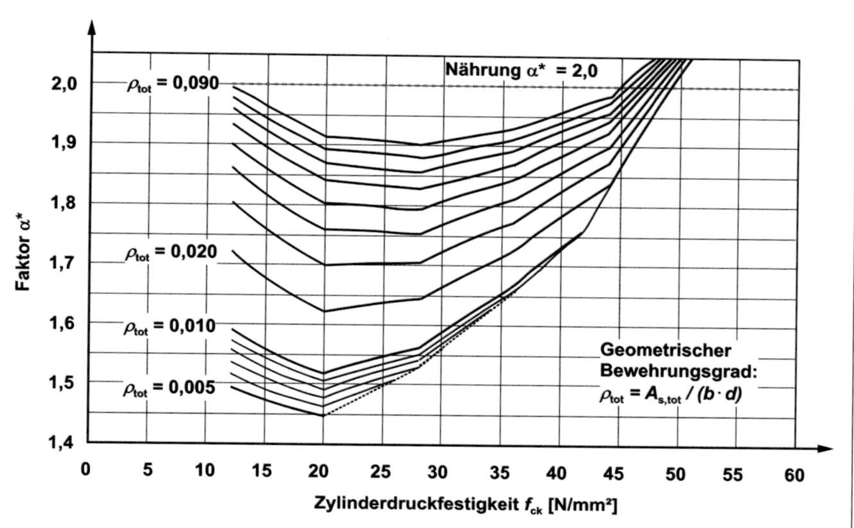

Bild 14: Faktor α^* in Abhängigkeit der Zylinderdruckfestigkeit f_{ck} und des geometrischen Bewehrungsgrades ρ_{tot}

T22: 5.2 / Bild 15a

Für die Mindeststützendicke dürfen Zwischenwerte geradlinig interpoliert werden.

T4: 1.2.3

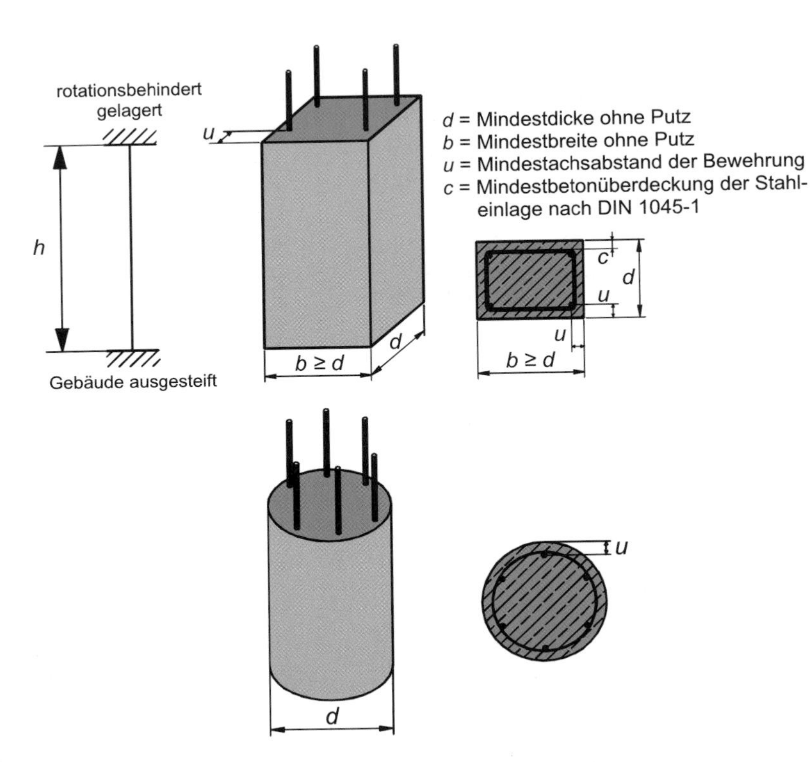

Tabelle 70: Mindestquerschnittsabmessungen unbekleideter Stahlbetonstützen

T4: Tab. 31

Feuerwiderstandsklasse	F 30-A		F 60-A		F 90-A		F 120-A		F 180-A	
d: Mindestdicke (mm) *u*: Mindestachsabstand (mm)	*d*	*u*	*d*	*u*	*d*	*u*	*d*	*u*	*d*	*u*
mehrseitige Brandbeanspruchung										
Ausnutzungsfaktor α_1 = 0,3	150	*c*	150	*c*	180	*c*	200	40	240	50
Ausnutzungsfaktor α_1 = 0,7	150	*c*	180	*c*	210	*c*	250	40	320	50
Ausnutzungsfaktor α_1 = 1,0	150	*c*	200	*c*	240	*c*	280	40	360	50
einseitige Brandbeanspruchung										
Ausnutzungsfaktor α_1 beliebig	100	*c*	120	*c*	140	*c*	160	45	200	60
umschnürte Druckglieder (soweit keine höheren Werte in der Tabelle)										
mindestens	240	*c*	300	*c*	300	*c*	300	40	300	50

Alternativ:

Im Rahmen eines Forschungsvorhabens vom DIBt an der TU Braunschweig wurde die Vergrößerung der Beanspruchung mit dem Faktor α^* nach DIN 4102-22 zur Anpassung an die Bemessung nach DIN 1045-1 in die Tabelle eingearbeitet, indem die Mindestquerschnittsabmessungen und Mindestachsabstände neu bestimmt wurden. Die maximale Beanspruchung im Brandfall ergibt sich bei einem Ausnutzungsfaktor $\alpha_1 = 0{,}7$. Der Abschlussbericht wird im Dezember 2005 dem DIBt vorgelegt und soll nach Zustimmung im Januar 2006 als Beiblatt zum Teil 22 bauaufsichtlich eingeführt werden.

[7]

Der Ausnutzungsfaktor α_1 ergibt sich für eine Bemessung nach Tabelle 71 aus dem Verhältnis des Bemessungswertes der vorhandenen Längskraft im Brandfall $N_{fi,d,t}$ zum Bemessungswert der Tragfähigkeit N_{Rd}:

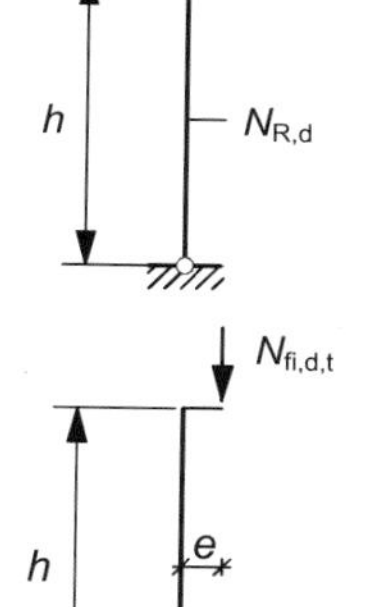

$$\alpha_1 = N_{fi,d,t} \,/\, N_{Rd} \tag{45}$$

Bei planmäßig ausmittiger Beanspruchung ist für die Ermittlung von α_1 von einer konstanten Ausmitte auszugehen.

T22: 6.2 / 3.13.2.2 und 3.13.2.3 und *T4:* 3.13.2.5

Die Ersatzlänge zur Bestimmung der Tragfähigkeit entspricht der bei Raumtemperatur, jedoch mindestens der Stützenlänge. Die Ersatzlänge im Brandfall ist nach DIN 1045-1, Abschnitt 8.6.2 (4) zu bestimmen.

Tabelle 71: Mindestquerschnittsabmessungen unbekleideter Stahlbetonstützen mit Einarbeitung von α^*

[7]

Feuerwiderstandsklasse	F 30-A		F 60-A		F 90-A		F 120-A		F 180-A	
d: Mindestdicke (mm) *u*: Mindestachsabstand (mm)	*d*	*u*	*d*	*u*	*d*	*u*	*d*	*u*	*d*	*u*
mehrseitige Brandbeanspruchung										
Ausnutzungsfaktor $\alpha_1 = 0{,}2$	120	34	120	34	180	37	240	34	290	40
Ausnutzungsfaktor $\alpha_1 = 0{,}5$	120	34	180	37	270	34	300	40	400	46
Ausnutzungsfaktor $\alpha_1 = 0{,}7$	120	34	250	37	320	40	360	46	490	40

Dehnfugen: Mindestdicke *d* bezieht sich auf zwei aneinandergrenzende Stützen unter folgenden Bedingungen

T4: 3.13.2.7

Sollfugenbreite $a \leq 15$ mm:

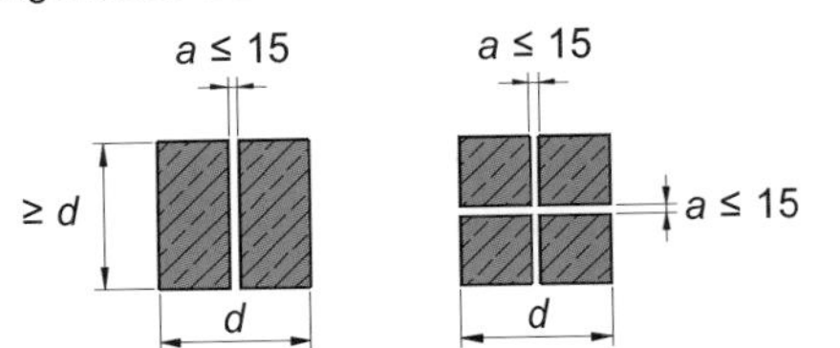

Fugen dürfen mit oder ohne Dichtung ausgeführt werden.

Sollfugenbreite $a > 15$ mm:

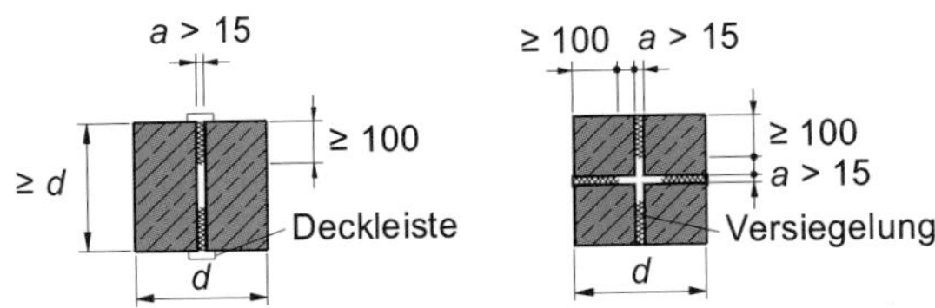

Fugen müssen eine Dichtung (Dämmschicht) aus mineralischen Fasern nach DIN V 18165-1, Abschnitt 2.2, der Baustoffklasse A mit einer Rohdicht ≥ 50 kg/m³ und einem Schmelzpunkt ≥ 1000 °C nach DIN 4102-17 besitzen. Die Dämmschicht muss um etwa 1 cm gestaucht, ≥ 100 mm tief in die Fuge hineinreichen, bündig mit den Stützenaußenflächen abschließen und durch Anleimen mit einem Kleber der Baustoffklasse A mindestens einseitig an den Stützen befestigt sein. Die Fugen dürfen durch Abdeckleisten aus Holz, Aluminium, Stahl oder Kunststoff bekleidet werden, die Sollfugenbreite darf dabei nicht eingeengt werden.

Vernachlässigung von Aussparungen bei folgenden Randbedingungen:

T4: 3.13.2.8

Runde Aussparungen mit einem Durchmesser ≤ 100 mm:

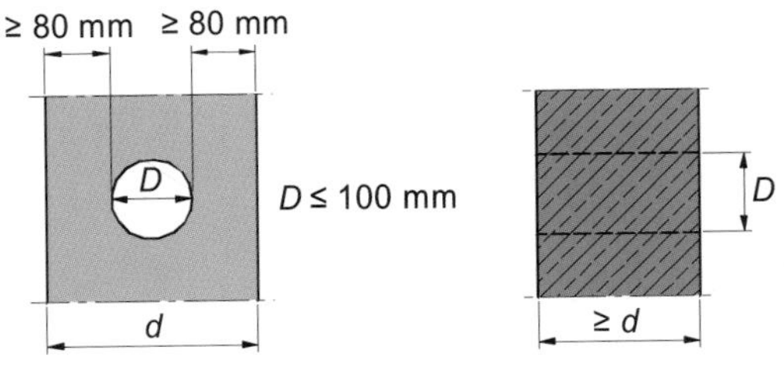

Rechteckige Aussparungen mit einer Breite ≤ 100 mm:

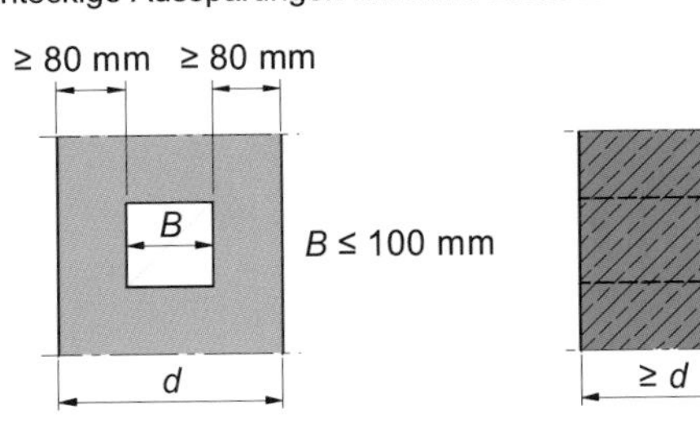

Aussparungsquerschnitt zwischen Rohr oder Ähnlichem und Beton dicht mit Dämmschicht ohne einseitiges Anleimen entsprechend der Ausführung bei Dehnfugen ausstopfen.

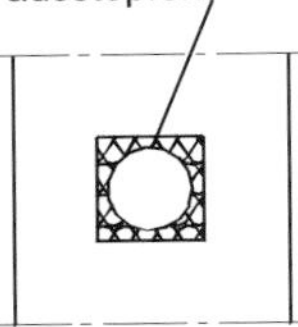

4.1.2 Bekleidete Stahlbetonstützen

T4: 3.13.2.9

Es gelten die Anforderungen aus Abschnitt II/4.1.1. Bei Anordnung eines Putzes nach Tabelle 72 dürfen die Werte der Tabelle 70 um 10 mm abgemindert werden, jedoch maximal auf die Werte der Tabelle 73.

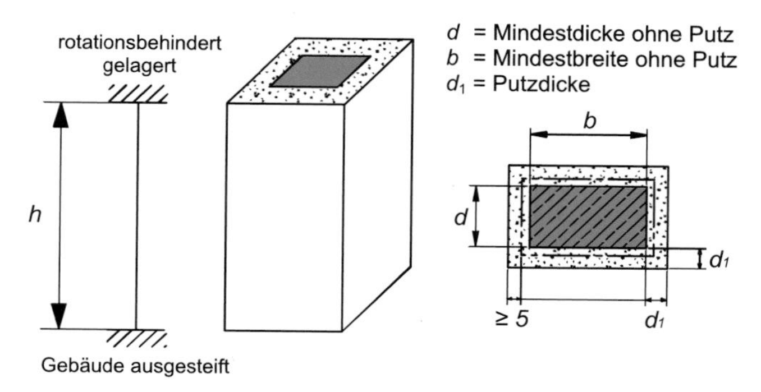

Putz mit einer Bewehrung aus Drahtgeflecht nach DIN 1200 mit 10 mm bis 16 mm Maschenweite umschließen. Quer- und Längsstöße sorgfältig verrödeln, Längsstöße gegeneinander versetzen. Über der Bewehrung Glättputz ≥ 5 mm anbringen.

Tabelle 72: Putzdicke

T4: Tab. 32

d_1: Putzdicke (mm)	d_1
Putzmörtel der Gruppe P II und P IVa bis P IVc (DIN 18 550-2)	8
Putz nach Abschnitt I/2.2.4.3	5

Tabelle 73: Mindestquerschnittsabmessungen bekleideter Stahlbetonstützen

T4: Tab. 31

Feuerwiderstandsklasse	F 30-A		F 60-A		F 90-A		F 120-A		F 180-A	
d: Mindestdicke (mm) *u*: Mindestachsabstand (mm)	*d*	*u*	*d*	*u*	*d*	*u*	*d*	*u*	*d*	*u*
Putzbekleidung	140	c	140	c	160	c	220	c	320	c

4.1.3 Tragende Pfeiler und nichtraumabschließende Wandabschnitte aus Leichtbeton mit haufwerksporigem Gefüge

T4: 4.6

Allgemeine Anforderungen und Randbedingungen

Die Angaben gelten für Pfeiler aus Leichtbeton mit haufwerksporigem Gefüge nach DIN 4232 mit einer Rohdichteklasse ≥ 0,8 und mehrseitiger Brandbeanspruchung.

T4: 4.6.1.1

Der Ausnutzungsfaktor α_3 ergibt sich analog zum Ausnutzungsfaktor α_1 nach Gleichung 44 in Abschnitt II/4.1.

T4: 4.6.2.2

Für die Mindestquerschnittsabmessungen dürfen Zwischenwerte geradlinig interpoliert werden.

T4: 1.2.3

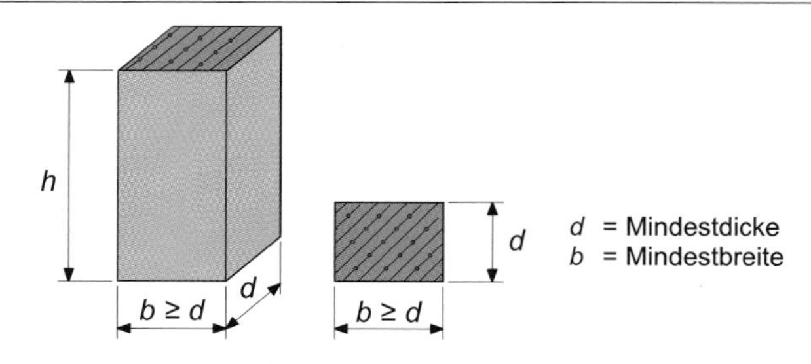

Tabelle 74: Mindestquerschnittsabmessungen tragender Pfeiler bzw. nichtraumabschließende Wandabschnitte aus Leichtbeton mit haufwerksporigem Gefüge

T4: Tab. 43

Feuerwiderstandsklasse	F 30-A		F 60-A		F 90-A		F 120-A		F 180-A	
d: Mindestdicke (mm) *b*: Mindestbreite (mm)	*d*	*b*	*d*	*b*	*d*	*b*	*d*	*b*	*d*	*b*
Ausnutzungsfaktor α_3 = 0,5	240	240[1)]	240[1)]	300	240[1)]	365	300	365	365	365
Ausnutzungsfaktor α_3 = 1,0	240	240[1)]	300	365	365	365	365	365	365	365

[1)] Die Mindestmaße nach DIN 4232 sind zu beachten.

4.1.4 Stützen aus hochfestem Beton

Die Angaben in Abschnitt II/4.1 zu den Mindestquerschnittsabmessungen und den Mindestachsabständen der Bewehrung gelten auch für Stützen aus hochfestem Beton (> C 50/60 bei Normalbeton und > LC 50/55 bei Leichtbeton) nach DIN EN 206-1.

TA1: 3.1 / 9.1

Die Knicklänge zur Bestimmung der Tragfähigkeit entspricht der bei Raumtemperatur, jedoch mindestens der Stützenlänge. Sind die Stützenenden konstruktiv als Gelenk ausgebildet, ist die Knicklänge bei Raumtemperatur zu verdoppeln, oder es ist ein genauerer Nachweis nach Theorie II. Ordnung für die Brandbeanspruchung zu führen.

TA1: 3.1 / 9.2

Schutzbewehrung von Stützen mit Querschnittsmaßen $d < 400$ mm und einer Schlankheit $\lambda > 20$ oder einer bezogenen Lastausmitte von $e/d_i \geq 1/6$:

TA1: 3.1 / 9.4

- Es ist eine Schutzbewehrung nach Abschnitt I/2.2.3 mit einer Betondeckung c_{nom} = 15 mm einzubauen.
- Bei Stützen in feuchter und/oder chemisch angreifender Umgebung ist c_{nom} um 5 mm zu erhöhen.
- Die Schutzbewehrung ist nicht erforderlich, wenn zerstörende Betonabplatzungen bei der Brandbeanspruchung durch betontechnische Maßnahmen nachweislich verhindert werden.

4.2 Stahlstützen

T4: 6.3

Allgemeine Anforderungen und Randbedingungen

Die Angaben gelten für bekleidete Stützen nach DIN 18800 Teil 1 und Teil 2 mit bis zu vierseitiger Brandbeanspruchung.

T4: 6.3.1.1

Die Angaben gelten auch für Stützen mit Konsolen, wenn die Konsolen entsprechend des *U/A*-Wertes ummantelt werden.

T4: 6.3.1.2

Druckstäbe in Fachwerkträger sind nach Abschnitt II/1.2 zu bemessen.

T4: 6.3.1.3

Bekleidungslänge *L*:

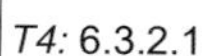

T4: 6.3.2.1

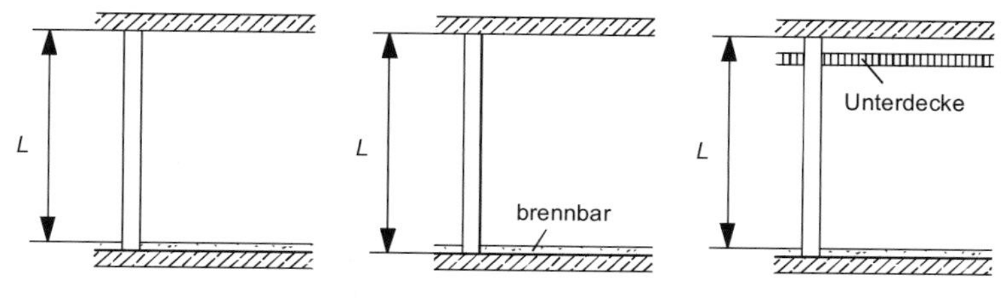

Öffnungen in Stützen mit geschlossenem Querschnitt:

T4: 6.3.2.2

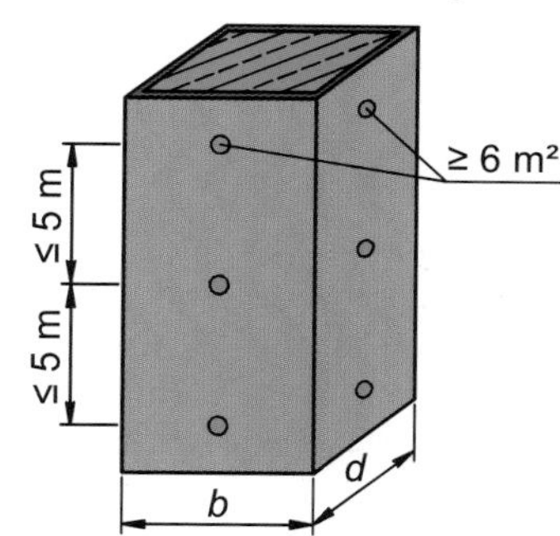

- Öffnungen am Kopf- und Fußpunkt mit maximal Abstand von 5 m
- mind. 2 Öffnungen auf zwei Querschnittsseiten anordnen mit einem Gesamtquerschnitt der beiden Öffnungen ≥ 6 m²
- Bekleidung mit gleichgroßer Öffnung

Zusätzliche Bekleidung der Stütze:

T4: 6.3.2.3

Vollständige Ausfüllung zwischen den Flanschen:

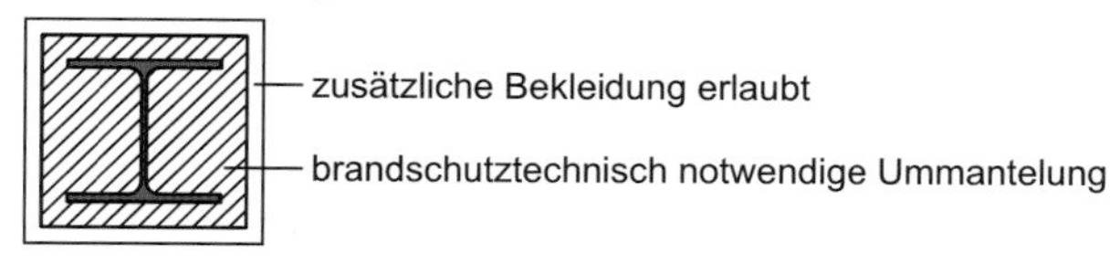

Nicht vollständige Ausfüllung zwischen den Flanschen:

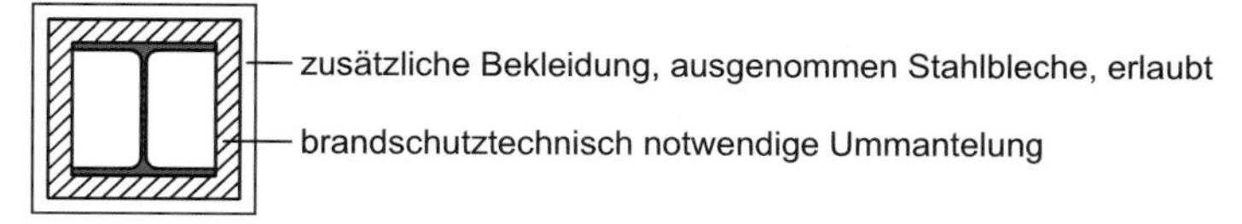

4.2.1 Stützen mit Bekleidung aus Beton, Mauerwerk oder Platten

T4: 6.3.3

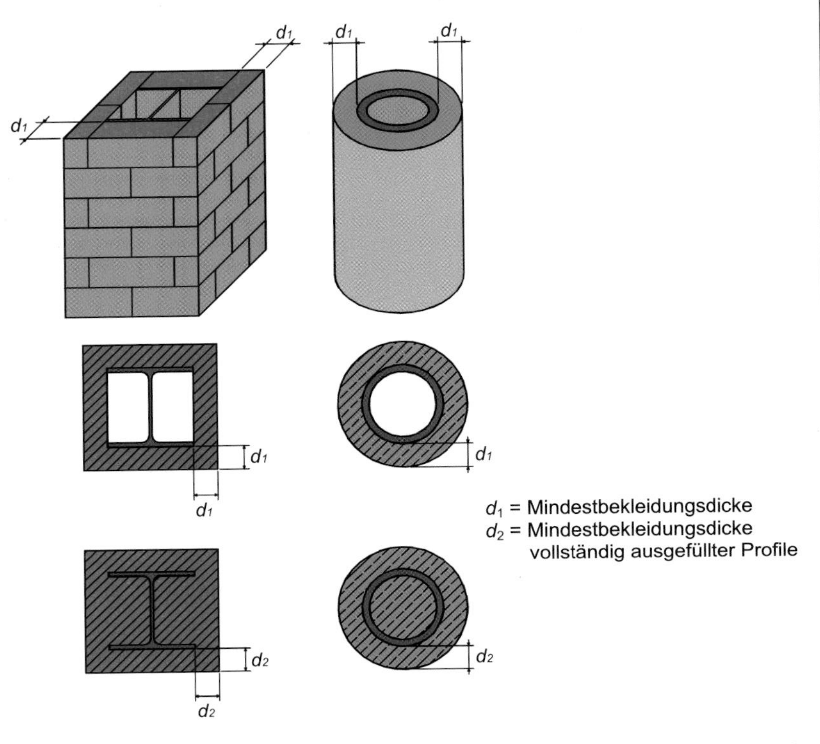

Tabelle 75: Mindestbekleidungsdicke d von Beton, Mauerwerk oder Platten für Stahlstützen mit $U/A \leq 300\ m^{-1}$

T4: Tab. 93

Feuerwiderstandsklasse	F 30-A		F 60-A		F 90-A		F 120-A		F 180-A	
d_1: Mindestbekleidungsdicke (mm) d_2: Mindestbekleidungsdicke von ausgefüllten Stützen(mm)	d_1	d_2	d_1	d_2	d_1	d_2	d_1	d_2	d_1	d_2
Stahlbeton (DIN 1045-1) oder bewehrter Porenbeton (DIN 4223)	50	30	50	30	50	40	60	50	75	60
Porenbeton-Blocksteine bzw. -Bauplatten (DIN V 4165 / DIN 4166) oder Hohlblocksteine, Vollsteine bzw. Wandbauplatten aus Leichtbeton (DIN V 18151 / DIN V 18152 / DIN V 18153 / DIN 18162)	50	50	50	50	50	50	50	50	50	70
Mauerziegel (DIN V 105-1) oder Kalksandsteine (DIN V 106-1/-2)	50	50	50	50	70	50	70	70	115	70
Wandbauplatten aus Gips (DIN 18163)	60	60	60	60	80	60	100	80	120	100

Bekleidungen aus Beton:

T4: 6.3.3.1

Bei vorgefertigten Bekleidungsteilen aus Beton ist die Eignung von Fugen, Anschlüssen und Verbindungen durch Prüfung nach DIN 4102-2 nachzuweisen.

Bekleidungen aus Mauerwerk oder Platten:

T4: 6.3.3.2

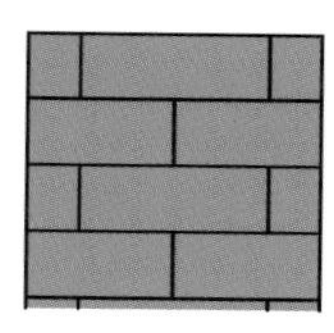

Bekleidung aus Mauerwerk oder Platten im Verband errichten.

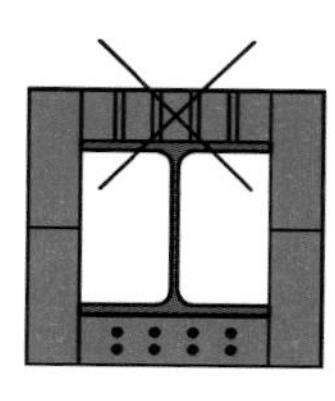

Lochungen von Steinen senkrecht zur Stützenachse sind nicht zulässig.

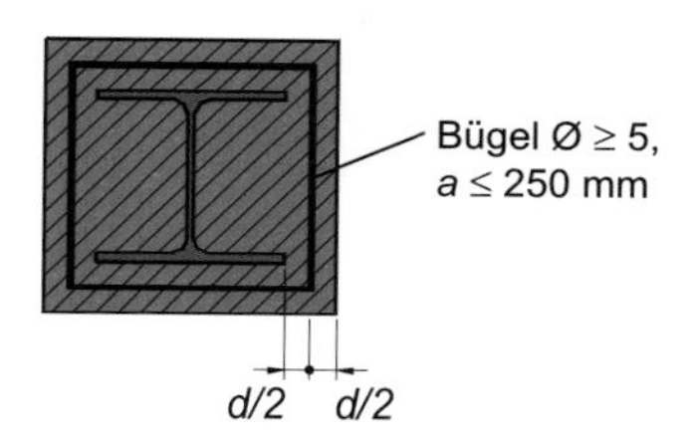

Bewehrung nicht notwendig:

- Wenn Stützen im ganzer Höhe in Wänden nach Abschnitt II/6 und II/7.1.2, II/7.1.3 und II/7.3 bzw. II/8.1.3, II/8.1.4 und II/8.3 eingebaut werden und die an den Stützen vorbeigeführten Wandteile mit der Mindestdicke der Tabelle 75 durch Verband mit den angrenzenden Wandteilen verbunden sind.
- Bei Verwendung von Wandbauplatten aus Gips nach DIN 18163.

4.2.2 Stützen mit Bekleidung aus Putzen

T4: 6.3.4

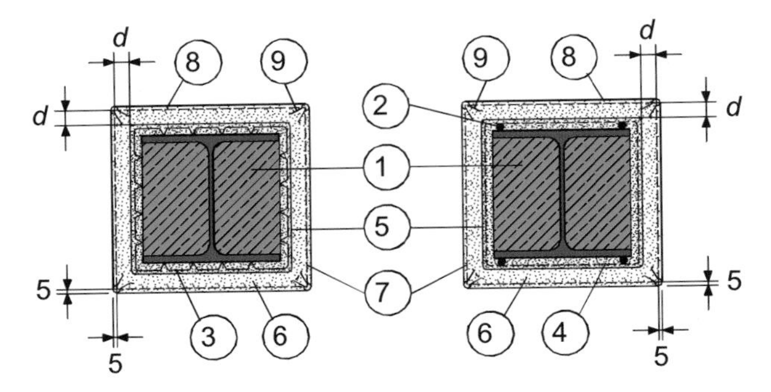

d = Mindestputzdicke über Putzträger
1 = Kern ggf. ausgemauert oder ausbetoniert
2 = Abstandhalter Ø ≥ 5 mm,
2 bis 3 Stück je Breite
3 = Putzträger
(Rippenstreckmetall)
4 = Putzträger (Streckmetall oder Drahtgewebe)
5 = Bindedraht $a \leq 50$ mm
6 = Putz
7 = Drahtgewebe
8 = ≥ 5 mm geglätteter Putz nach DIN 18550-2
9 = Kantenschutz

Putzträger und Drahtgewebe sorgfältig verrödeln.
Längs- und Querstöße verknüpfen und versetzt anordnen.

Tabelle 76: Mindestdicken d von Putzen für bekleidete Stahlstützen mit $U/A \leq 300\ m^{-1}$

T4: Tab. 94

Feuerwiderstandsklasse	F 30-A	F 60-A	F 90-A	F 120-A	F 180-A
d: Mindestputzdicke (mm)	d	d	d	d	d
für Mörtelgruppe P II oder P IVc nach DIN 18550-2					
$U/A < 90$	15	25	45	45	65
$90 \leq U/A < 119$	15	25	45	55	65
$120 < U/A < 179$	15	25	45	55	65
$180 < U/A < 300$	15	25	55	55	65
für Mörtelgruppe P IVa oder P IVb nach DIN 18550-2					
$U/A < 90$	10	10	35	35	45
$90 \leq U/A < 119$	10	20	35	45	60
$120 < U/A < 179$	10	20	45	45	60
$180 < U/A < 300$	10	20	45	60	60
für Vermulite- oder Perlite-Mörtel nach Abschnitt I/2.2.4.3[1)]					
$U/A < 90$	10	10	35	35	45
$90 \leq U/A < 119$	10	20	35	45	55
$120 < U/A < 179$	10	20	35	45	55
$180 < U/A < 300$	10	20	45	45	55

[1)] Der geforderte 5 mm dicke Putz darf durch einen Putz nach DIN 18550-2 ersetzt werden.

4.2.3 Stützen mit Bekleidung aus Gipskarton-Feuerschutz-platten

T4: 6.3.5

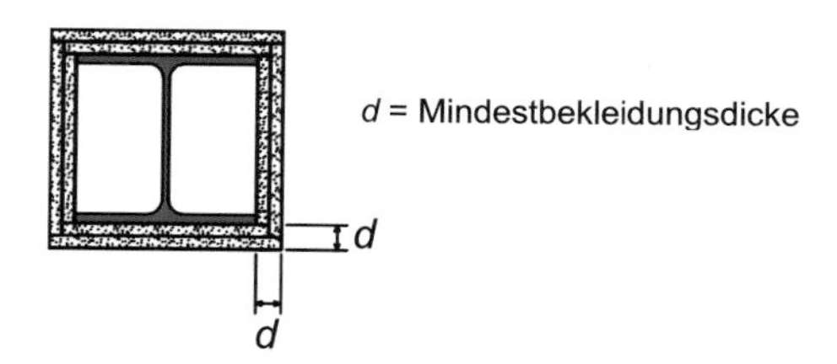

Tabelle 77: Mindestbekleidungsdicke d von Gipskarton-Feuerschutzplatten (GKF) nach DIN 18180 für Stahlstützen mit U/A ≤ 300 m⁻¹

T4: Tab. 95

Feuerwiderstandsklasse	F 30-A	F 60-A	F 90-A	F 120-A	F 180-A
d: Mindestbekleidungsdicke (mm)	*d*	*d*	*d*	*d*	*d*
	12,5[1)]	12,5 + 9,5	3 x 15	4 x 15	5 x 15

1) Ersetzbar durch ≥ 18 mm Gipskarton-Bauplatten (GKB) nach DIN 18180.

Anordnung der Gipskarton-Bauplatten:

Anordnung auf der Unterkonstruktion:

T4: 6.3.5.2 und T4: 6.3.5.4

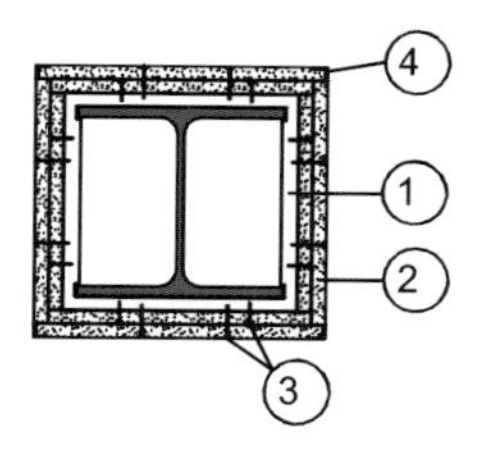

1 = Unterkonstruktion aus Stahlblechschienen
  a ≤ 400 mm
2 = Fugen versetzt anordnen
3 = jede Bekleidungslage an der Unterkonstruktion befestigen und verspachteln (entspr. DIN 18181)
4 = Eckschutzschienen, eingespachtelt

Anordnung am Stahlträger:

T4: 6.3.5.3 und T4: 6.3.5.4

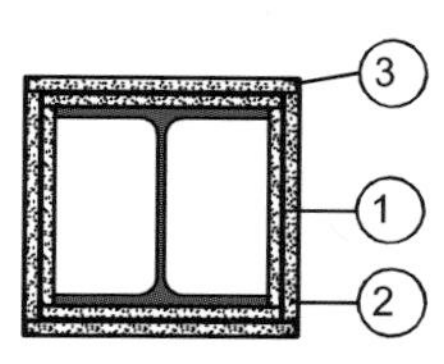

1 = Halterung aus Stahlbändern oder Rödeldrähten
  a ≤ 400 mm,
  Stahlbänder und Rödeldrähte sind zu verspachteln, bei mehrlagiger Bekleidung darf die Halterung bei der raumseitigen Bekleidungslage durch eine Befestigung nach DIN 18181 ersetzt werden
2 = Fugen versetzt anordnen und verspachteln
3 = Eckschutzschienen, eingespachtelt

4.3 Verbundstützen

T4: 7.3

Allgemeine Anforderungen und Randbedingungen

Die Angaben gelten für Stützen nach DIN V 18800-5 mit vierseitiger Brandbeanspruchung und einem Beton mindestens C 20/25 und einer Bewehrung aus BSt 500 S.

T4: 7.3.1

Zur Bestimmung des Ausnutzungsfaktors α_6 ist der Bemessungswert der Normalkraftbeanspruchung $N_{Sd,fi}$ nach Abschnitt I/2.1 mit dem Bemessungswert der Normalkrafttragfähigkeit N_{Rd} der Grundkombination nach DIN V 18800-5 ins Verhältnis zu setzen und mit 1,35 zu multiplizieren:

T22: 9.3.1.2 und T4: 7.3.2.4

$$\alpha_6 = 1{,}35 \times (N_{Sd,fi} / N_{Rd}) \quad (46)$$

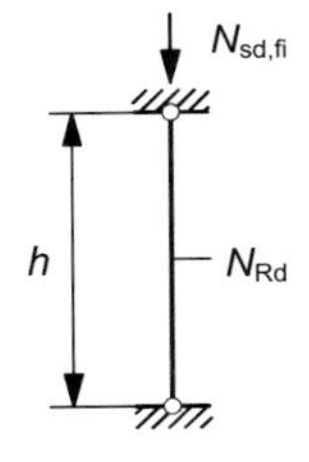

Unter der Annahme einer beidseitig gelenkigen Lagerung und mit zentrischer oder exzentrischer Belastung.

Die Knicklänge zur Bestimmung der Tragfähigkeit entspricht der bei Raumtemperatur, jedoch mindestens der Stützenlänge. Sind die Stützenenden konstruktiv als Gelenk ausgebildet, ist die Knicklänge bei Raumtemperatur zur Berechnung des Ausnutzungsfaktors zu verdoppeln (bei anderen Lagerungsbedingungen sinngemäß verfahren).

Für die Mindestquerschnittsdicken und das Mindestbewehrungsverhältnis dürfen Zwischenwerte geradlinig interpoliert werden. Die Achsabstände sind als Mindestwerte vorgeschrieben und nicht reduzierbar.

T4: 7.3.2.6

4.3.1 Verbundstützen aus betongefüllten Hohlprofilen

T4: 7.3.3

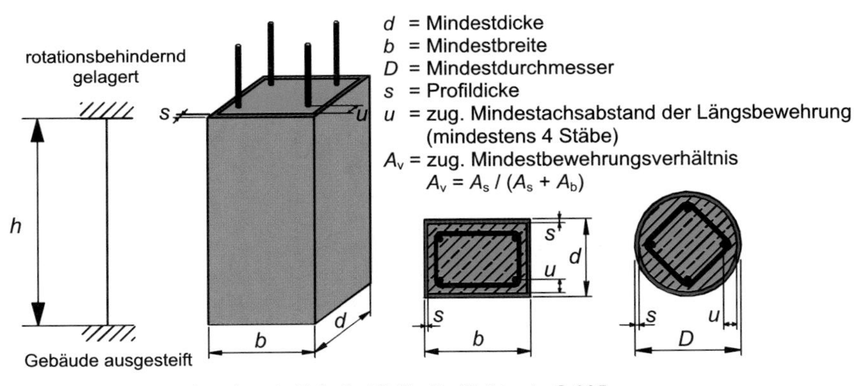

Angaben in Tabelle 78 für die Stahlsorte S 235.

Öffnungen im Hohlprofil beachten, siehe Abschnitt 4.2

Tabelle 78: Mindestquerschnittsabmessungen für Verbundstützen aus betongefüllten Hohlprofilen mit d/s bzw. D/s ≥ 25

T4: Tab. 105

Feuerwiderstandsklasse	F 30-A			F 60-A			F 90-A			F 120-A			F 180-A		
d, b: Mindestdicken (mm) *D*: Mindestdurchmesser (mm) *u*: Mindestachsabstand (mm) A_v: Mindestbewehrungsverhältnis	*d* *b* *D*	*u*	A_v	*d* *b* *D*	*u*	A_v	*d* *b* *D*	*u*	A_v	*d* *b* *D*	*u*	A_v	*d* *b* *D*	*u*	A_v
Ausnutzungsfaktor α_6 = 0,4	160	*c*	0	200	30	1,5	220	50	3,0	260	50	6,0	400	60	6,0
Ausnutzungsfaktor α_6 = 0,7	260	*c*	0	260	40	3,0	400	40	6,0	450	50	6,0	500	60	6,0
Ausnutzungsfaktor α_6 = 1,0	260	25	3,0	450	30	6,0	550	40	6,0	-	-	-	-	-	-

Stahlsorte S 355:

T4: 7.3.3.4

Bei Verwendung der Stahlsorte S 355 darf die Normalkrafttragfähigkeit nur mit $f_{y,k}$ = 240 N/mm^2 berechnet werden.

Bügelanordnung:

T4: 7.3.3.3

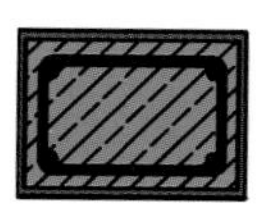

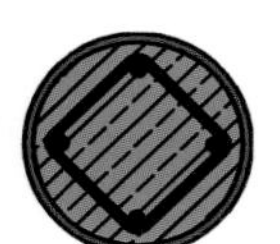

Bügel zur Fixierung der Längsbewehrung beim Betoniervorgang anordnen.

Bügel haben im Brandfall keine statische Funktion.

4.3.2 Verbundstützen aus vollständig einbetonierten Stahlprofilen

T4: 7.3.4

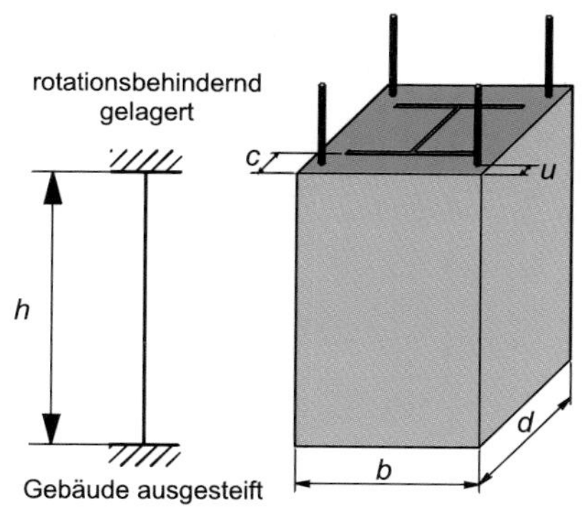

d = Mindestdicke
b = Mindestbreite
u = zug. Mindestachsabstand der Längsbewehrung (mindestens 4 Stäbe)
c = zug. Mindestbetonüberdeckung nach DIN 18806-1

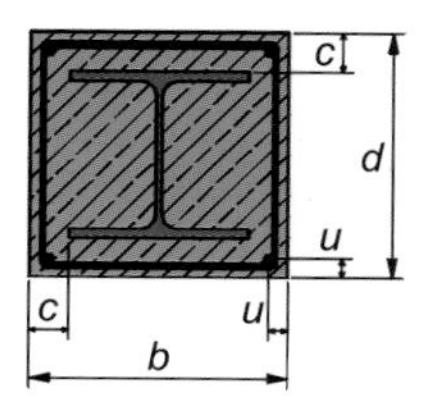

Tabelle 79: Mindestquerschnittsabmessungen für Verbundstützen aus vollständig einbetonierten Stahlprofilen

T4: Tab. 106

Feuerwiderstandsklasse	F 30-A			F 60-A			F 90-A			F 120-A			F 180-A		
d, b: Mindestdicken (mm) *u*: Mindestachsabstand (mm) *c*: Mindestbetondeckung (mm)	*d* *b*	*u*	*c*	*d* *b*	*u*	*c*	*d* *b*	*u*	*c*	*d* *b*	*u*	*c*	*d* *b*	*u*	*c*
	150	20	40	180	30	50	220	30	50	300	40	75	350	50	75
	150	20	40	200	20	40	250	20	40	350	30	50	400	60	40

4.3.3 Verbundstützen aus Stahlprofilen mit ausbetonierten Kammern

T4: 7.3.5

Überstehende Flanschteile:

T4: 7.3.5.1

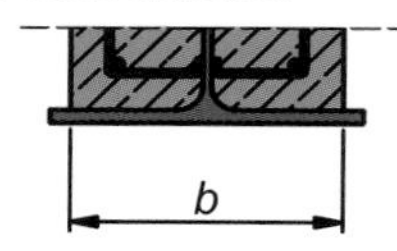

Breite *b* zur Bestimmung von α_6

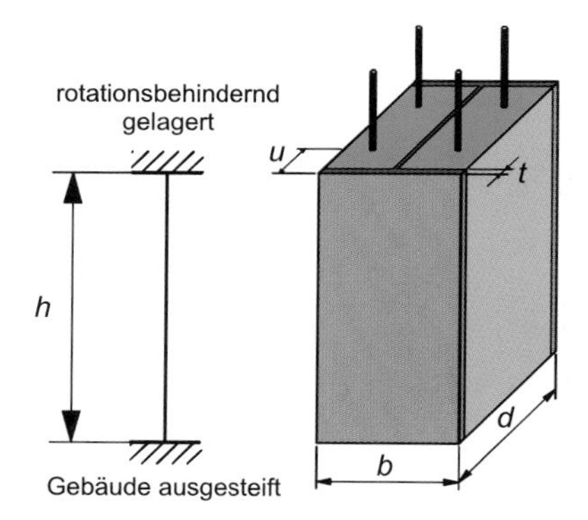

d = Mindestdicke
b = Mindestbreite
s = Profildicke
t = Flanschdicke
u = zug. Mindestachsabstand der Längsbewehrung (mindestens 4 Stäbe)

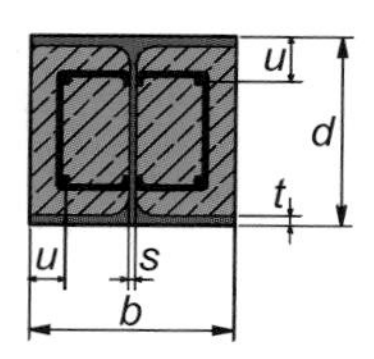

Tabelle 80: Mindestquerschnittsabmessungen für Verbundstützen aus Stahlprofilen mit ausbetonierten Kammern mit t bzw. s ≤ min (d/10, 40 mm)

T4: Tab. 107

Feuerwiderstandsklasse	F 30-A			F 60-A			F 90-A			F 120-A			F 180-A		
d, b: Mindestdicken (mm) *u*: Mindestachsabstand (mm) *s/t*: Mindestverhältnis Steg- / Flansch-Dicke	*d* *b*	*u*	*s/t*	*d* *b*	*u*	*s/t*	*d* *b*	*u*	*s/t*	*d* *b*	*u*	*s/t*	*d* *b*	*u*	*s/t*
Ausnutzungsfaktor α_6 = 0,4	160	40	0,6	260	40	0,5	300	50	0,5	300	60	0,7	400	60	0,7
Ausnutzungsfaktor α_6 = 0,7	200	35	0,6	300	40	0,6	300	50	0,7	-	-	-	-	-	-
Ausnutzungsfaktor α_6 = 1,0	250	30	0,6	300	40	0,7	-	-	-	-	-	-	-	-	-

Sonderfall: $h \leq 7{,}50$ **m**
$\alpha_6 = 0{,}4$
$A_v = A_s / (A_s + A_b) \geq 3\ \%$

T4: 7.3.5.2

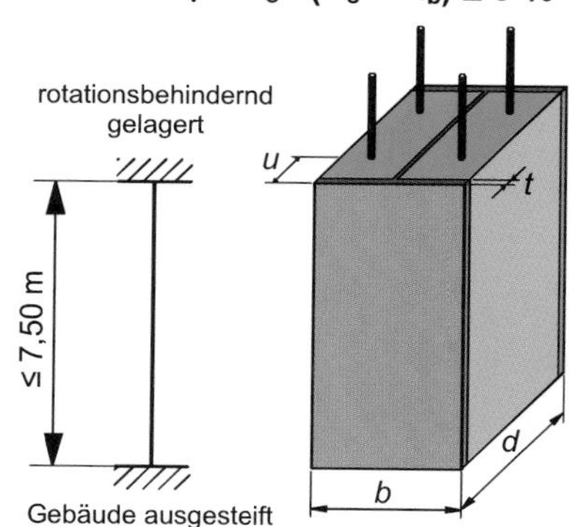

d = Mindestdicke
b = Mindestbreite
s = Profildicke
t = Flanschdicke
u = zug. Mindestachsabstand der Längsbewehrung (mindestens 4 Stäbe)

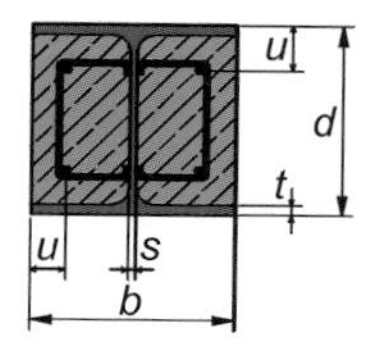

Tabelle 81: Mindestquerschnittsabmessungen für Verbundstützen aus Stahlprofilen mit ausbetonierten Kammern mit t bzw. s ≤ min (d/10, 40 mm) (Sonderfall)

T4: Tab. 108

Feuerwiderstandsklasse	F 30-A			F 60-A			F 90-A		
d, b: Mindestdicken (mm) *u*: Mindestachsabstand (mm) *s/t*: Mindestverhältnis Steg- / Flansch-Dicke	*d* *b*	*u*	*s/t*	*d* *b*	*u*	*s/t*	*d* *b*	*u*	*s/t*
	140	40	0,7	180	40	0,7	220	50	0,7
	150	40	0,6	200	40	0,6	240	50	0,6
	160	40	0,5	240	40	0,5	280	50	0,5

Befestigung des Kammerbetons:

T4: 7.3.5.3

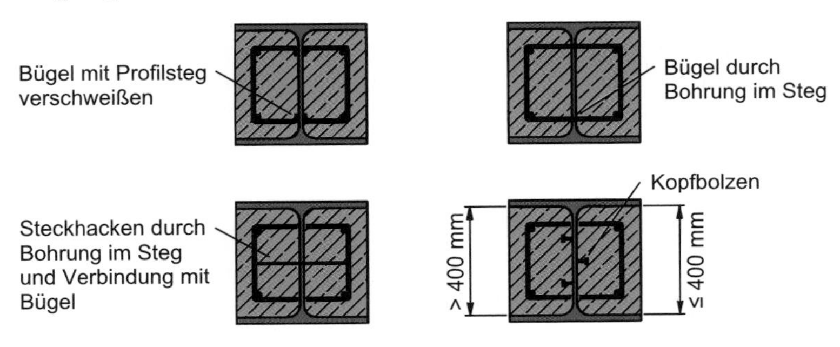

Längsabstand der Verbindungsmittel ≤ 500 mm, im Knotenbereich ≤ 100 mm:

T4: 7.3.5.4

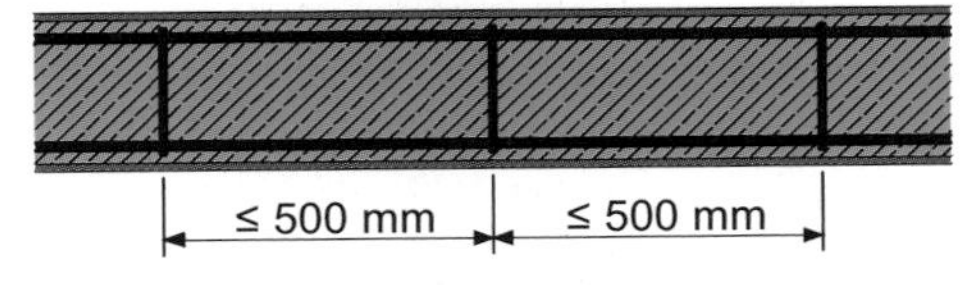

Verankerungsmittel bei Abstand der Flanschinnenkanten > 400 mm zwei- oder mehrreihig anordnen, siehe Bild Kopfbolzen.

T4: 7.3.5.5

Die nach DIN V 18800-5 für die Beanspruchung bei Raumtemperatur erforderliche Befestigung der Bügel darf für die im Brandfall geforderte Verankerung des Kammerbetons angerechnet werden. Der Kammerbeton ist in jedem Fall nach DIN V 18800-5 zu verankern. Die nach DIN V 18800-5 einzulegende Oberflächenbewehrung ist aus Gründen des Brandschutzes erforderlich.

T22: 9.3.1.3

4.4 Holzstützen

T4: 5.6

Die Anforderungen aus Abschnitt II/1.4 an Holzbauteile mit Rechteckquerschnitt gelten sinngemäß auch für Stützen aus Holz.

T22: 6.2 / 5.5

4.5 Tragende Pfeiler und nichtraumabschließende Wandabschnitte aus Mauerwerk

T4: 4.5

Allgemeine Anforderungen und Randbedingungen

Die Angaben gelten für Pfeiler aus Mauerwerk nach den Normen DIN 1053 Teil 1 bis Teil 4 und DIN 4103 Teil 1 mit mehrseitiger Brandbeanspruchung. Für Mauerwerk nach DIN 1053-2 ist eine Beurteilung im Einzelfall nach DIN 4102-2 erforderlich.

T4: 4.5.1.1

Der Ausnutzungsfaktor α_2 ist beim vereinfachten Berechnungsverfahren das Verhältnis der vorhandenen Beanspruchung nach DIN 1053 Teil 1 und Teil 2 zur zulässigen Beanspruchung nach DIN 1053-1:

TA1: 3.4.2 / 4.5.2.2 und *T4:* 4.5.2.3

$$\alpha_2 = (\text{vorh } \sigma / \text{zul } \sigma) \qquad (47)$$

Beim genaueren Berechnungsverfahren ist bei planmäßig ausmittiger Beanspruchung für die Ermittlung von α_2 von einer über die Wandhöhe konstanten Ausmitte auszugehen.

Die Angaben in der Tabelle berücksichtigen Exzentrizitäten bis $e \leq d/6$, für Exzentrizitäten $d/6 \leq e \leq d/3$ ist die Lasteinleitung zu konzentrieren.

T4: 4.5.2.4

Weitere Randbedingungen zu Lochungen von Steinen, Dämmschichten, Kunstharzmörtel, Sperrschichten, Aussteifungen, Putzen, Stoßfugenausbildung und bewehrtem Mauerwerk siehe Abschnitt II/7.3.1.

Für die Mindestdicken und die Mindestbreiten dürfen Zwischenwerte geradlinig interpoliert werden.

T4: 1.2.3

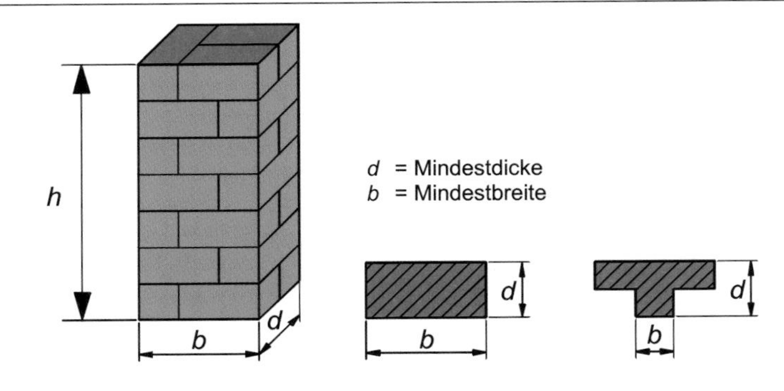

Tabelle 82: Mindestquerschnittsabmessungen tragender Pfeiler bzw. nichtraumabschließender Wandabschnitte aus Mauerwerk
Die ( ) - Werte gelten für Pfeiler mit allseitigem Putz, der Putz kann durch eine 1- oder mehrseitige Verblendung ersetzt werden.

T4: Tab. 41

Feuerwiderstandsklasse			F 30-A	F 60-A	F 90-A	F 120-A	F 180-A
α_2: Ausnutzungsfaktor *d*: Mindestdicke (mm) *b*: Mindestbreite (mm)	α_2	*d*	*b*	*b*	*b*	*b*	*b*
Porenbetonsteine (DIN V 4165, Plansteine und Planelemente nach Zulassung), Rohdichteklasse ≥ 0,4, Verwendung von Dünnbettmörtel	0,6	175	365	365	490	490	615
		200	240	365	365	490	615
		240	240	240	300	365	615
		300	240	240	240	300	490
		365	175	175	240	240	365
	1,0	175	490	490	[1]	[1]	[1]
		200	365	490	[1]	[1]	[1]
		240	300	365	615	730	730
		300	240	300	490	490	615
		365	240	240	365	490	615
Hohlblöcke aus Leichtbeton (DIN V 18151), Vollsteine und -blöcke aus Leichtbeton (DIN V 18152), Mauersteine aus Beton (DIN V 18153), Rohdichteklasse ≥ 0,5, Verwendung von Normal- und Leichtmörtel	0,6	175	240	365	490	[1]	[1]
		240	175	240	300	365	490
		300	190	240	240	300	365
	1,0	175	365	490	[1]	[1]	[1]
		240	240	300	365	[1]	[1]
		300	240	240	300	365	490
Mauerziegel aus Voll- und Hochlochziegel (DIN V 105-1), Lochung: Mz, HLz A, HLz B, Verwendung von Normalmörtel Es gelten auch die ()-Werte der Mauerziegel Lochung A und B	0,6	115	615[3]	730[3]	990[3]	[1]	[1]
		175	490	615	730[3]	990[3]	[1]
		240	200	240	300	365	490
		300	200	200	240	365	490
	1,0[2]	115	990[3]	990[3]	[1]	[1]	[1]
		175	615	730	990[3]	[1]	[1]
		240	365	490	615	[1]	[1]
		300	300	365	490	[1]	[1]
Mauerziegel mit Lochung A und B (DIN V 105-2 und DIN V 105-6 nach Zulassung), Rohdichteklasse ≥ 0,8, Verwendung von Normal- und Leichtmörtel	0,6[4]	115	(365)	(490)	(615)	(730)	[1]
		175	(240)	(240)	(240)	(300)	[1]
		240	(175)	(175)	(175)	(240)	(300)
		300	(175)	(175)	(175)	(175)	(240)
	1,0	115	(490)	(615)	(730)	[1]	[1]
		175	(240)	(240)	(365)	(365)	[1]
		240	(175)	(175)	(240)	(240)	(365)
		300	(175)	(175)	(200)	(240)	(300)
Mauerziegel aus Leichthochlochziegel W (DIN V 105-2), Rohdichteklasse ≥ 0,8, Verwendung von Normal- und Leichtmörtel	0,6	240	(240)	(240)	(240)	(240)	(365)
		300	(175)	(175)	(175)	(240)	(240)
		365	(175)	(175)	(175)	(240)	(240)
	1,0	240	(240)	(240)	(300)	(365)	(365)
		300	(240)	(240)	(240)	(240)	(300)
		365	(240)	(240)	(240)	(240)	(240)
Kalksandsteine aus Voll-, Loch-, Block-, Hohlblock- und Plansteinen, Planelementen nach Zulassung und Bauplatten (DIN V 106-1) oder Vormauersteinen und Verblender (DIN V 106-2), Verwendung von Normal- und Dünnbettmörtel	0,6	115	365	490	(615)	(990)	[1]
		150	300	300	300	365	898
		175	240	240	240	240	365
		240	175	175	175	175	300
	1,0[2]	115	(365)	(490)	(730)	[1]	[1]
		150	300	300	300	490	[1]
		175	240	240	300[5][6]	300[6]	490
		240	175	175	240	240	365

1) Die Mindestbreite ist b > 1,0 m → Bemessung bei Außenwand als raumabschließende Wand nach Tabelle 102, sonst als nichtraumabschließende Wand nach Tabelle 107.
2) Bei 3,0 N/mm² < vorh $\sigma \leq$ 4,5 N/mm² gelten die Werte nur für Mauerwerk aus Vollsteinen, Block- und Plansteinen.
3) Nur bei Verwendung von Vollziegeln.
4) Zusätzlich auch bei Verwendung von Dünnbettmörtel.
5) Bei $h_k/d \leq 10$ darf b = 240 mm betragen.
6) Bei Verwendung von Dünnbettmörtel, $h_k/d \leq 15$ und vorh $\sigma \leq$ 3,0 N/mm² darf b = 240 mm betragen.

5 Zugglieder

5.1 Stahlbeton- und Spannbeton-Zugglieder

T4: 3.14

Die Angaben gelten für Stahlbeton- und Spannbeton-Zuggliedern aus Normalbeton nach DIN 1045-1 mit mehrseitiger Brandbeanspruchung.

T4: 3.14.1

5.1.1 Unbekleidete Stahlbeton- und Spannbeton-Zugglieder

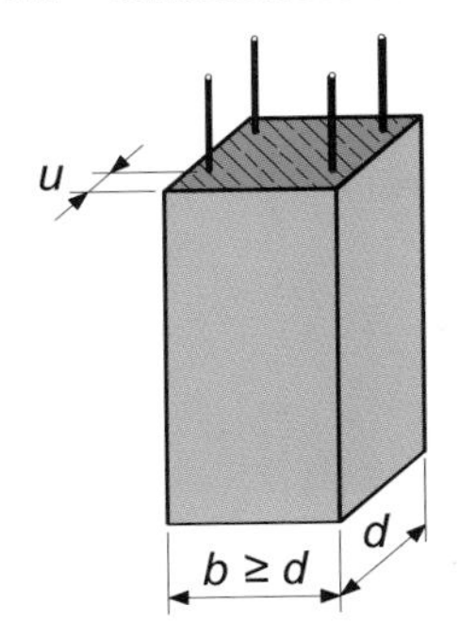

d = Mindestdicke ohne Putz
b = Mindestbreite ohne Putz
u = Mindestachsabstand der Bewehrung
c = Mindestbetonüberdeckung der Stahleinlage nach DIN 1045-1

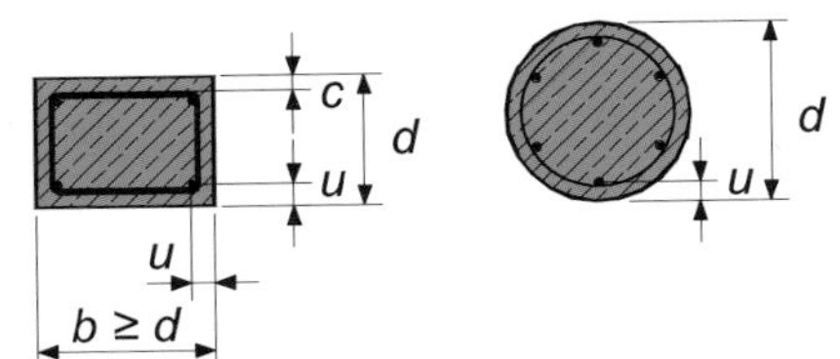

Für die Klassifizierung wird der Bruchzustand mit einer Dehnung $\varepsilon > 10$ ‰ zugrunde gelegt.

T4: 3.14.2.1

Tabelle 83: Mindestquerschnittsabmessungen von unbekleideten Stahlbeton- und Spannbeton-Zuggliedern aus Normalbeton ($\varepsilon > 10$ ‰)

T4: Tab. 33

Feuerwiderstandsklasse	F 30-A	F 60-A	F 90-A	F 120-A	F 180-A
	d: Mindestdicke (mm)				
Stahlbeton und Spannbeton mit crit $T \geq 450$ °C nach Tabelle 1	80[1]	120	150	200	240
Stahlbeton und Spannbeton mit crit $T = 450$ °C nach Tabelle 1	120	160	190	240	280
	A: Mindestquerschnittsfläche				
	$2 \cdot d^2$, *d* nach dieser Tabelle				
	u[2) 3)]: Mindestachsabstand (mm)				
bei einer Zuggliedicke *d* (mm) von	80	≤ 120	≤ 150	≤ 200	≤ 240
	35	50	65[4]	75[4]	90[4]
bei einer Zuggliedicke *d* (mm) von	≥ 200	≥ 300	≥ 400	≥ 500	≥ 600
	20	35	45	55[4]	70[4]

[1] Bei Betonfeuchtegehalten > 4 % Massenanteil (s. Abschnitt I/2.2.5) muss die Mindestdicke $d \geq 120$ mm sein.
[2] Zwischen den *u*-Werten darf in Abhängigkeit von der Zuggliedicke *d* geradlinig interpoliert werden.
[3] Die Tabellenwerte gelten auch für Spannbetonbalken, die Mindestachsabstände *u* sind um die Δu-Werte der Tabelle 1 zu erhöhen.
[4] Bei einer Betondeckung $c > 50$ mm ist bei nicht senkrecht angeordneten Zuggliedern eine Schutzbewehrung nach Abschnitt I/2.2.3 erforderlich.

Freiliegende Anschlüsse aus Stahl sind allseitig zu bekleiden. Die Bekleidung ist nach DIN 4102-2 zu prüfen.

T4: 3.14.2.5

Für die Klassifizierung wird eine Dehnungsbegrenzung auf ε < 2,5 ‰ zugrunde gelegt.

T4: 3.14.2.3

Tabelle 84: Mindestquerschnittsabmessungen von unbekleideten Stahlbeton- und Spannbeton-Zuggliedern aus Normalbeton (ε < 2,5 ‰)

T4: Tab. 34

Feuerwiderstandsklasse	F 30-A	F 60-A	F 90-A	F 120-A	F 180-A
d: Mindestdicke (mm)	200	240	270	320	360
A: Mindestquerschnittsfläche	2 · d^2, *d* nach dieser Tabelle				
u[1) 2) 3)]: Mindestachsabstand (mm)					
bei einer Zuggliedddicke *d* (mm) von	200	240	270	320	360
	60	75	90	100	115
bei einer Zuggliedddicke *d* (mm) von	200	300	400	500	600
	60	60	70	80	95

1) Zwischen den *u*-Werten darf in Abhängigkeit von der Zuggliedddicke *d* geradlinig interpoliert werden.
2) Die Tabellenwerte gelten auch für Spannbetonbalken, die Mindestachsabstände *u* sind um die Δu-Werte der Tabelle 1 zu erhöhen.
3) Bei nicht senkrecht angeordneten Zuggliedern ist stets eine Schutzbewehrung nach Abschnitt I/2.2.3 erforderlich.

5.1.2 Bekleidete Stahlbeton- und Spannbeton-Zugglieder

T4: 3.14.2.2

Es gelten die Anforderungen aus Abschnitt II/5.1.1. Bei Anordnung eines Putzes nach Tabelle 85 dürfen die Werte der Tabelle 83 um 10 mm abgemindert werden, jedoch maximal auf die Werte der Tabelle 86.

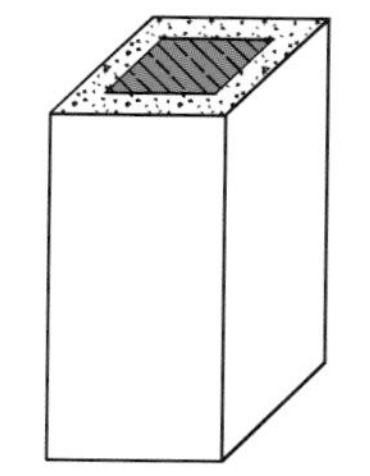

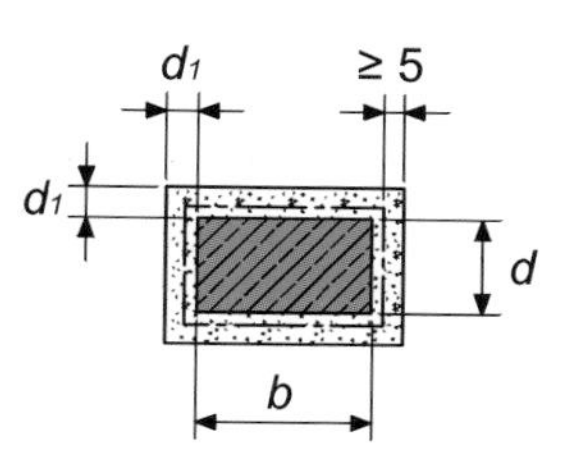

d = Mindestdicke ohne Putz
b = Mindestbreite ohne Putz
d_1 = Putzdicke

Putz mit einer Bewehrung aus Drahtgeflecht nach DIN 1200 mit 10 mm bis 16 mm Maschenweite umschließen. Quer- und Längsstöße sorgfältig verrödeln, Längsstöße gegeneinander versetzen. Über der Bewehrung Glättputz ≥ 5 mm anbringen.

Tabelle 85: Putzdicke

T4: Tab. 32

d_1: Putzdicke (mm)	d_1
Putzmörtel der Gruppe P II und P IVa bis P IVc (DIN 18 550-2)	8
Putz nach Abschnitt I/2.2.4.3	5

Tabelle 86: Mindestquerschnittsabmessungen bekleideter Stahlbeton- und Spannbeton-Zugglieder aus Normalbeton

T4: Tab. 33

Feuerwiderstandsklasse	F 30-A	F 60-A	F 90-A	F 120-A	F 180-A
d: Mindestdicke (mm)	80	80	110	160	200
A: Mindestquerschnittsfläche	2 · d^2, *d* nach dieser Tabelle				
u[1)]: Mindestachsabstand (mm)	18	18	25	35	50

1) Die Tabellenwerte gelten auch für Spannbetonbalken, die Mindestachsabstände *u* sind um die Δu-Werte der Tabelle 1 zu erhöhen.

5.1.3 Zugglieder aus hochfestem Beton

TA1: 3.1 / 9.1

Die Angaben in Abschnitt II/5.1 zu den Mindestquerschnittsabmessungen und den Mindestachsabständen der Bewehrung gelten auch für Zugglieder aus hochfestem Beton (> C 50/60 bei Normalbeton und > LC 50/55 bei Leichtbeton) nach DIN EN 206-1.

5.2 Stahlzugglieder

T4: 6.4

T4: 6.4.1

Die Feuerwiderstandsklassen von Stahlzuggliedern einschließlich ihrer Anschlüsse sind auf Grundlage von Prüfungen nach DIN 4102-2 zu ermitteln.

T4: 6.4.2

Stahlzugglieder müssen eine Bekleidung und gegebenenfalls bestimmte Querschnittsabmessungen besitzen. Für die Klassifizierung wird der Bruchzustand ($T \rightarrow \text{crit } T$) mit einer Dehnung $\varepsilon > 10$ ‰ zugrunde gelegt. Bei einer Begrenzung der Dehnung müssen die ermittelten Mindestwerte vergrößert werden.

T4: 6.4.3

Die Feuerwiderstandklassen von Stahlzugstäben in Fachwerkträgern sind nach Abschnitt II/1.2 zu bemessen.

5.3 Holz-Zugglieder

T4: 5.7

T22: 6.2 / 5.5

Die Anforderungen aus Abschnitt II/1.4 an Holzbauteile mit Rechteckquerschnitt gelten sinngemäß auch für Zugglieder aus Holz.

6 Brandwände

T4: 4.8

Allgemeine Anforderungen und Randbedingungen

T4: 4.8.1

Die Angaben gelten für Wände aus Normalbeton nach DIN 1045-1, Leichtbeton mit haufwerksporigem Gefüge nach DIN 4232, bewehrtem Porenbeton nach Zulassung oder Mauerwerk nach DIN 1053 Teil 1, Teil 2 und Teil 4 mit einseitiger Brandbeanspruchung, die die Anforderungen von DIN 4102-3 erfüllen.

T4: 4.8.2.1

Aussteifungen von Brandwänden müssen mindestens der Feuerwiderstandsklasse F 90 entsprechen. Stützen und Riegel aus Stahl, die direkt vor einer Brandwand angeordnet sind, müssen zusätzlich die Anforderungen in Abschnitt II/6.4 erfüllen.

T4: 4.8.2.2

Sofern bauaufsichtlich Öffnungen zugelassen sind, müssen die Wandbereiche bzw. Stürze über den Öffnungen mindestens der Feuerwiderstandsklasse F 90 entsprechen.

6.1 Zulässige Schlankheit, Mindestwanddicke und Mindestachsabstand der Längsbewehrung

T4: 4.8.3

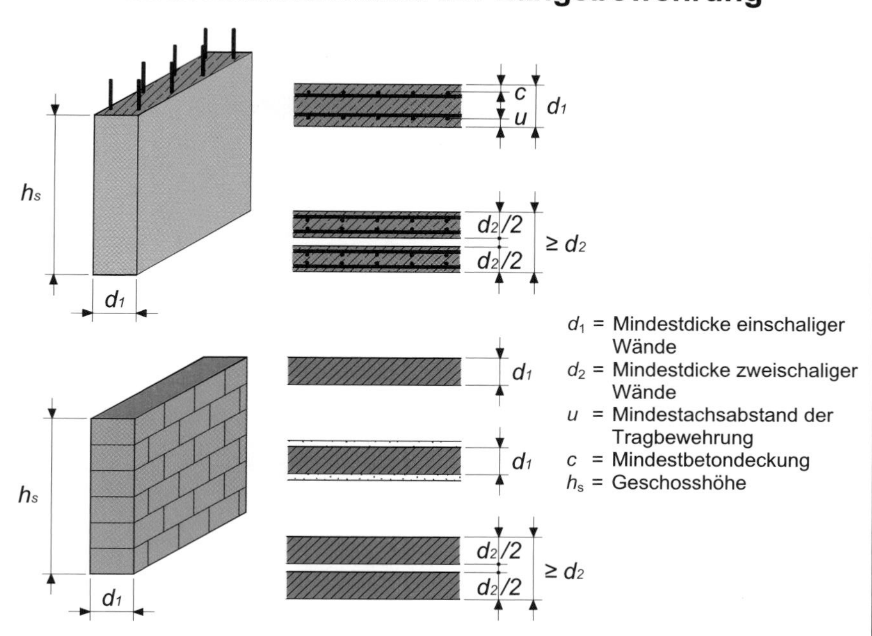

Tabelle 87: Zulässige Schlankheit, Mindestwanddicke und Mindestachsabstand von ein- und zweischaligen Brandwänden mit einseitiger Brandbeanspruchung
Die ( ) - Werte gelten für Wände mit beidseitigem Putz nach Abschnitt II/7.3.1

T4: Tab. 45

Feuerwiderstandsklasse	BW			
h_s/d: zulässige Schlankheit d_1: Mindestwanddicke (mm) bei einschaliger Ausführung d_2: Mindestwanddicke (mm) bei zweischaliger Ausführung[8] u: Mindestachsabstand (mm)	h_s/d	d_1	d_2	u
Wände aus Normalbeton (DIN 1045-1)				
unbewehrter Beton	nach DIN 1045-1	200	2 x 180	nach DIN 1045-1
bewehrter Beton, nichttragend		120	2 x 100	
bewehrter Beton, tragend	25	140	2 x120[1]	25
Wände aus Leichtbeton mit haufwerksporigem Gefüge (DIN 4232)				
der Rohdichteklasse ≥ 1,4	nach DIN 4232	250	2 x 200	-
der Rohdichteklasse ≥ 0,8		300	2 x 200	-
Wände aus bewehrtem Porenbeton				
nichttragende Wandplatten der Festigkeitsklasse 4,4, Rohdichteklasse ≥ 0,55	nach Zulassung	175	2 x 175	20
nichttragende Wandplatten der Festigkeitsklasse 3,3, Rohdichteklasse ≥ 0,55		200	2 x 200	30
tragende, stehend angeordnete, bewehrte Wandtafeln der Festigkeitsklasse 4,4, Rohdichteklasse ≥ 0,65		200[2]	2 x 200[2]	20[2]
Wände aus Ziegelfertigbauteilen (DIN 1053-4)				
Hochlochtafeln mit Ziegeln für vollvermörtelte Stoßfugen	25	165	2 x 165	nach DIN 1053-4
Verbundtafeln mit zwei Ziegelschichten	25	240	2 x 165	
Wände aus Mauerwerk (DIN 1053-1) unter Verwendung von Normalmörtel der Mörtelgruppe II, IIa oder III, IIIa				
Mauerziegel (DIN V 105-1) der Rohdichteklasse ≥ 1,4	nach DIN 1053-1[3]	240 (175)	2 x 175	-
Mauerziegel (DIN V 105-1) der Rohdichteklasse ≥ 1,2		300 (175)	2 x 200 (2 x 150[10])	-
Mauerziegel mit Lochung A und B (DIN V 105-2) der Rohdichteklasse ≥ 0,9		(175)	(2 x 150[10])	-
Mauerziegel mit Lochung A und B (DIN V 105-2) der Rohdichteklasse ≥ 0,8		365[6] (240)	2 x 240 (2 x 175)	-
Mauerziegel aus Leichthochlochziegel W (DIN V 105-2) der Rohdichteklasse ≥ 0,8		(240)	(2 x 175)	-
Mauerziegel (DIN V 105-6[5]) der Rohdichteklasse ≥ 0,9	nach Zulassung	240[11] (240[12])	(2 x 175)	-
Wände aus Kalksandsteinen (DIN V 106-1[4], DIN V 106-2)				
Voll-, Loch-, Block- und Plansteine der Rohdichteklasse ≥ 1,8	nach DIN 1053-1[3]	175[5]	2 x 150[5]	-
Voll-, Loch-, Block- und Plansteine der Rohdichteklasse ≥ 1,4		240	2 x 175	-
Voll-, Loch-, Block- und Plansteine der Rohdichteklasse ≥ 0,9		300 (300)	2 x 200 (2 x 175)	-
Voll-, Loch-, Block- und Plansteine der Rohdichteklasse = 0,8		300	2 x 240 (2 x 175)	-
Planelemente der Rohdichteklasse ≥ 1,8	nach Zulassung	175[10] 200	2 x 150 2 x 175	-

Tabelle wird fortgesetzt

Feuerwiderstandsklasse	BW			
	h_s/d	d_1	d_2	u
Porenbetonsteine (DIN V 4165[5])				
Plansteine der Rohdichteklasse ≥ 0,55	nach DIN 1053-1[3]	300	2 x 240	-
Plansteine der Rohdichteklasse ≥ 0,55[7]		240	2 x 175	-
Plansteine der Rohdichteklasse ≥ 0,40[9]		300	2 x 240	-
Plansteine der Rohdichteklasse ≥ 0,55[10)13]		240	2 x 175	-
Planelemente der Rohdichteklasse ≥ 0,55	nach Zulassung	240[10)14]	2 x 175[10)14]	-
Planelemente der Rohdichteklasse ≥ 0,45		300	2 x 240	-
Steine (DIN V 18151, DIN V 18152, DIN V 18153)				
der Rohdichteklasse ≥ 0,8	nach DIN 1053-1[3]	240 (175)	2 x 175 (2 x 175)	-
der Rohdichteklasse ≥ 0,6		300 (240)	2 x 240 (2 x 175)	-

1) Sofern infolge eines hohen Ausnutzungsfaktors nach Tabelle 89 keine größeren Werte gefordert werden.
2) Sofern infolge eines hohen Ausnutzungsfaktors nach Tabelle 91 keine größeren Werte gefordert werden.
3) Exzentrizitäten $e \leq d/3$.
4) Auch mit Dünnbettmörtel.
5) Bei Verwendung von Dünnbettmörtel und Plansteinen.
6) Bei Verwendung von Leichtmauermörtel, Ausnutzungsfaktor $\alpha_2 \leq 0{,}6$.
7) Bei Verwendung von Dünnbettmörtel und Plansteinen mit Vermörtelung der Stoß- und Lagerfugen.
8) Hinsichtlich des Abstandes der beiden Schalen bestehen keine Anforderungen.
9) Bei Verwendung von Dünnbettmörtel und Plansteinen ohne Stoßfugenvermörtelung.
10) Mit aufliegender Geschossdecke mit mindestens F 90 als konstruktive obere Halterung.
11) Ausnutzungsfaktor $\alpha_2 \leq 0{,}6$.
12) Bei einem Ausnutzungsfaktor $\alpha_2 \leq 0{,}6$ gilt d_1 = (175).
13) Bei Verwendung von Dünnbettmörtel und Plansteinen mit glatter, vermörtelter Stoßfuge.
14) Bei Verwendung von Dünnbettmörtel und Planelementen mit Vermörtelung der Stoß- und Lagerfugen.

Zweischalige Wände:

T4: 4.1.5

F 90

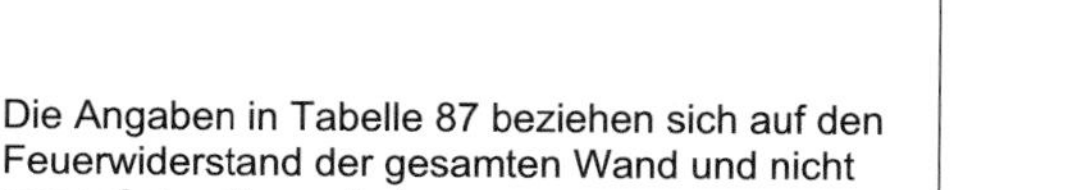

Die Angaben in Tabelle 87 beziehen sich auf den Feuerwiderstand der gesamten Wand und nicht nur auf eine Tragschale.

Bauteile zwischen den Schalen, z. B. Stützen oder Riegel, sind für sich allein zu bemessen.

Bekleidungen:

T4: 4.8.3.2

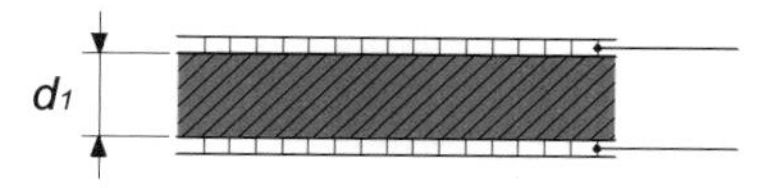

Bekleidungen dürfen nicht zur Verminderung der in Tabelle 87 angegeben Mindestwanddicken herangezogen werden.

6.2 Anschlüsse von Brandwänden an andere Bauteile

Anschlüsse von Ortbeton- und Mauerwerkswänden an angrenzende Massivbauteile: *T4:* 4.8.4

- Statisch erforderliche Anschlüsse, die die Stoßbeanspruchung nach DIN 4102-3 aufnehmen, sind nach DIN 4102-4, Abschnitt 4.8.4 oder dem Bild 24 oder nach den Angaben von Bild 10 und Bild 11 in Abschnitt I/2.6.5 auszuführen.
- Statisch nicht erforderliche Anschlüsse können nach den Angaben von Bild 8 und Bild 9 in Abschnitt I/2.6.5 ausgeführt werden.

Anschlüsse von nichttragenden, liegend angeordneten Wandplatten an angrenzende Stahlbetonbauteile: *T4:* 4.8.5

- Wandplatten aus Stahlbeton oder bewehrtem Porenbeton können an Stahlbetonstützen oder -wandscheiben z. B. nach DIN 4102-4, Bild 25, Ausführungsmöglichkeiten 1, 3, 4 und 5 angeschlossen werden. *T4:* 4.8.5.1
- Wandplatten aus bewehrtem Porenbeton können auch nach Ausführungsmöglichkeit 2 im Bild 25 der DIN 4102-4 ausgeführt werden.
- Anschlüsse an Eckstützen sind nach DIN 4102-4, Bild 26 auszuführen.
- Bei Wandplatten aus Stahlbeton kann der Anschluss auch durch Anschweißen von Stahllaschen, die die Anforderungen nach Abschnitt 4.8.5.2 der DIN 4102-4 erfüllen, erfolgen. *T4:* 4.8.5.2
- Stahlbetonstützen müssen eine Mindestdicke von $d \geq 240$ mm aufweisen und eine Feuerwiderstandsdauer ≥ F 90 besitzen. *T4:* 4.8.5.3
- Wandscheiben müssen eine Mindestdicke von $d \geq 170$ mm und eine Breite $b > 5 \cdot d$ aufweisen und eine Feuerwiderstandsdauer ≥ F 90 besitzen.

Anschlüsse von nichttragenden, liegend angeordneten Wandplatten an angrenzende Stahl- und Verbundstützen: *T4:* 4.8.6

- Wandplatten aus Stahlbeton oder bewehrtem Porenbeton können an Stahl- oder Verbundstützen z. B. nach den Angaben in DIN 4102-4, Bild 27, Ausführungsmöglichkeiten 1 bis 4 angeschlossen werden. *T4:* 4.8.6.1
- Anschlüsse an Eckstützen können nach DIN 4102-4, Bild 28 konstruiert werden.
- Bei Wandplatten aus Stahlbeton darf der Anschluss auch durch Anschweißen von Stahllaschen, die die Anforderungen nach Abschnitt 4.8.5.2 der DIN 4102-4 erfüllen, an die Stahlstützen erfolgen. *T4:* 4.8.6.2

- Stahlstützen sind an ihren beflammten Seiten mit einer Feuerwiderstandsdauer ≥ F 90 zu ummanteln. Die Bekleidung muss den Anforderungen in Abschnitt 4.8.6.3 der DIN 4102-4 entsprechen. Die raumseitigen Flächen zwischen den Flanschen sind auszumauern oder auszubetonieren. *T4:* 4.8.6.3
- Für Stahlstützen mit einer Ummantelung aus Gipskartonplatten und einer Feuerwiderstandsklasse ≥ F 90 gelten die Randbedingungen nach DIN 4102-4, Bild 29, Ausführungsmöglichkeiten 1 bis 3.

Anschlüsse von nichttragenden, stehend angeordneten Wandplatten an angrenzende Stahlbeton- und Stahlbauteile: *T4:* 4.8.7

- Wandplatten aus Stahlbeton oder bewehrtem Porenbeton können an Stahlbeton-Riegel oder -Deckenscheiben bzw. Sockel- und Fundamentteile z. B. nach den Angaben in DIN 4102-4, Bild 30 angeschlossen werden. Der Anschluss an Stahl-Riegel oder -Deckenträger ist sinngemäß auszuführen, wobei die Ankerlaschen oder Ankerschienen anzuschweißen sind. *T4:* 4.8.7.1
- Bei Wandplatten aus Stahlbeton darf der Anschluss auch durch Anschweißen von Stahllaschen, die die Anforderungen nach Abschnitt 4.8.5.2 bzw. 4.8.6.2 der DIN 4102-4 erfüllen, erfolgen. *T4:* 4.8.7.2
- Stahlbetonriegel müssen eine Mindestbreite von $b \geq 240$ mm besitzen. Die Achsabstände der Bewehrung sind nach Tabelle 7 für eine Feuerwiderstandsdauer ≥ F 90 zu bemessen. *T4:* 4.8.7.3
- Stahlriegel sind dreiseitig mit einer Feuerwiderstandsdauer ≥ F 90 zu ummanteln. Die in Bild 29 der DIN 4102-4 gekennzeichneten Flächen zwischen den Flanschen sind auszumauern oder auszubetonieren, oder es ist eine Blechbekleidung anzuordnen. *T4:* 4.8.7.4
- Für die Stahlbetonstützen und -wandscheiben bzw. die Stahlstützen gelten die zuvor in diesem Abschnitt genannten Bedingungen. *T4:* 4.8.7.5

6.3 Ausbildung der Fugen zwischen Wandplatten

T4: 4.8.8

Horizontalfugen für liegend angeordnete Wandplatten:

T4: 4.8.8.1

Nut- und Federfuge für Stahlbeton- oder Porenbeton-Wandplatten:

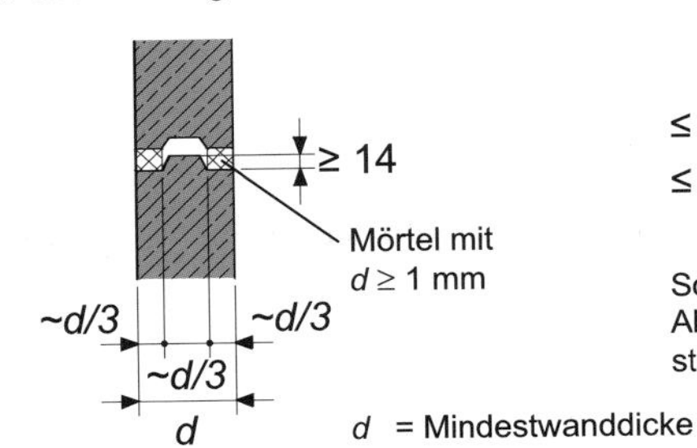

≤ 35
≤ 35
≥ 10
≥ 8

Sonderfall für Nut-Feder-Ausführung, wenn Abstand des äußersten Bewehrungslängsstabes ≤ 35 mm.

TA1: 3.4.2 / 4.5.2.2

d = Mindestwanddicke

Glatte Fuge mit Dollen Ø 20, $a \leq 1500$ mm für Stahlbeton-Wandplatten:

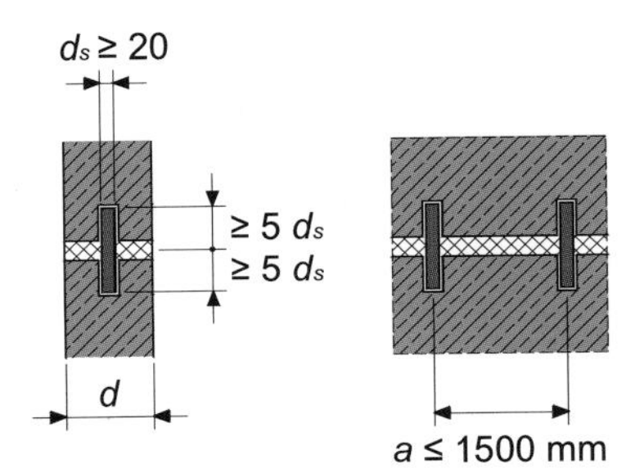

$a \leq 1500$ mm

d = Mindestwanddicke
d_s = Dollendurchmesser
a = Dollenabstand

Vertikalfugen für stehend angeordnete Wandplatten:

T4: 4.8.8.2

Nut- und Federfuge für Stahlbeton-Wandplatten: Ausführung entsprechend bei Horizontalfugen.

Fugenausbildung nach Bild 30 der DIN 4102-4 für Stahlbeton- oder Porenbeton-Wandplatten.

Anstelle von Mörtel kann auch Kunstharzmörtel zur Verbindung im Fugenbereich mit einer Dicke $d \leq 3$ mm verwendet werden.

T4: 4.8.8.3

Berücksichtigung gefaster Kanten:

T4: 4.8.8.5

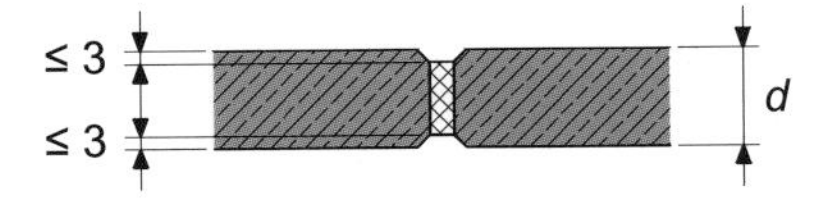

Gefaste Kanten ≤ 3 cm beeinflussen die Klassifizierung nicht.

Verschließung der Fasungen mit Fugendichtstoff nach DIN EN 26927 zulässig.

Die Angaben in der Tabelle 87 gelten für alle Stoßfugenausbildungen nach DIN 1053-1.

T4: 4.5.2.11

6.4 Bewehrung von Wandplatten aus Porenbeton

T4: 4.8.9 und *TA1:* 3.3 / 4.8.9

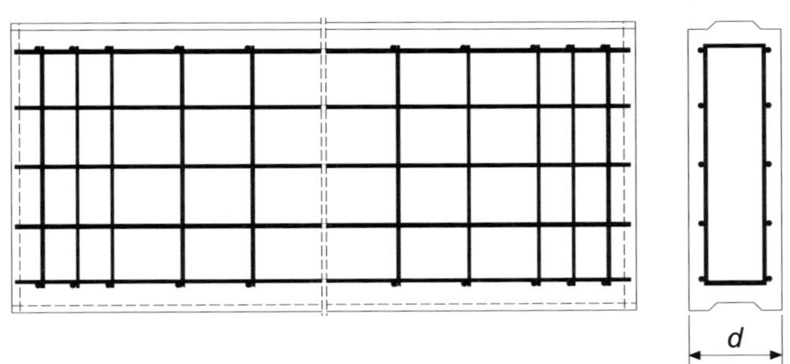

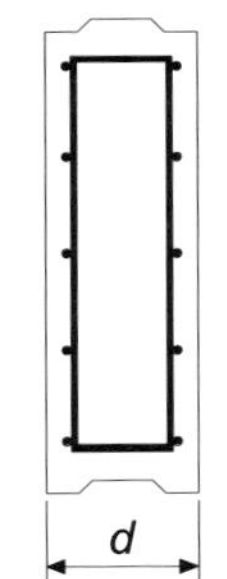

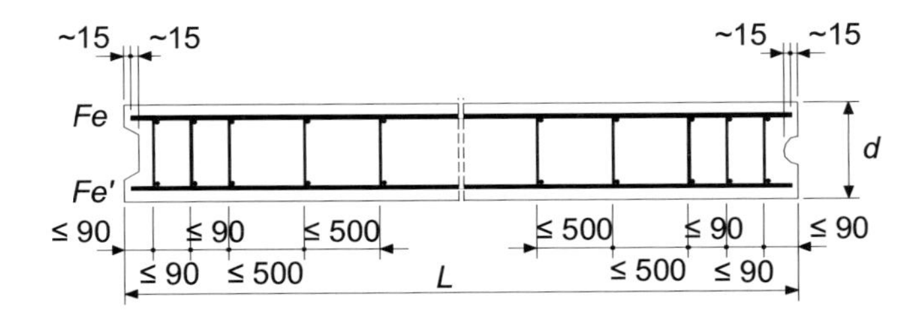

d = Mindestwanddicke
L = Plattenlänge
F_e, F_e' = Bewehrungsgehalt

Bewehrung aus Betonstahlmatten mit Bügeln, S-Haken bzw. angeschweißten Verbindungsstäben oder zu einem Korb geschweißten Matten.

Tabelle 88: Bewehrungsgehalt in Abhängigkeit von der Plattendicke und Plattenlänge

TA1: 3.3 / Bild 32

Feuerwiderstandsklasse	BW		
F_e, F_e': Bewehrungsgehalt (mm²/m)	F_e, F_e'	F_e, F_e'	F_e, F_e'
Plattenlänge L (mm)	Plattendicke d 175 mm[1]	200 mm[2]	225 mm[2]
≤ 4000	≥ 102	≥ 102	≥ 102
> 4000 bis 5000	≥ 131	≥ 112	≥ 102
> 5000 bis 6000	≥ 190	≥ 162	≥ 146
> 6000 bis 7000	≥ 258	≥ 220	≥ 195
> 7000 bis 7600	-	≥ 252	≥ 222
> 7600 bis 8000	-	-	≥ 245

[1] bei d = 175 mm: $L/d \leq 40$.
[2] bei $d \geq 200$ mm: $L/d \leq 38$.

7 Wände – raumabschließend, tragend und nichttragend

7.1 Wände aus Beton- und Stahlbeton

7.1.1 Wände aus Normalbeton und Leichtbeton mit geschlossenem Gefüge

T4: 4.2

Allgemeine Anforderungen und Randbedingungen

Die Angaben gelten für Beton- und Stahlbetonwände aus Normalbeton bzw. Leichtbeton mit geschlossenem Gefüge nach DIN 1045-1 mit einseitiger Brandbeanspruchung.

T4: 4.2.1.1

Tragende Wände:

T4: 4.2.1.2

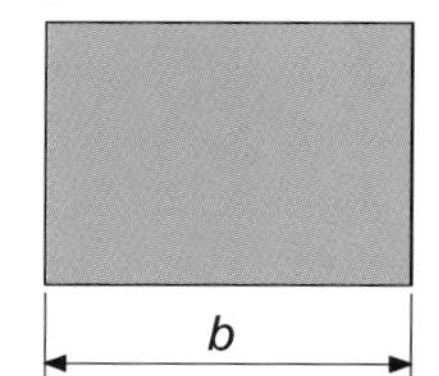

$b \geq 0{,}40$ m
$\geq 5 \cdot d$

b = Breite der Wand
d = brandschutztechnisch notwendige Dicke nach Tabelle 89

Für kleinere Breiten erfolgt die Bemessung nach Abschnitt II/4.1 oder II/8.1.2.

Der Ausnutzungsfaktor α_1 ergibt sich aus dem Verhältnis des Bemessungswertes der vorhandenen Längskraft im Brandfall $N_{fi,d,t}$ zum Bemessungswert der Tragfähigkeit N_{Rd} und der Multiplikation mit α^*:

T4: 4.2.2.1

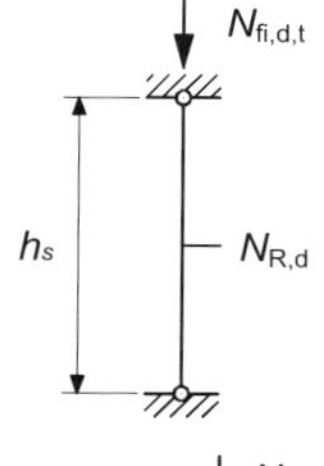

$$\alpha_1 = (N_{fi,d,t} / N_{Rd}) \times \alpha^* \quad (48)$$

mit $\alpha^* = 2{,}0$ als Vereinfachung für $\leq$ C 45/55
oder nach Bild 14 in Abschnitt II/4.1.1

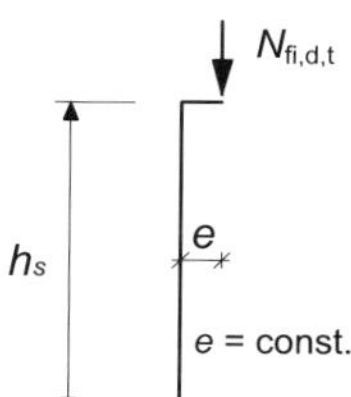

Bei planmäßig ausmittiger Beanspruchung ist für die Ermittlung von α_1 von einer konstanten Ausmitte auszugehen.

Für die Mindestwanddicke dürfen Zwischenwerte geradlinig interpoliert werden.

T4: 1.2.3

7.1.1.1 Wände aus Normalbeton

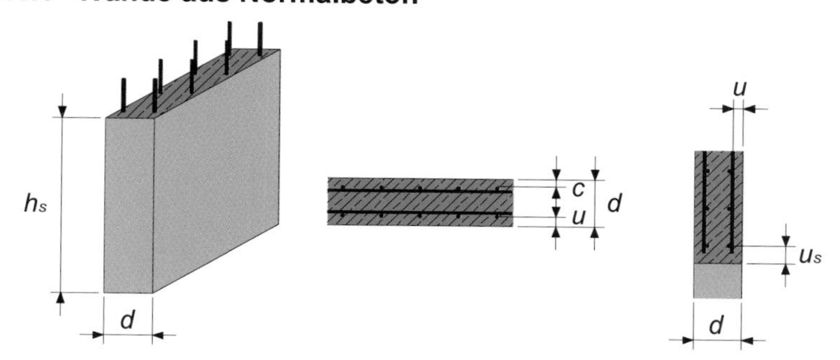

d = Mindestwanddicke
u = Mindestachsabstand der Tragbewehrung
u, u_s = Mindestachsabstand in Wandbereichen über Öffnungen
c = Mindestbetondeckung
h_s = Geschosshöhe

Tabelle 89: Tragende und nichttragende, raumabschließende Beton- und Stahlbetonwände aus Normalbeton

T4: Tab. 35

Feuerwiderstandsklasse	F 30-A	F 60-A	F 90-A	F 120-A	F 180-A
	unbekleidete Wände				
zulässige Schlankheit h_s/d	nach DIN 1045-1				
d: Mindestwanddicke (mm)	d	d	d	d	d
nichttragende Wände	80[1]	90[1]	100[1]	120	150
tragende Wände					
Ausnutzungsfaktor α_1 = 0,1	80[1]	90[1]	100[1]	120	150
Ausnutzungsfaktor α_1 = 0,5	100[1]	110[1]	120	150	180
Ausnutzungsfaktor α_1 = 1,0	120	130	140	160	210
u: Mindestachsabstand (mm)	u	u	u	u	u
nichttragende Wände	10	10	10	10	35
tragende Wände					
Ausnutzungsfaktor α_1 = 0,1	10	10	10	10	35
Ausnutzungsfaktor α_1 = 0,5	10	10	20	25	45
Ausnutzungsfaktor α_1 = 1,0	10	10	25	35	55
u, u_s: Mindestachsabstand (mm) in Wandbereichen über Öffnungen mit	u, u_s	u, u_s	u, u_s	u, u_s	u, u_s
einer lichten Weite ≤ 2,0 m	10	15	25	35	55
einer lichten Weite > 2,0 m	10	25	35	45	65
Wände mit beidseitiger Putzbekleidung nach Abschnitt I/2.2.4					
zulässige Schlankheit h_s/d	nach DIN 1045-1				
d: Mindestwanddicke (mm)	d nach dieser Tabelle, Abminderungen nach Tabelle 2 möglich, jedoch $d \geq$				
nichttragende Wände	60				
tragende Wände	80				
u, u_s: Mindestachsabstände (mm)	u und u_s dieser nach Tabelle, Abminderungen nach Tabelle 2 möglich, jedoch u und $u_s \geq 10$ mm				

1) Bei Betonfeuchtegehalten > 4 % Massenanteil (s. Abschnitt I/2.2.5) sowie bei Wänden mit sehr dichter Bewehrung (Stababstände < 100 mm) muss die Wanddicke d mindestens 120 mm betragen.

Fugen zwischen Fertigteilen:

T4: 4.2.2.2

Fugen sind mit Mörtel (DIN 1053-1) oder Beton (DIN 1045-1) mit der Mindestdicke d^* zu verschließen:

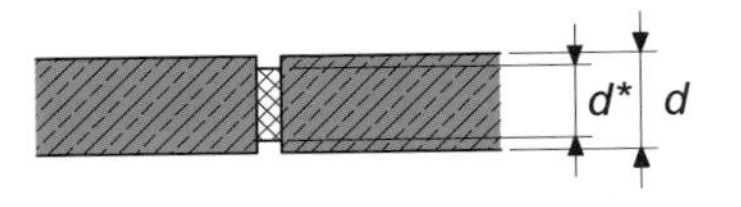

d = Mindestwanddicke
d^* = Mindestdicke nach Tabelle 89 für tragende Wände und dem Ausnutzungsfaktor $\alpha_1 = 0{,}1$

Bei Fugen mit Nut- und Feder-Ausbildung genügt Vermörtelung in den äußeren Wanddritteln:

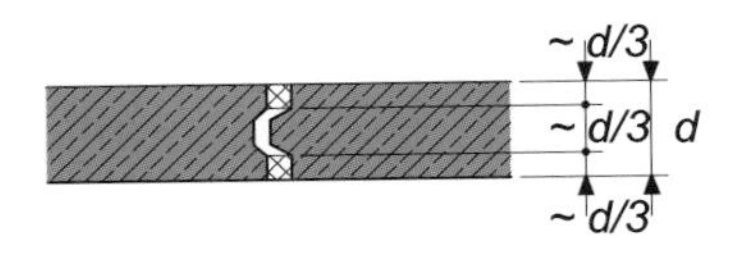

d = Mindestwanddicke

Fugen mit Mineralfaser-Dämmschicht:

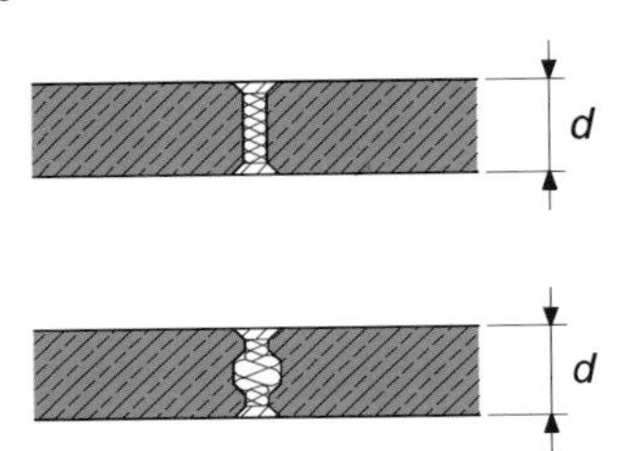

d = Mindestwanddicke

Mineralfaser-Dämmschichten nach DIN 18165-2, Abschnitt 2.2, der Baustoffklasse A, einem Schmelzpunkt ≥ 1000 °C nach DIN 4102-17 und einer Rohdichte ≥ 30 kg/m³. Hohlräume müssen dicht ausgestopft werden.

Verschließung der Abschlüsse von Mineralfaser-Dämmschichten mit Fugendichtstoff nach DIN EN 26927.

Berücksichtigung gefaster Kanten:

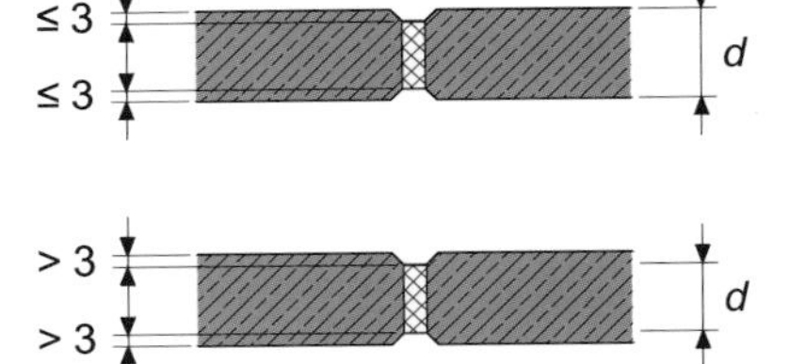

Gefaste Kanten ≤ 3 cm bei Mindestdicke d nicht berücksichtigen.

Gefaste Kanten > 3 cm bei Mindestdicke d berücksichtigen.

Verschließung der Fasungen mit Fugendichtstoff nach DIN EN 26927 erlaubt.

7.1.1.2 Wände aus Leichtbeton mit geschlossenem Gefüge

T4: 4.4

Die hier klassifizierten Wände dürfen nur bei Umweltbedingungen entsprechend den Expositionsklassen XC 1 und XC 3 nach DIN 1045-1, Tabelle 3 eingebaut werden.

T4: 4.4.3

Mindestdicke unbekleideter, tragender und nichttragender Wände:

T4: 4.4.4

Die Werte nach Tabelle 89 dürfen folgendermaßen verringert werden:

- Rohdichteklasse D 1,0 um 20 %,
- Rohdichteklasse D 2,0 um 5 %,
- Zwischenwerte dürfen geradlinig interpoliert werden.

Dabei gilt jedoch eine Mindestwanddicke von $d \geq 150$ mm.

Mindestachsabstand der Bewehrung:

T4: 4.4.5

Die Werte der Tabelle 89 dürfen folgendermaßen abgemindert werden:

- Rohdichteklasse D 1,0 um 20 %,
- Rohdichteklasse D 2,0 um 5 %,
- Zwischenwerte dürfen geradlinig interpoliert werden.

Dabei dürfen die folgenden Werte nicht unterschritten werden:

- F 30-A: u siehe Betondeckung c nach DIN 1045-1,
- ≥ F 60-A: $u \geq 30$ mm.

7.1.2 Wände aus Leichtbeton mit haufwerksporigem Gefüge

T4: 4.6

Allgemeine Anforderungen und Randbedingungen

Die Angaben gelten für Wände aus Leichtbeton mit haufwerksporigem Gefüge nach DIN 4232 mit einer Rohdichteklasse ≥ 0,8 und einseitiger Brandbeanspruchung.

T4: 4.6.1.1

Der Ausnutzungsfaktor α_3 ergibt sich entsprechend dem Ausnutzungsfaktor α_1 in Abschnitt II/7.1.1.

T4: 4.6.2.2

Für die Mindestwanddicke dürfen Zwischenwerte geradlinig interpoliert werden.

T4: 1.2.3

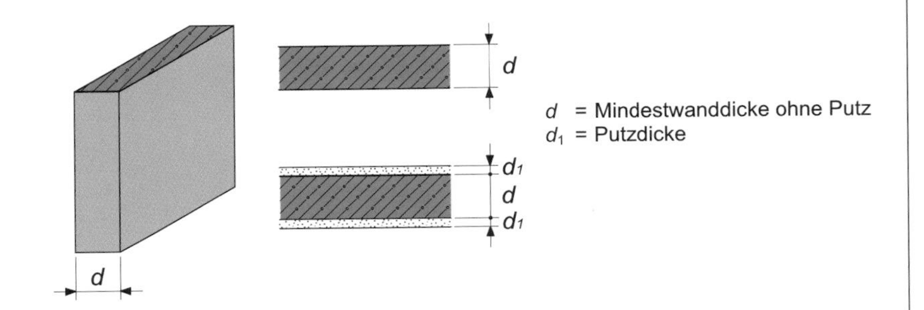

Tabelle 90: Mindestdicke tragender und nichttragender, raumabschließender Wände aus Leichtbeton mit haufwerksporigem Gefüge
Die ( ) - Werte gelten für Wände mit beidseitigem Putz nach Abschnitt II/7.1.2

T4: Tab. 43

Feuerwiderstandsklasse	F 30-A	F 60-A	F 90-A	F 120-A	F 180-A
d: Mindestwanddicke (mm)	*d*	*d*	*d*	*d*	*d*
nichttragende Wände[1)]	75[2)] (60[2)])	75[2)] (75[2)])	100 (100)	125 (100)	150 (125)
tragende Wände					
Ausnutzungsfaktor α_3 = 0,2	115[2)] (115[2)])	150 (115[2)])	150 (115[2)])	150 (115[2)])	175 (125[2)])
Ausnutzungsfaktor α_3 = 0,5	150 (115[2)])	175 (150)	200 (175)	240 (200)	240 (200)
Ausnutzungsfaktor α_3 = 1,0	175 (150)	200 (175)	240 (175)	300 (200)	300 (240)

1) Die Angaben gelten auch für Wände aus stehenden Wandplatten aus Stahlbetondielen aus Leichtbeton mit haufwerksporigem Gefüge nach DIN 4028.
2) Die Mindestmaße nach DIN 4232 sind zu beachten.

Putze zur Verbesserung der Feuerwiderstandsdauer:

T4: 4.6.2.3

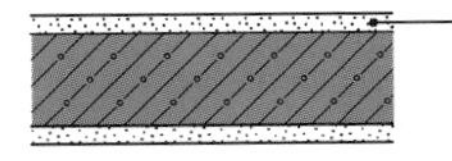

- Putze nach DIN 18550-2.
- Es gelten die Randbedingungen von Abschnitt II/7.3.1.

7.1.3 Wände aus bewehrtem Porenbeton

T4: 4.7

Allgemeine Anforderungen und Randbedingungen

Die Angaben gelten für Wände aus bewehrtem Porenbeton mit einseitiger Brandbeanspruchung. Wände aus Porenbeton-Wandbauplatten sind nach Zulassung zu bemessen.

T4: 4.7.1.1

Der Ausnutzungsfaktor α_4 ist beim vereinfachten Berechnungsverfahren das Verhältnis der vorhandenen Beanspruchung vorh σ zur zulässigen Beanspruchung zul σ.

T4: 4.7.2.2

$$\alpha_4 = (\text{vorh } \sigma / \text{zul } \sigma) \qquad (49)$$

Für die Mindestwanddicken dürfen Zwischenwerte geradlinig interpoliert werden.

T4: .1.2.3

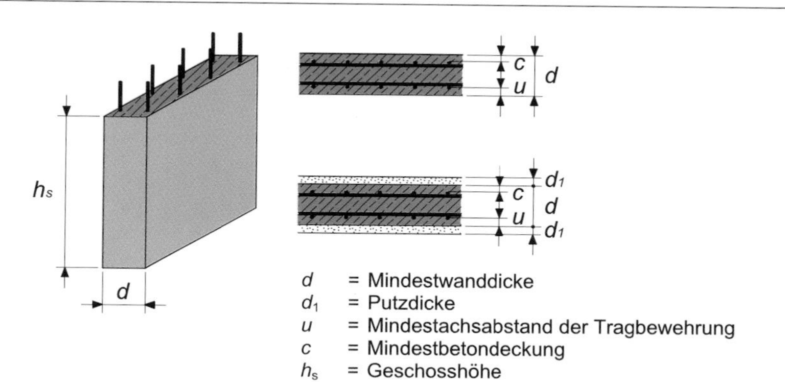

Tabelle 91: Tragende und nichttragende, raumabschließende Wände aus bewehrtem Porenbeton
Die ( ) - Werte gelten für Wände mit beidseitigem Putz nach Abschnitt II/7.1.3

T4: Tab. 44

Feuerwiderstandsklasse	F 30-A	F 60-A	F 90-A	F 120-A	F 180-A
nichttragende Wandplatten					
zulässige Schlankheit h_s/d	nach Zulassungsbescheid				
d: Mindestwanddicke (mm)	d	d	d	d	d
	75 (75)	75 (75)	100 (100)	125 (100)	150 (125)
tragende Wandtafeln					
zulässige Schlankheit h_s/d	nach Zulassungsbescheid				
d: Mindestwanddicke (mm)	d	d	d	d	d
Ausnutzungsfaktor α_4 = 0,5	150 (125)	175 (150)	200 (175)	225 (200)	240 (225)
Ausnutzungsfaktor α_4 = 1,0	175 (150)	200 (175)	225 (200)	250 (225)	300 (250)
u: Mindestachsabstand (mm)	u	u	u	u	u
Ausnutzungsfaktor α_4 = 0,5	10	10	20	30	50
Ausnutzungsfaktor α_4 = 1,0	10	20	30	40	60

Putze zur Verbesserung der Feuerwiderstandsdauer: *T4:* 4.7.2.3

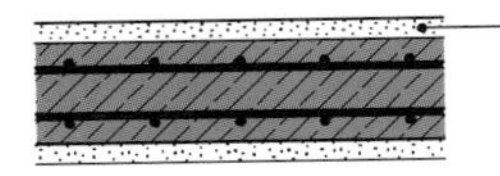

- Putze der Mörtelgruppe P IV nach DIN 18550-2 oder aus Leichtmörtel nach DIN 18550-4 verwendbar.
- Der Putzgrund muss die Anforderungen nach DIN 18550-2 für eine ausreichende Haftung erfüllen.

Wandbereiche über Öffnungen bzw. Stürze müssen dieselbe Breite wie die Wand besitzen. *T4:* 4.7.2.4

Kunstharzmörtel zur Verbindung von Platten und Fertigteilen im Lagerfugenbereich mit einer Dicke ≤ 3 cm beeinflussen die Feuerwiderstandsklasse nicht. *T4:* 4.7.2.5

7.1.4 Wände aus hochfestem Beton

Die Angaben in Abschnitt II/7.1.1 zu den Mindestquerschnittsabmessungen und den Mindestachsabständen der Bewehrung gelten auch für Wände aus hochfestem Beton (> C 50/60 bei Normalbeton und > LC 50/55 bei Leichtbeton) nach DIN EN 206-1. *TA1:* 3.1 / 9.1

Schutzbewehrung von Wänden mit Querschnittsmaßen $d < 300$ mm und einer Schlankheit $\lambda > 45$ oder einer bezogenen Lastausmitte von $e/d \geq 1/6$: *TA1:* 3.1 / 9.5

- Auf der brandbeanspruchten Seite ist eine Schutzbewehrung nach Abschnitt I/2.2.3 mit einer Betondeckung c_{nom} = 15 mm einzubauen.
- Bei Stützen in feuchter und/oder chemisch angreifender Umgebung ist c_{nom} um 5 mm zu erhöhen.
- Die Schutzbewehrung ist nicht erforderlich, wenn zerstörende Betonabplatzungen bei der Brandbeanspruchung durch betontechnische Maßnahmen nachweislich verhindert werden.

7.2 Wände aus Holz und Holzwerkstoffen

7.2.1 Wände in Holztafelbauart

T4: 4.12

Allgemeine Anforderungen und Randbedingungen

Die Angaben gelten für einschalige Wände in Holztafelbauart mit einseitiger Brandbeanspruchung. Zwischen den Beplankungen bzw. Bekleidungen ist eine brandschutztechnisch notwendige Dämmschicht angeordnet. Die Angaben gelten auch für zweischalige Wandkonstruktionen nach Tabelle 99, wenn die Holzquerschnitte und die Dämmschicht Tabelle 99 bzw. Tabelle 92 entsprechen und die Beplankungsdicken nach Tabelle 92 eingehalten werden.

T4: 4.12.1.1

T4: 4.12.1.3

Holzrippen:

T22: 6.2 / 4.12.2.1

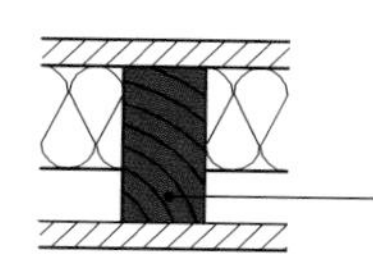

- Festigkeitsklassen nach DIN 1052:
  Nadelschnittholz NH ≥ C24,
  Laubschnittholz LH ≥ D30,
  Brettschichtholz BSH ≥ GL24c.
- Nichttragende Wände:
  Rippen auch aus Spanplatten nach DIN 68763 mit einer Rohdichte ≥ 600 kg/m³, wenn die Beplankung ebenfalls aus Spanplatten besteht und mit den Rippen nach DIN 1052 verklebt ist.

Ausnutzungsgrad der Schwellenpressung $f_{c,90,d}$ für tragende Wände:

T22: 6.2 / 4.12.3

$$\alpha_7 = \frac{\sigma_{c,90,d}}{k_{c,90} \times f_{c,90,d}} \quad (50)$$

T22: 6.2 / Gl. 8.1

mit $\sigma_{c,90,d}$: Bemessungswert der Druckspannung senkrecht zur Faser bei Normaltemperatur

$f_{c,90,d}$: Bemessungswert der Druckfestigkeit senkrecht zur Faser nach DIN 1052

$k_{c,90}$: Querdruckbeiwert nach DIN 1052

Der Druckanteil aus einer Biegebeanspruchung braucht in $\sigma_{c,90,d}$ nicht berücksichtigt zu werden. Im Übrigen gelten die Festlegungen von DIN 1052.

Beplankung bzw. Bekleidung aus:

T4: 4.12.4.1

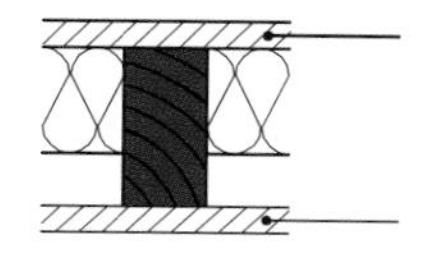

- Sperrholz nach DIN 68705-3 oder DIN 68705-5,
- Spanplatten nach DIN 68763,
- Holzfaserplatten nach DIN 68754-1 oder
- Gipskarton-Bauplatten GKB und Gipskarton-Feuerschutzplatten GKF nach DIN 18180.

Bekleidung aus:

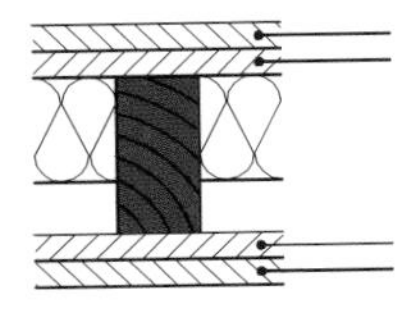

- Faserzementplatten,
- Fasebretter aus Nadelholz nach DIN 68122,
- Stülpschalungsbretter aus Nadelholz nach DIN 68123,
- Profilbretter mit Schattennut nach DIN 68126-1,
- Gespundete Bretter aus Nadelholz nach DIN 4072,
- Holzwolle-Leichtbauplatten nach DIN 1101.

Die Platten und Bretter müssen eine geschlossene Fläche besitzen. Die Holzwerkstoffplatten müssen eine Rohdichte ≥ 600 kg/m³ haben.

Fugen von Platten und Brettern: *T4:* 4.12.4.2

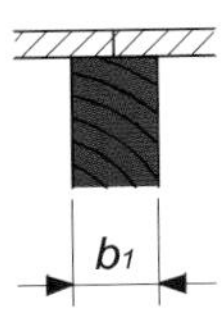

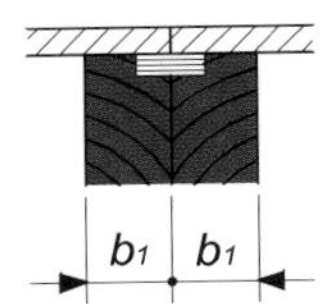

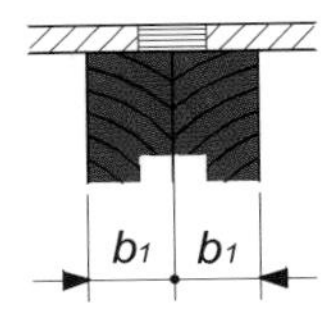

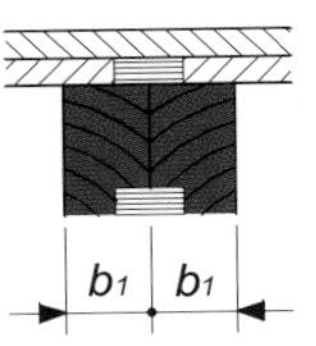

Platten und Bretter auf Holzrippen dicht stoßen.
Federn und Deckleisten aus Holz oder Holzwerkstoffen.

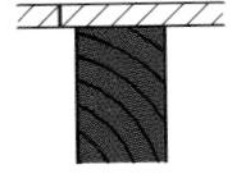

Ausnahmen:
Dicht gestoßene Längsränder von gespundeten oder genuteten Brettern.
Längsränder von Holzwolle-Leichtbauplatten mit Putz, wenn die Fugen durch Drahtgewebe oder Ähnliches überbrückt werden.

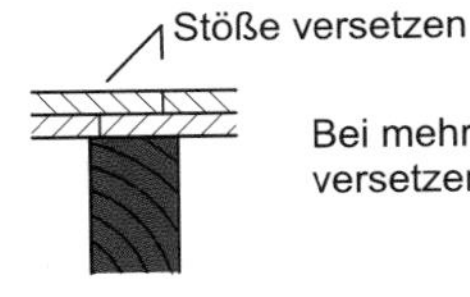

Bei mehrlagiger Beplankung und/oder Bekleidung sind die Stöße zu versetzen.

Gipskarton-Bauplatten sind nach DIN 18181 mit Schnellschrauben, Klammern oder Nägeln auf den Holzrippen zu befestigen. *T4:* 4.12.4.3

Beplankungs-/Bekleidungsdicke d_W bei profilierten Brettern: *T4:* 4.12.4.4

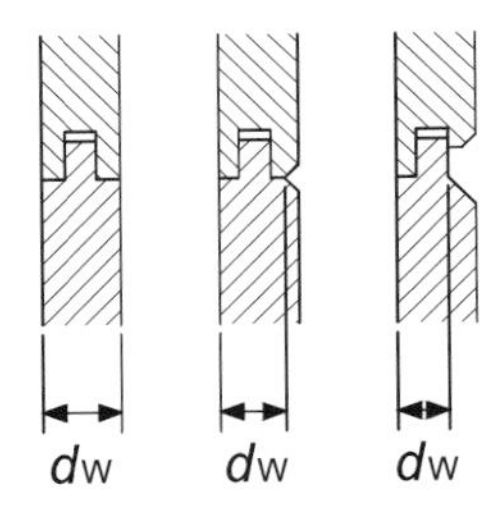

Bild 15: Dicke d_W bei profilierten Brettern

Brandschutztechnisch notwendige Dämmschicht in raumabschließenden Wänden:

T4: 4.12.5

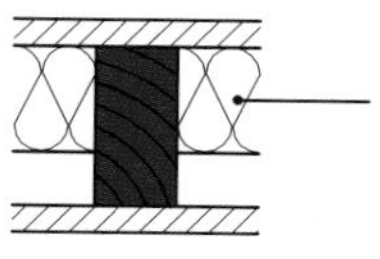

- Aus Mineralfaser-Dämmstoffen nach DIN V 18165-1, Abschnitt 2.2, der Baustoffklasse A und einem Schmelzpunkt ≥ 1000 °C nach DIN 4102-17 oder

T4: 4.12.5.1

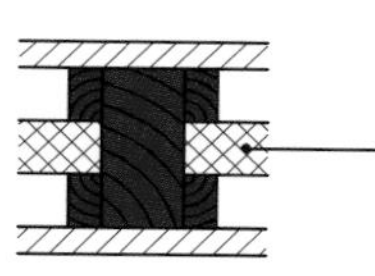

- aus Holzwolle-Leichtbauplatten nach DIN 1101.

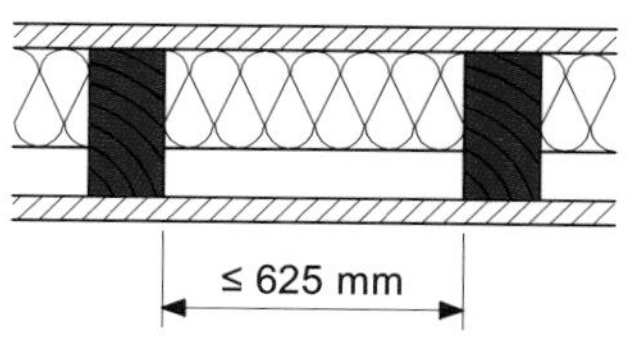

Plattenförmige Mineralfaser-Dämmschichten durch strammes Einpassen (Stauchung bis etwa 1 cm) zwischen den Rippen gegen Herausfallen sichern. Lichter Rippenabstand ≤ 625 mm.

T4: 4.12.5.2

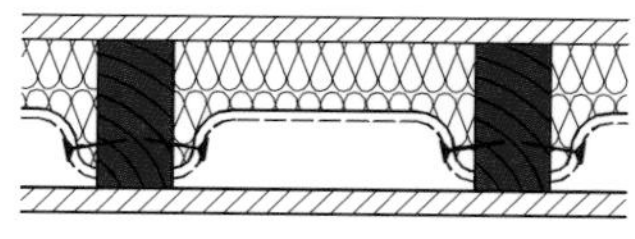

Mattenförmige Mineralfaser-Dämmschichten auf Maschendraht steppen, der durch Nagelung (Nagelabstände ≤ 100 mm) an den Holzrippen befestigt wird.

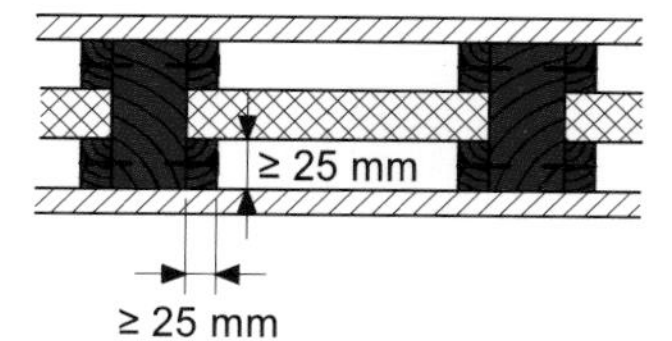

Holzwolle-Leichtbauplatten durch Holzleisten ≥ 25 mm x 25 mm an allen Rippenrändern befestigen.

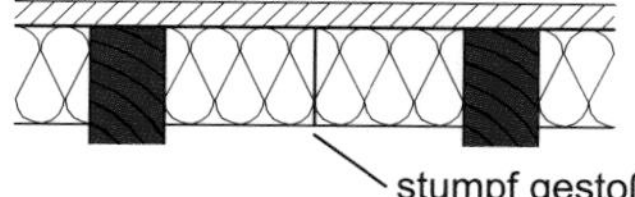

Fugen von stumpf gestoßenen Dämmschichten müssen dicht sein.

T4: 4.12.5.3

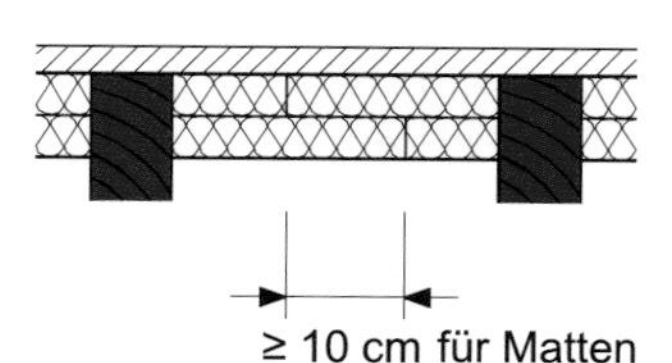

Brandschutztechnisch günstig sind ungestoßene oder zweilagig mit versetzten Stößen eingebaute Dämmschichten. Fugenüberlappung ≥ 10 cm bei mattenförmigen Dämmschichten.

Raumabschließende Wände:

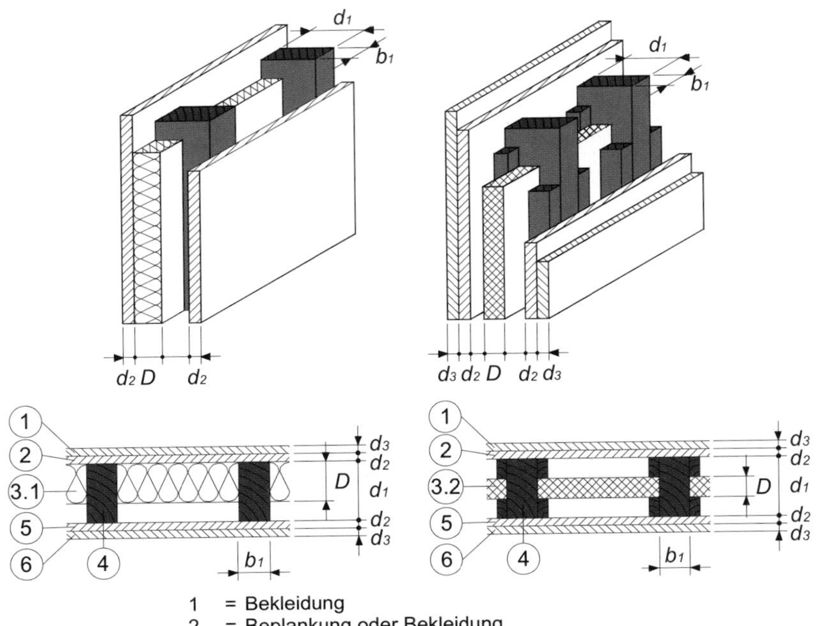

1 = Bekleidung
2 = Beplankung oder Bekleidung
3.1 = Dämmschicht aus Mineralfaser
3.2 = Dämmschicht aus Holzwolle-Leichtbauplatten
4 = Holzrippe
5 = Beplankung oder Bekleidung
6 = Bekleidung

Tabelle 92: Raumabschließende Wände in Holztafelbauart

T4: Tab. 51

Feuerwiderstandsklasse	Holzrippen nach Abschnitt II/7.2.1			Beplankung oder Bekleidung nach Abschnitt II/7.2.1 aus		Dämmschicht nach Abschnitt II/7.2.1 aus		
	Mindest-breite	Mindest-dicke	Ausnutzungsgrad der Schwellenpressung $f_{c,90,d}$ nach DIN 1052	Holzwerkstoffplatten mit $\rho \geq 600$ kg/m³	Gipskarton-Feuerschutzplatten (GKF)	Mineralfaser-Platten oder -Matten		Holzwolle-Leichtbauplatten
				Mindestdicke		Mindestdicke	Mindestrohdichte	Mindestdicke
	b_1 mm	d_1 mm	α_7	d_2 mm	d_3 mm	D mm	ρ kg/m³	D mm
F 30-B	40	80[1)]	1,0	13[2)]		80	30	
F 30-B	40	80[1)]	1,0	13[2)]		40	50	
F 30-B	40	80[1)]	0,5	8[2)]		60	100	
F 30-B	40	80[1)]	1,0	13[2)]				25
F 30-B	40	80[1)]	0,5	8[2)]				50
F 30-B	40	80[1)]	1,0		12,5[6)]	40	30	
F 30-B	40	80[1)]	1,0		12,5[6)]			25

Tabelle wird fortgesetzt

	b_1 mm	d_1 mm	α_7	d_2 mm	d_3 mm	D mm	ρ kg/m³	D mm
F 60-B	40	80[1]	1,0	2 x 16[3]		80	30	
	40	80[1]	1,0	2 x 16[3]		60	50	
	40	80[1]	0,5	19[4]		80	100	
	40	80[1]	0,5	19[4]				50
	40	80[1]	0,5	13	12,5[6]	60	50	
	40	80[1]	0,2	8	12,5[6]	80	100	
	40	80[1]	0,5	13	12,5[6]			50
	40	80[1]	0,2	8	12,5[6]			50
F 90-B	40	80[1]	0,2	2 x 19[5]		100	100	
	40	80[1]	0,2	2 x 19[5]				75
	40	80[1]	0,2	2 x 16[3]	15[7]	60	50	
	40	80[1]	0,2	19	15[7]	100	100	
	40	80[1]	0,2	19	15[7]			75

1) Bei nichttragenden Wänden muss $d_1 \geq 40$ mm sein.
2) Einseitig ersetzbar durch GKF-Platten mit $d \geq 12{,}5$ mm oder GKB-Platten mit $d \geq 18$ mm oder $d \geq 2 \times 9{,}5$ mm oder Bretterschalung nach Abschnitt II/7.2.1 (Aufzählungen für Bretter siehe Bekleidung) mit einer Dicke von $d_w \geq 22$ mm nach Bild 15.
3) Die jeweils raumseitige Lage darf durch GKB-Platten mit $d \geq 18$ mm oder $d \geq 2 \times 9{,}5$ mm ersetzt werden.
4) Einseitig ersetzbar durch GKF-Platten mit $d \geq 18$ mm.
5) Die jeweils raumseitige Lage darf durch GKF-Platten mit $d \geq 18$ mm ersetzt werden.
6) Anstelle von 12,5 mm dicken GKF-Platten dürfen auch GKB-Platten mit $d \geq 18$ mm oder $d \geq 2 \times 9{,}5$ mm verwendet werden.
7) Anstelle von 15 mm dicken GKF-Platten dürfen auch 12,5 mm GKF-Platten in Verbindung mit GKB-Platten mit $d \geq 9{,}5$ mm verwendet werden.

Raumabschließende Außenwände:

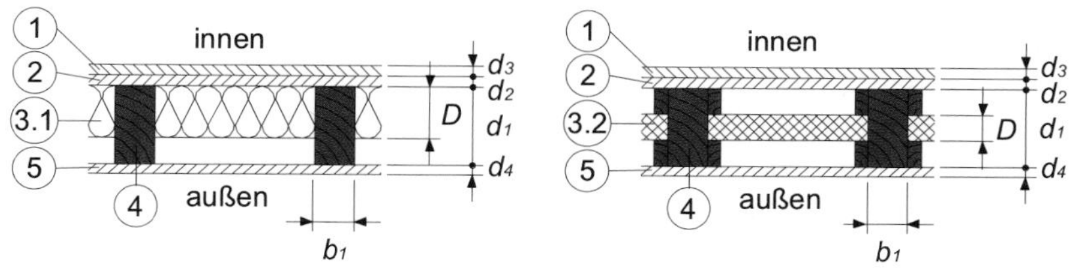

1 = Bekleidung innen
2 = Beplankung oder Bekleidung innen
3.1 = Dämmschicht aus Mineralfaser
3.2 = Dämmschicht aus Holzwolle-Leichtbauplatten
4 = Holzrippe
5 = Beplankung oder Bekleidung außen

Tabelle 93: Raumabschließende Außenwände in Holztafelbauart F 30-B

T4: Tab.52

Feuerwiderstandsklasse	Holzrippen nach Abschnitt II/7.2.1		Innen-Beplankung oder Bekleidung nach Abschnitt II/7.2.1 aus			Dämmschicht nach Abschnitt II/7.2.1 aus			Außen-Beplankung oder Bekleidung nach Abschnitt II/7.2.1 aus		
	Min-dest-maße[1]	Ausnutzungsgrad der Schwellenpressung $f_{c,90,d}$	Holzwerkstoffplatten mit $\rho \geq 600$ kg/m³	Gipskarton-Feuerschutzplatten (GKF)		Mineralfaser-Platten oder -Matten		Holzwolle-Leichtbauplatten	Brettern oder Holzwerkstoffplatten mit $\rho \geq 600$ kg/m³	Faserzementplatten	Putz auf Holzwolle-Leichtbauplatten $d \geq 25$ mm
			Mindestdicke			Mindestdicke	Mindestrohdichte	Mindestdicke	Mindestdicke		
	b_1 x d_1 mm	α_7	d_2 mm	d_2 mm	d_3 mm	D mm	ρ kg/m³	D mm	d_4 mm	d_4 mm	d_4 mm
F 30-B	40 x 80	1,0	13			80	30		13[4]		
	40 x 80	1,0	13			40	50		13[4]		
	40 x 80	1,0	13					25	13[4]		
	40 x 80	1,0		12,5[2]		80	30		13[4]		
	40 x 80	1,0		12,5[2]		40	50		13[4]		
	40 x 80	1,0		12,5[2]				25	13[4]		
	40 x 80	1,0	16			80	100			6	
	40 x 80	1,0	16					50		6	
	40 x 80	1,0		15[2]		80	100			6	
	40 x 80	1,0		15[2]				50		6	
	40 x 80	1,0	13			80	30				15[5]
	40 x 80	1,0	13			40	50				15[5]
	40 x 80	1,0	13					25			15[5]
	40 x 80	1,0		12,5[2]		80	60				15[5]
	40 x 80	1,0		12,5[2]		40	50				15[5]
	40 x 80	1,0		12,5[2]				25			15[5]
	40 x 80	1,0	10		9,5	80	30		13[4]		
	40 x 80	1,0	10		9,5	40	50		13[4]		
	40 x 80	1,0	10		9,5			25	13[4]		
	40 x 80	1,0		12,5	9,5[3]	80	30		13[4]		
	40 x 80	1,0		12,5	9,5[3]	40	50		13[4]		
	40 x 80	1,0		12,5	9,5[3]			25	13[4]		
	40 x 80	1,0	13		9,5	80	100			6	
	40 x 80	1,0	13		9,5			50		6	
	40 x 80	1,0		12,5	9,5[3]	80	100			6	
	40 x 80	1,0		12,5	9,5[3]			50		6	
	40 x 80	1,0	8		12,5	80	30				15[5]
	40 x 80	1,0	8		12,5	40	50				15[5]
	40 x 80	1,0	8		12,5			25			15[5]
	40 x 80	1,0		12,5	9,5[3]	80	30				15[5]
	40 x 80	1,0		12,5	9,5[3]	40	50				15[5]
	40 x 80	1,0		12,5	9,5[3]			25			15[5]

1) Bei nichttragenden Wänden muss b_1 x $d_1 \geq 40$ mm x 40 mm sein.
2) Es dürfen auch GKB-Platten mit $d \geq 18$ mm oder $d \geq 2$ x 9,5 mm verwendet werden.
3) Es dürfen auch GKB-Platten verwendet werden.
4) Bei Verwendung von vorgesetztem Mauerwerk (DIN 1053-1) mit $d \geq 115$ mm dürfen auch Holzwerkstoffplatten mit $d_4 \geq 4$ mm verwendet werden. Bei Bretterschalung siehe Bild 15.
5) d_4 bezieht sich auf die Mindestputzdicke, der Putz muss DIN 18550-2 entsprechen.

Tabelle 94: Raumabschließende Außenwände in Holztafelbauart F 60-B

T4: 4Tab. 53

Feuerwiderstandsklasse	Holzrippen nach Abschnitt II/7.2.1		Innen-Beplankung oder Bekleidung nach Abschnitt II/7.2.1 aus			Dämmschicht nach Abschnitt II/7.2.1 aus			Außen-Beplankung oder Bekleidung nach Abschnitt II/7.2.1 aus		
	Min-dest-maße[1]	Ausnut-zungs-grad der Schwel-lenpres-sung $f_{c,90,d}$	Holz-werk-stoff-platten mit $\rho \geq 600$ kg/m³	Gipskarton-Feuerschutz-platten (GKF)		Mineralfaser-Platten oder -Matten		Holz-wolle-Leicht-bau-platten	Brettern oder Holz-werk-stoff-platten mit $\rho \geq 600$ kg/m³	Faser-zement-platten	Putz auf Holz-wolle-Leicht-bau-platten $d \geq 25$ mm
			Mindestdicke			Min-dest-dicke	Min-dest-roh-dichte	Min-dest-dicke	Mindestdicke		
	$b_1 \times d_1$ mm	α_7	d_2 mm	d_2 mm	d_3 mm	D mm	ρ kg/m³	D mm	d_4 mm	d_4 mm	d_4 mm
F 60-B	40 x 80	0,5	22		12,5	80	100		13[3]		
	40 x 80	0,5	22		12,5			50	13[3]		
	40 x 80	0,5		12,5	12,5	80	100		13[3]		
	40 x 80	0,5		12,5	12,5			50	13[3]		
	40 x 80	0,5	22		12,5	80	100			6	
	40 x 80	0,5	22		12,5			50		6	
	40 x 80	0,5		12,5	12,5	80	100			6	
	40 x 80	0,5		12,5	12,5			50		6	
	40 x 80	0,5	22		12,5	80	30				15[4]
	40 x 80	0,5	22		12,5	40	50				15[4]
	40 x 80	0,5	22		12,5			25			15[4]
	40 x 80	0,5		12,5	12,5	80	30				15[4]
	40 x 80	0,5		12,5	12,5	40	50				15[4]
	40 x 80	0,5		12,5	12,5			25			15[4]
	40 x 80	0,5	19		12,5	80	100				15[4]
	40 x 80	0,5	19		12,5			50			15[4]
	40 x 80	0,5		15	9,5[2]	80	100				15[4]
	40 x 80	0,5		15	9,5[2]			50			15[4]

[1] Bei nichttragenden Wänden muss $b_1 \times d_1 \geq 40$ mm x 40 mm sein.
[2] Es dürfen auch GKB-Platten verwendet werden.
[3] Bei Verwendung von vorgesetztem Mauerwerk (DIN 1053-1) mit $d \geq 115$ mm dürfen auch Holzwerkstoffplatten mit $d_4 \geq 4$ mm verwendet werden. Bei Bretterschalung siehe Bild 15.
[4] d_4 bezieht sich auf die Mindestputzdicke, der Putz muss DIN 18550-2 entsprechen.

Nichtraumabschließende, tragende Außenwände:

Tragende Außenwände, auch Bereiche zwischen zwei Öffnungen, mit einer Breite von $\leq 1{,}0$ m gelten als nichtraumabschließende, tragende Wände und werden nach Tabelle 106 bemessen.

Anschlüsse:

T4: 4.12.6

Dichte Anschlüsse an angrenzende Massivbauteile:

T4: 4.12.6.1

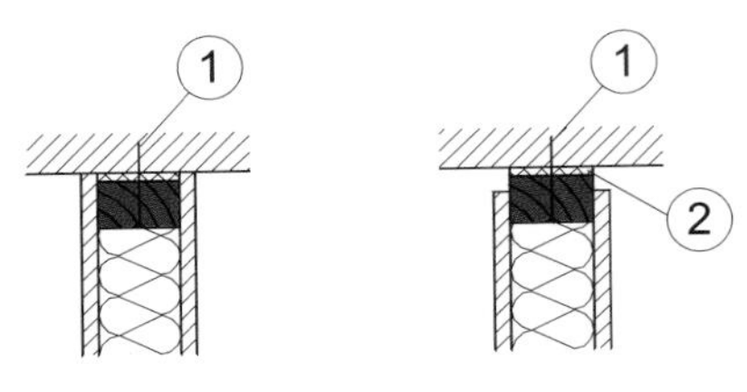

Deckenanschluss:
1 = Verschraubung
2 = Dichtung aus Mineralfaser-Dämmstoff nach Abschnitt II/7.2.1

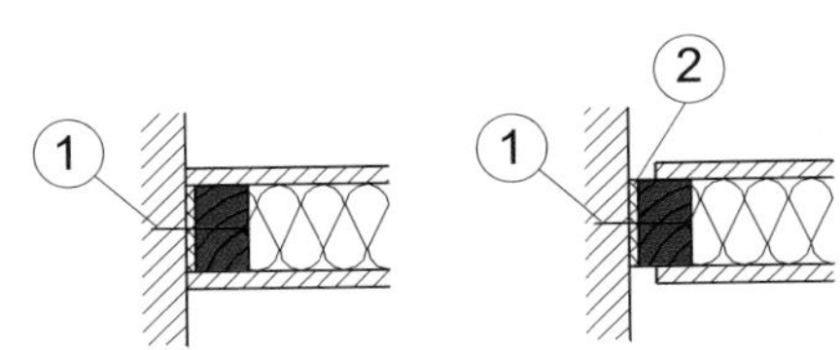

Wandanschluss:
1 = mit oder ohne Verschraubung
2 = Dichtung aus Mineralfaser-Dämmstoff nach Abschnitt II/7.2.1

Dichte Anschlüsse an angrenzende Holztafeln:

T4: 4.12.6.2

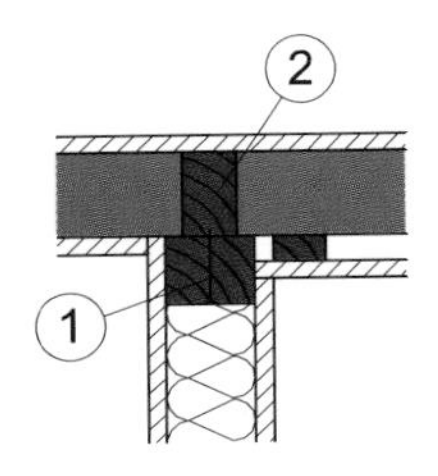

Deckenanschlüsse raumabschließend:
1 = Verschraubung
2 = dicht anschließende Querbalken oder Mineralfaserschott zur Vermeidung eines Durchbrandes

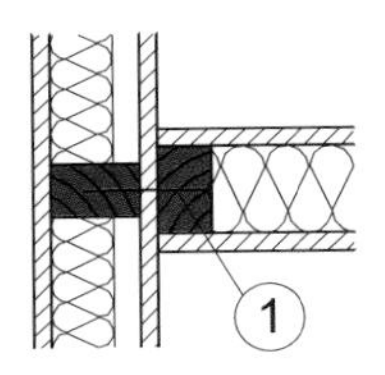

Wandanschluss:
1 = Verschraubung

Dampfsperren beeinflussen die Feuerwiderstandsklasse nicht.

T4: 4.12.7.1

Hinterlüftete Fassaden verbessern je nach Art, Dicke und Ausführung den Feuerwiderstand. Der Einfluss ist jedoch gering, so dass dieser nicht berücksichtigt wird. Zur Berücksichtigung der Verbesserung von hinterlüfteten Fassaden sind Prüfungen nach DIN 4102-2 erforderlich.

T4: 4.12.7.2

Gebäudeabschlusswände F 30-B + F 90-B:

T4: 4.12.8

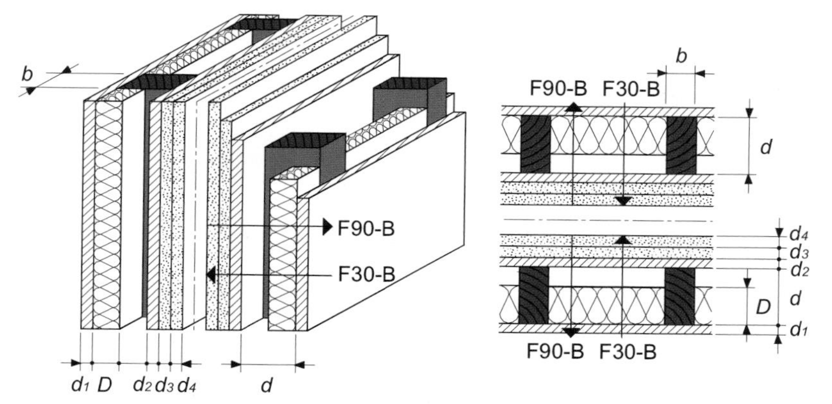

d_1 = Mindestdicke der Innen-Beplankung oder Bekleidung
d_2, d_3, d_4 = Mindestdicke der Außen-Beplankung oder Bekleidung
d = Mindestdicke der Holzrippe
b = Mindestbreite der Holzrippe
D = Mindestdicke der Dämmschicht

Tabelle 95: Raumabschließende Gebäudeabschlusswände F 30-B + F 90-B

T4: Tab. 54

Feuerwiderstandsklasse	Innen-Beplankung oder Bekleidung nach Abschnitt II/7.2.1 aus		Außen-Beplankung oder Bekleidung nach Abschnitt II/7.2.1 aus				
	Holzwerkstoffplatten mit $\rho \geq 600$ kg/m³	Gipskarton-Feuerschutzplatten (GKF)	Holzwerkstoffplatten mit $\rho \geq 600$ kg/m³	Gipskarton-Feuerschutzplatten (GKF)		Holzwolle-Leichtbauplatten (DIN 1101)	Putz der Mörtelgruppe II (DIN 18550)
	d_1 mm	d_1 mm	d_2 mm	d_3 mm	d_4 mm	d_2 mm	d_3 und d_4 mm
F 30-B + F 60-B	13[1)]	-	13[1)]	18	18	-	-
	16 + 9,5	-	-	-	35	15	

1) Ersetzbar durch GKF-Platten (DIN 18180) mit $d \geq 12{,}5$mm.

Holzrippen von Gebäudeabschlusswänden:

T22: 6.2 / 4.12.8.2

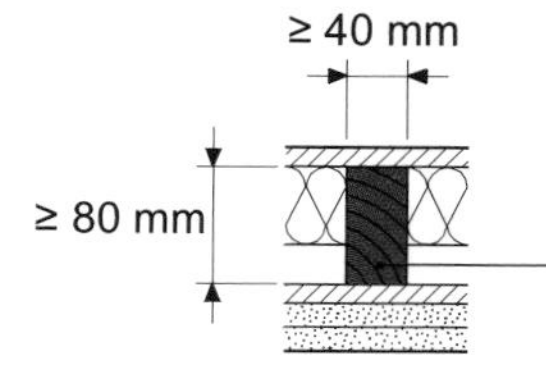

- Rippenquerschnitt $b \times d \geq 40$ mm x 80 mm.
- Ausnutzungsgrad der Schwellenpressung $\alpha_7 \leq 1{,}0$.

Dämmschicht von Gebäudeabschlusswänden:

T4: 4.12.8.3

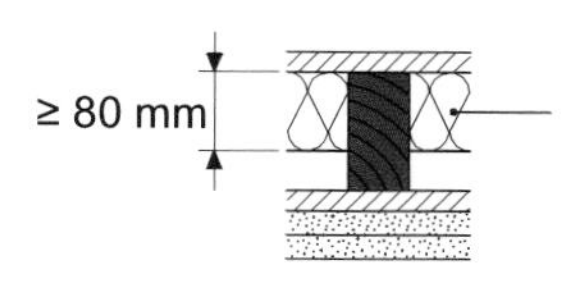

- Aus Mineralfaser-Dämmstoffen.
- Dämmschichtdicke $D \geq 80$ mm.
- Rohdichte $\rho \geq 30$ kg/m³.
- Weiterhin gelten die Anforderungen aus Abschnitt II/7.2.1.

7.2.2 Wände aus Vollholz-Blockbalken

T4: 4.13

Die Angaben gelten für ein- und zweischalige Wände mit einseitiger Brandbeanspruchung für die Feuerwiderstandsklasse F 30-B.

T4: 4.13.1

Belastung q:

T22: 6.2 / 4.13.2

$$q = q_d / 1{,}4 \quad (51)$$

mit q_d: Bemessungswert der Einwirkungen bei Normaltemperatur

Bild a: einschalig, tragend, raumabschließend (einfache Spundung)

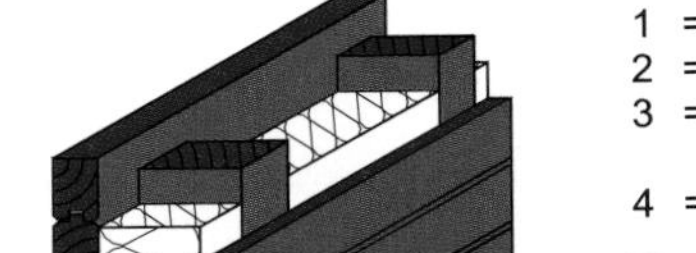

1 = Vollholz-Blockbalken
2 = Halteleiste
3 = brandschutztechnisch nicht notwendige Dämmschicht
4 = Bekleidung

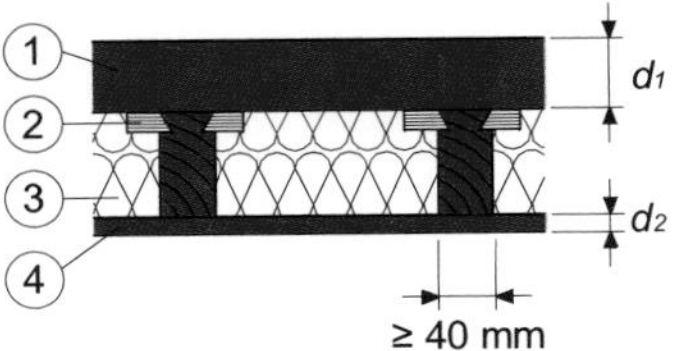

d_1 d_2

Bild b: zweischalig, tragend, raumabschließend bzw. nichtraumabschließend (zweifache Spundung)

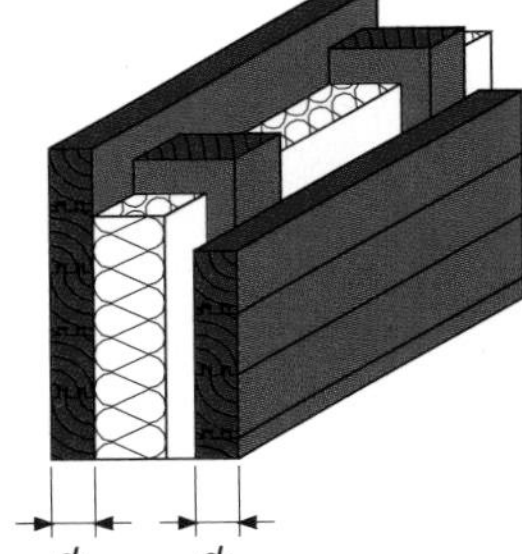

d_1 = Mindestdicke der Vollholz-Blockbalken
d_2 = Mindestdicke der Bekleidung

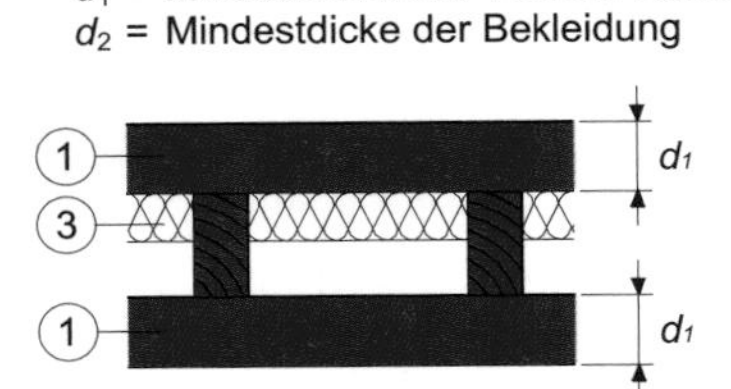

d_1 d_1

Tabelle 96: Mindestdicken von raumabschließenden, tragenden Wänden aus Vollholz-Blockbalken

T4: Tab. 55

Feuer-wider-stands-klasse	Wandkonstruktion nach	maximale Belastung q (kN/m)	erf d_1 (mm) bei einem Abstand aussteifender Bauteile ≤ 3,0 m und einer Wandhöhe ≤ 2,6 m	erf d_1 (mm) bei einem Abstand aussteifender Bauteile ≤ 6,0 m und einer Wandhöhe ≤ 3,0 m
F 30-B	Bild a	10	70[1)]	80[1)]
		20	90	100
		30	120	140
		35	140	180
	Bild b	15	-	50

[1)] Bei einer Bekleidung mit $d_2 = d_W \geq 13$ mm nach darf $d_1 \geq 65$ mm gewählt werden.

7.2.3 Fachwerkwände mit ausgefüllten Gefachen

T4: 4.11

Die Angaben gelten für Wände nach DIN 1052 und nach DIN 4103-1 mit einseitiger Brandbeanspruchung für die Feuerwiderstandsklasse F 30-B.

T4: 4.11.1.1
T4: 4.11.1.2

Konstruktion:

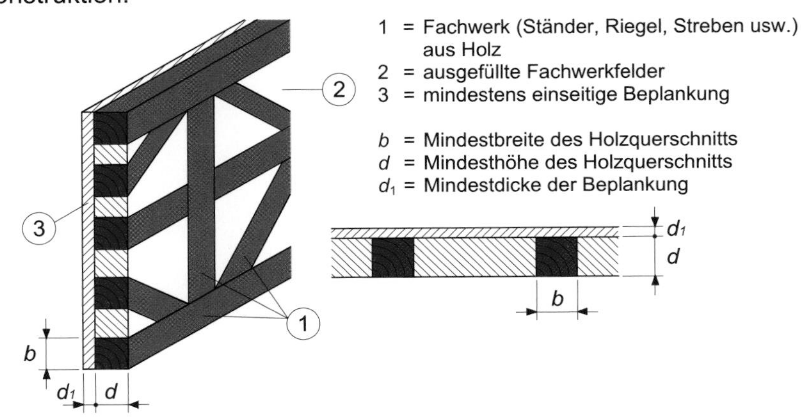

1 = Fachwerk (Ständer, Riegel, Streben usw.) aus Holz
2 = ausgefüllte Fachwerkfelder
3 = mindestens einseitige Beplankung

b = Mindestbreite des Holzquerschnitts
d = Mindesthöhe des Holzquerschnitts
d_1 = Mindestdicke der Beplankung

Fachwerk:

T4: 4.11.2

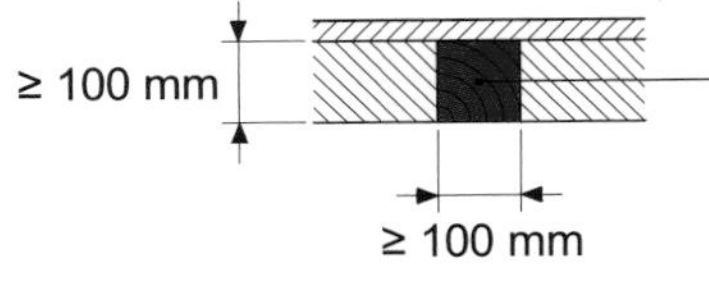

- Abmessungen der gesamten Fachwerkquerschnitte ≥ 100 mm x 100 mm.
- Bemessung nach DIN 1052.

Gefache:

T4: 4.11.3

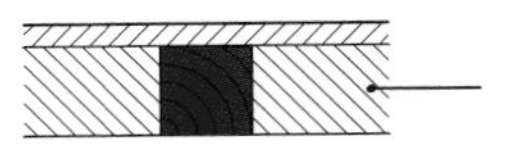

Vollständige Ausfüllung mit:

- Lehmschlag,
- Holzwolle-Leichtbauplatten nach DIN 1101 oder
- Mauerwerk nach DIN 1053-1.

Bekleidung:

T4: 4.11.4

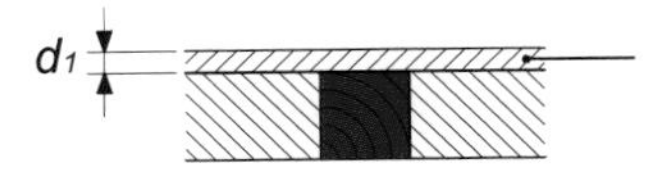

Mindestens einseitige Bekleidung aus:

- $d_1 \geq 12{,}5$ mm dicken Gipskarton-Feuerschutzplatten (GKF) nach DIN 18180,
- $d_1 \geq 18$ mm dicken Gipskarton-Bauplatten (GKB) nach DIN 18180,
- $d_1 \geq 15$ mm dicken Putz nach DIN 18550-2,
- $d_1 \geq 25$ mm dicken Holzwolle-Leichtbauplatten nach DIN 1101 mit Putz nach DIN 18550-2,
- $d_1 \geq 16$ mm dicken Holzwerkstoffplatten mit einer Rohdichte ≥ 600 kg/m³ oder
- mit einer Bretterschalung, gespundet oder mit Federverbindung und einer Dicke $d_W \geq 22$ mm nach Bild 15.

Befestigung der Bekleidung nach Norm (z. B. DIN 18181, DIN 18550-2, DIN 1102 und DIN 1052).

7.2.4 Wände aus Holzwolle-Leichtbauplatten mit Putz

T4: 4.9

Die Angaben gelten für nichttragende, zweischalige Trennwände nach DIN 4103-1 zwischen angrenzenden Massivbauteilen mit einseitiger Brandbeanspruchung. Die Wandschalen bestehen aus Holzwolle-Leichtbauplatten nach DIN 1101, einer Drahtverspannung und Putz. Zwischen den Wandschalen ist eine Dämmschicht angeordnet.

T4: 4.9.1.1

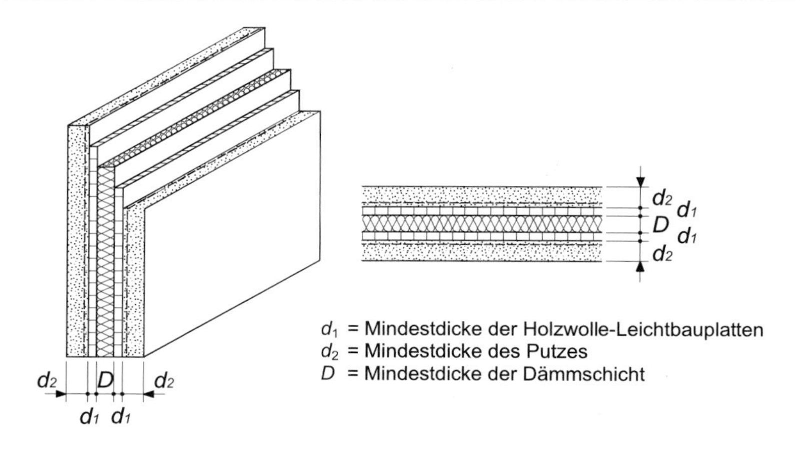

Tabelle 97: Mindestdicken nichttragender, zweischaliger Wände aus Holzwolle-Leichtbauplatten

T4: Tab. 46

Feuerwiderstandsklasse	F 30-B bis F 120-B	F 180-A
d_1: Mindestdicke (mm) der Holzwolle-Leichtbauplatten (DIN 1101)	50	50
d_2: Mindestdicke (mm) des Putzes, gemessen ab Oberkante Holzwolle-Leichtbauplatten	15	20
D: Mindestdicke (mm) der Dämmschicht nach Abschnitt II/7.2.4	40	40

Putz:

T4: 4.9.3.1

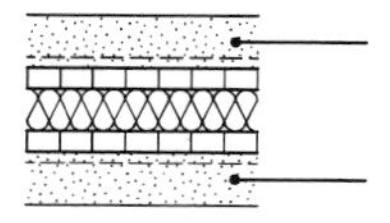

- Putz nach DIN 18550-2.
- Putz fugenlos auf die Holzwolle-Leichtbauplatten aufbringen.
- Putz muss dicht an die angrenzenden Massivbauteile anschließen.

Drahtverspannung:

T4: 4.9.3.2

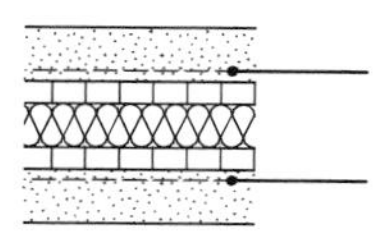

- Verspannung aus Drahtgewebe oder Ähnlichem auf der Außenseite der Holzwolle-Leichtbauplatte zur Sicherung der Standfestigkeit.
- Verspannung in Abständen ≤ 250 mm an den angrenzenden Massivbauteilen befestigen.

Dämmschicht zwischen den Wandschalen:

T4: 4.9.3.3

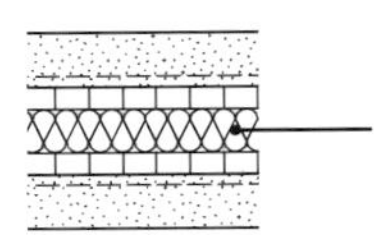

- Aus Mineralfaser-Dämmstoffen nach DIN V 18165-1, Abschnitt 2.2, der Baustoffklasse A, einer Rohdichte ≥ 30 kg/m³ und einem Schmelzpunkt ≥ 1000 °C nach DIN 4102-17.
- Dämmschicht muss dicht an die angrenzenden Massivbauteile anschließen.

7.2.5 Wände aus Gipskarton-Bauplatten

T4: 4.10

Allgemeine Anforderungen und Randbedingungen

T4: 4.10.1.1

Die Angaben gelten für nichttragende, ein- und zweischalige Trennwände nach DIN 4103-1 mit einseitiger Brandbeanspruchung. Die Wände sind mit Gipskarton-Bauplatten nach DIN 18180 beplankt. Zwischen den Beplankungen ist eine Dämmschicht angeordnet. Für Metallständerwände gilt außerdem DIN 18183.

Beplankung:

T4: 4.10.2

- Aus Gipskarton-Feuerschutzplatten nach DIN 18180. *T4:* 4.10.2.1

- Müssen eine geschlossene Fläche besitzen.
- Befestigung auf Stahlprofilen mit Schnellschrauben (DIN 18182-2). *T4:* 4.10.2.3
- Befestigung auf Holz oder Gipskartonstreifenbündeln mit Schnellschrauben (DIN 18182-2), Klammern (DIN 18182-3) oder Nägeln (DIN 18182-4).
- Bei mehrlagiger Beplankung ist jede Lage für sich an der Unterkonstruktion zu befestigen.
- Fugen sowie Schrauben-, Klammer- und Nagelköpfe nach DIN 18181 verspachteln. Fugendeckstreifen bei mehrlagiger Beplankung nur in der raumseitigen Bekleidung erforderlich. *T4:* 4.10.2.4

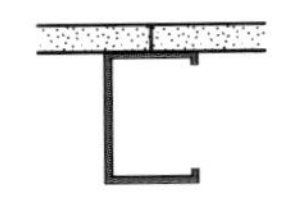

Platten auf Ständern und/oder Riegeln dicht stoßen.

T4: 4.10.2.2

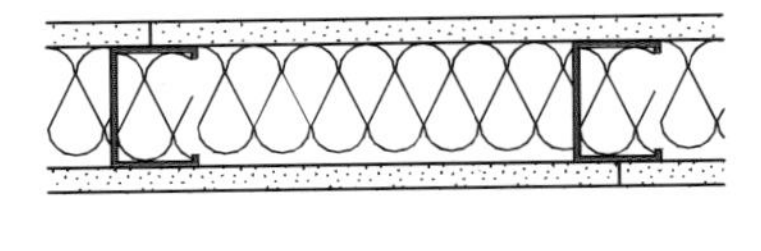

Bei einlagiger Beplankung Stöße um mindestens einen Ständer- bzw. Riegelabstand versetzen.

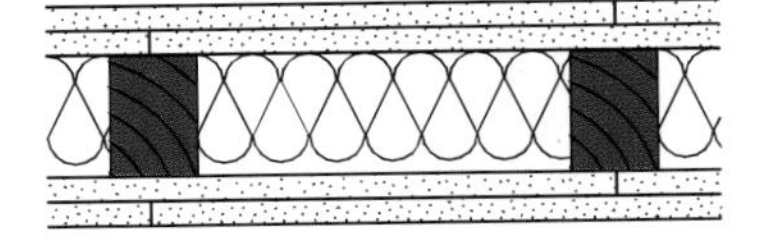

Bei mehrlagiger Beplankung Stöße innerhalb einer Beplankungsseite versetzen.

Dehnfugen:

T4: 4.10.2.5

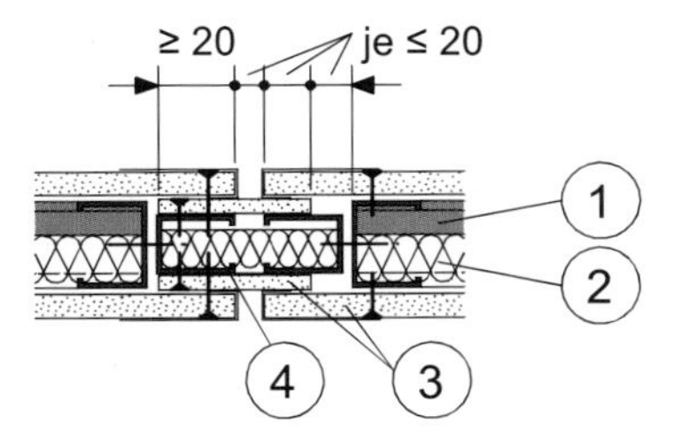

1 = U-Blechprofil, verzinkt
2 = Dämmschicht nach Tabelle 98 bzw. Tabelle 99
3 = Beplankung nach Tabelle 98 bzw. Tabelle 99
4 = C-Blechprofil, verzinkt

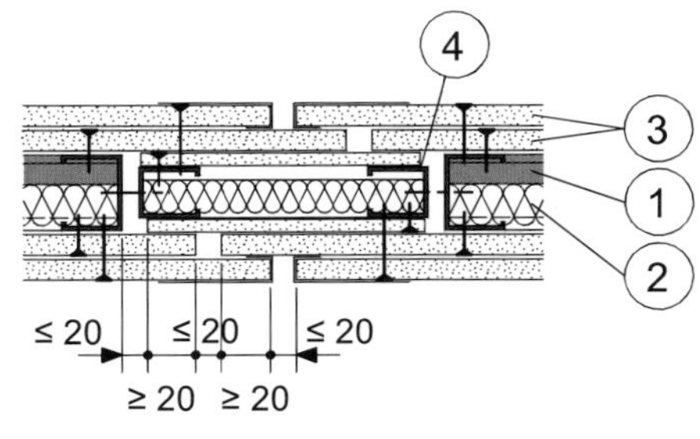

Ständer und Riegel:

T4: 4.10.3

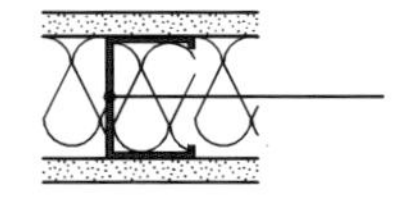

- Ausbildung nach DIN 18182-1.
- Ständer und Riegel aus Gipskartonstreifenbündeln dürfen aus GKB- oder GKF-Platten nach DIN 18180 bestehen.

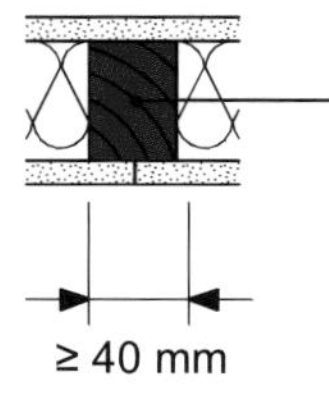

Bei Beplankungsstößen Mindestbreite für Ständer und Riegel aus Holz $b \geq 40$ mm.

Brandschutztechnisch notwendige Dämmschicht:

T4: 4.10.4

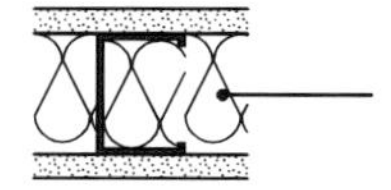

- Aus plattenförmigen Mineralfaser-Dämmstoffen nach DIN V 18165-1, Abschnitt 2.2, der Baustoffklasse A und einem Schmelzpunkt ≥ 1000 °C nach DIN 4102-17. *T4:* 4.10.4.1
- Durch strammes Einpassen (Stauchung bis etwa 1 cm) zwischen den Ständern und/oder Riegeln gegen Herausfallen sichern. *T4:* 4.10.4.2
- Stumpf gestoßene Fugen müssen dicht sein. *T4:* 4.10.4.3

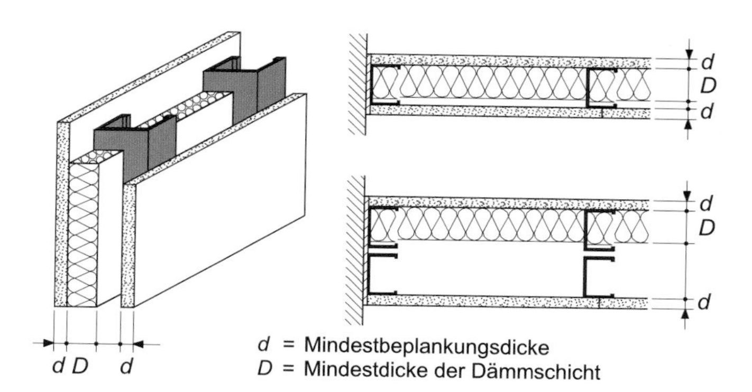

Tabelle 98: Mindestbeplankungsdicken nichttragender, ein- oder zweischaliger Wände aus Gipskarton-Feuerschutzplatten mit Ständern und/oder Riegeln aus Stahlblechprofilen oder Gipskartonstreifenbündeln sowie Angaben zur Dämmschicht

T4: Tab. 48

Feuer-wider-stands-klasse	Mindestbeplankungsdicke	Mindestdicke der Dämmschicht nach Abschnitt II/7.2.5	Mindestrohdichte der Dämmschicht nach Abschnitt II/7.2.5
	d mm	*D* mm	*ρ* kg/m³
F 30-A	12,5[1)]	40	30
F 60-A	2 x 12,5[2)]	40	40
F 90-A	15 + 12,5	40	40
	2 x 12,5[2)]	80	30
	2 x 12,5[2)]	60	50
	2 x 12,5[2)]	40	100
F 120-A	2 x 18[3)]	40	40
	2 x 15	80	50
	2 x 15	60	100
F 180-A	3 x 12,5[4)]	80	50
	3 x 12,5[4)]	60	100

1) Alternativ auch 18 mm GKB oder ≥ 2 x 9,5 mm GKB.
2) Alternativ auch 25 mm.
3) Alternativ auch 3 x 12,5 mm oder 25 mm + 12,5 mm.
4) Alternativ auch 25 mm + 12,5 mm.

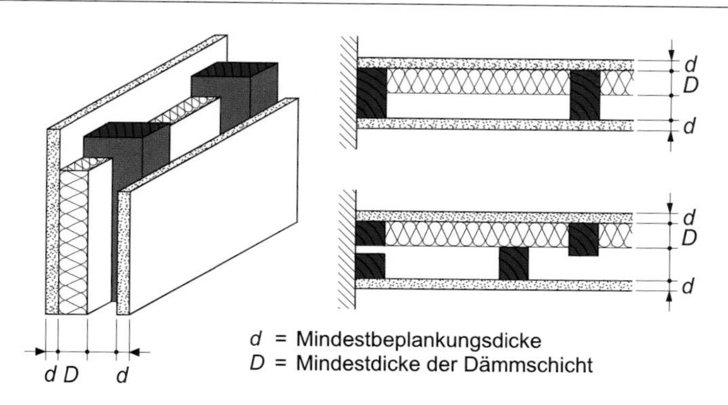

Tabelle 99: Mindestbeplankungsdicken nichttragender, ein- oder zweischaliger Wände aus Gipskarton-Feuerschutzplatten mit Ständern und/oder Riegeln aus Holz sowie Angaben zur Dämmschicht

T4: Tab. 49

Feuer-widerstands-klasse	Mindestbeplankungsdicke	Mindestdicke der Dämmschicht nach Abschnitt II/7.2.5	Mindestrohdichte der Dämmschicht nach Abschnitt II/7.2.5
	d mm	*D* mm	*ρ* kg/m³
F 30-B	12,5[1)]	40	30
F 60-B	2 x 12,5[2)]	40	40
F 90-B	2 x 12,5	80	100

[1)] Alternativ auch 18 mm GKB oder ≥ 2 x 9,5 mm GKB.
[2)] Alternativ auch 25 mm.

Anschlüsse:

T4: 4.10.5

Feste, dicht verspachtelte Anschlüsse an angrenzende Massivbauteile:

T4: 4.10.5.1

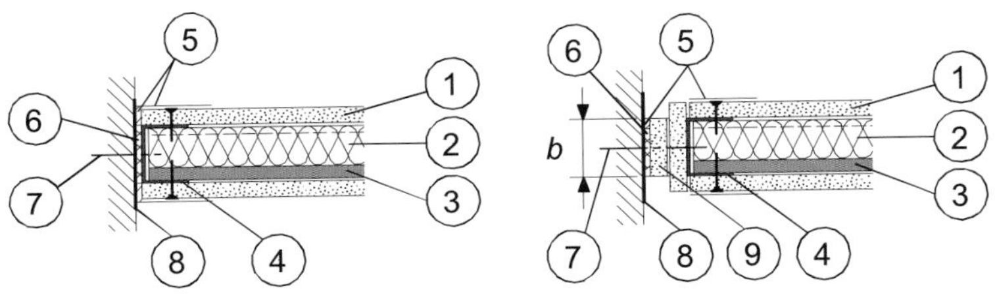

1 = Beplankung nach Tabelle 98 bzw. Tabelle 99
2 = Dämmschicht nach Tabelle 98 bzw. Tabelle 99
3 = C-Blechprofil, verzinkt
4 = U-Blechprofil, verzinkt
5 = Verspachtelung
6 = Dichtungsstreifen
7 = Befestigung mit Metall- oder Kunststoff-Dübeln
8 = Trennstreifen
9 = Anschlussstreifen aus GKB- oder GKF-Platten nach DIN 18180

b = Anschlussbreite nach Tabelle 100

Dichtungsstreifen der Baustoffklasse A. Dichtungsstreifen der Baustoffklasse B, wenn die Dicke $d \leq 5$ mm und die Dichtungsstreifen durch Verspachtelung der Beplankung in ganzer Beplankungsdicke abgeschlossen oder von der Bekleidung ganz abgedeckt werden.

Trennstreifen mit $d \leq 0{,}5$ mm.

Tabelle 100: Mindestanschlussbreite b

T4: Tab. 47

Feuerwiderstandsklasse	F 30-A	F 60-A	F 90-A	F 120-A	F 180-A
b: Mindestanschlussbreite (mm)		50		75	150

T4: 4.10.5.4

Gleitende, dicht verspachtelte Anschlüsse an angrenzende Massivbauteile:

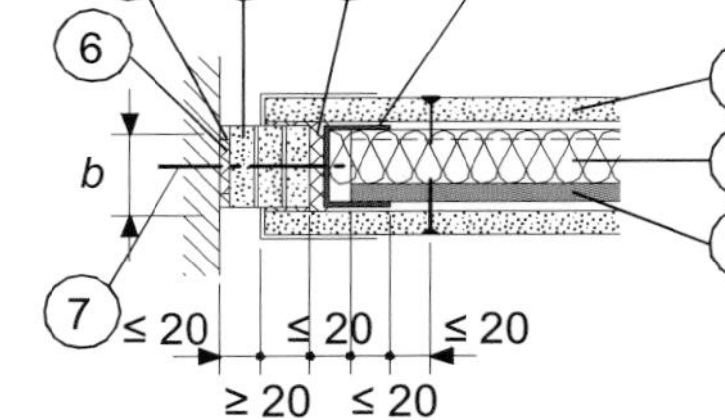

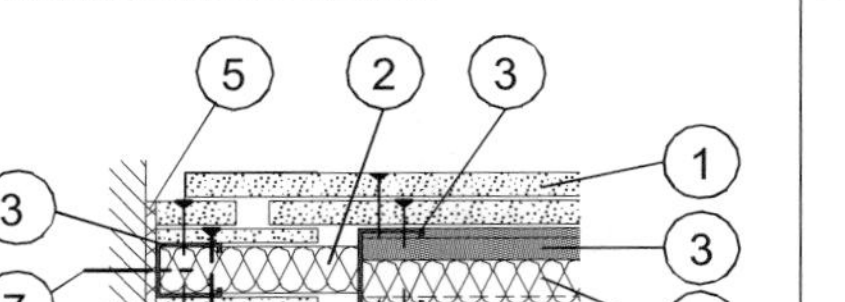
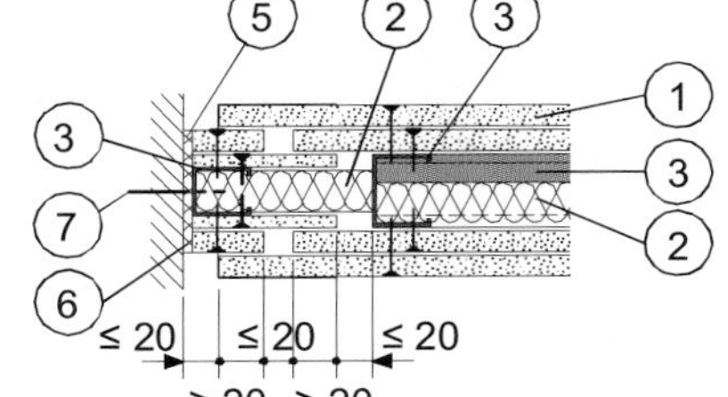
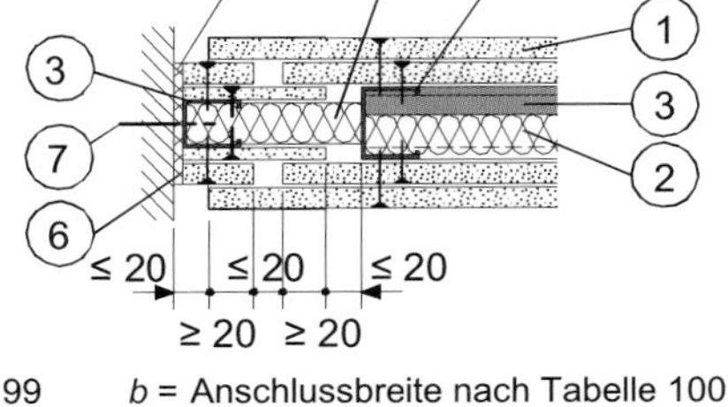

1 = Beplankung nach Tabelle 98 bzw. Tabelle 99
2 = Dämmschicht nach Tabelle 98 bzw. Tabelle 99
3 = C-Blechprofil, verzinkt
4 = U-Blechprofil, verzinkt
5 = Verspachtelung
6 = Dichtungsstreifen
7 = Befestigung mit Metall- oder Kunststoff-Dübeln
8 = Streifen aus Gipskarton-Bauplatten

b = Anschlussbreite nach Tabelle 100

Dichtungsstreifen nach den Angaben für feste, dicht verspachtelte Anschlüsse an angrenzende Massivbauteile.

T4: 4.10.5.2

Feste, dicht verspachtelte Anschlüsse an angrenzenden Wänden aus Gipskarton-Bauplatten:

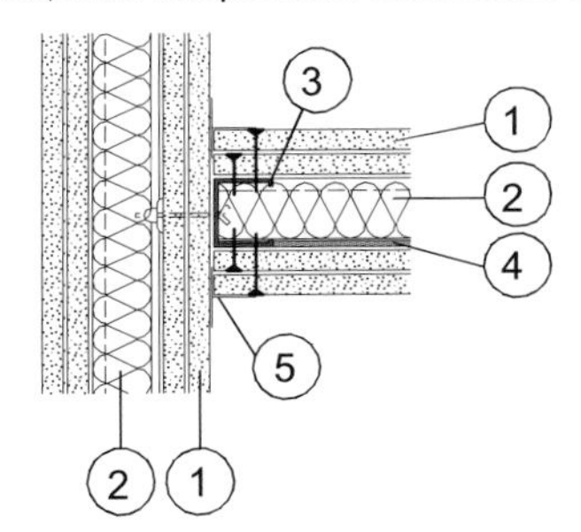

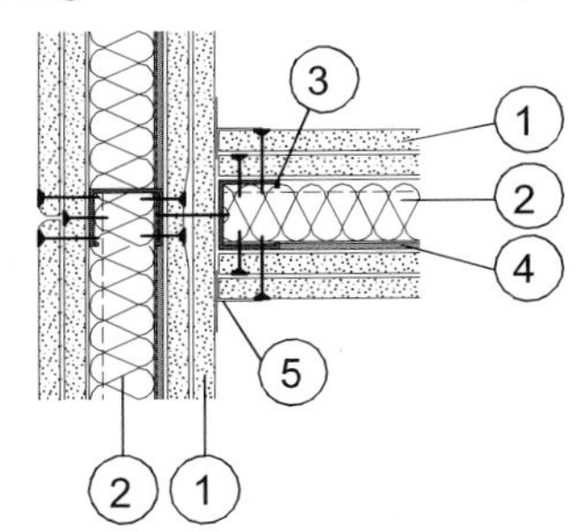

1 = Beplankung nach Tabelle 98 bzw. Tabelle 99
2 = Dämmschicht nach Tabelle 98 bzw. Tabelle 99
3 = C-Blechprofil, verzinkt
4 = U-Blechprofil, verzinkt
5 = Verspachtelung

T4: 4.10.5.3

Fußbodenanschlüsse, entsprechen den festen, dicht verspachtelten Anschlüssen:

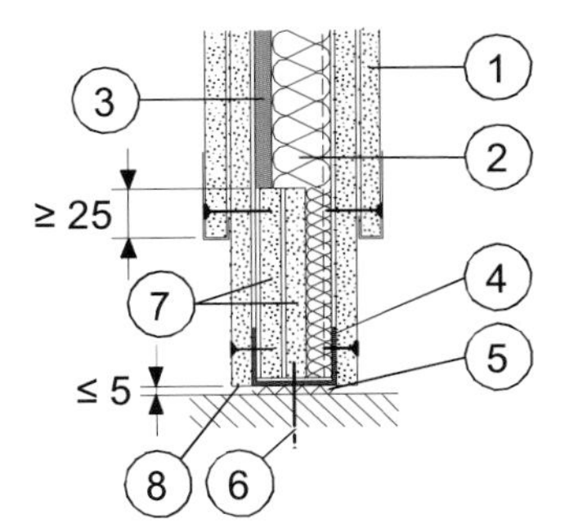

1 = Beplankung nach Tabelle 98 bzw. Tabelle 99
2 = Dämmschicht nach Tabelle 98 bzw. Tabelle 99
3 = C-Blechprofil, verzinkt
4 = U-Blechprofil, verzinkt
5 = Dichtungsstreifen
6 = Befestigung mit Metall- oder Kunststoff-Dübeln
7 = Ersatzschicht aus Gipskarton-Bauplatten
8 = Platte dicht gestoßen

Wird die Bekleidung auf der Rohdecke oder auf einen Estrich bzw. schwimmenden Estrich der Baustoffklasse A dicht aufgesetzt, darf die Verspachtelung entfallen.

Bei zurückspringenden Beplankungen darf die geforderte Mindestbeplankungsdicke nach Tabelle 98 bzw. Tabelle 99 vermindert werden, wenn im Wandinnern eine entsprechende Ersatzschicht angeordnet wird.

7.3 Wände aus Mauerwerk und Wandbauplatten sowie Stürze

T4: 4.5

7.3.1 Wände aus Mauerwerk und Wandbauplatten

Allgemeine Anforderungen und Randbedingungen

Die Angaben gelten für Wände aus Mauerwerk und Wandbauplatten nach den Normen DIN 1053 Teil 1 bis Teil 4 und DIN 4103 Teil 1 und Teil 2 mit einseitiger Brandbeanspruchung. Für Mauerwerk nach DIN 1053-2 ist eine Beurteilung im Einzelfall nach DIN 4102-2 erforderlich.

T4: 4.5.1.1

Der Ausnutzungsfaktor α_2 ist beim vereinfachten Berechnungsverfahren das Verhältnis der vorhandenen Beanspruchung vorh σ nach DIN 1053 Teil 1 und Teil 2 zur zulässigen Beanspruchung zul σ nach DIN 1053-1:

TA1: 3.2 / 4.5.2.2 und *T4:* 4.5.2.3

$$\alpha_2 = (\text{vorh } \sigma / \text{zul } \sigma) \quad (52)$$

Die Angaben in den Tabellen berücksichtigen Exzentrizitäten bis $e \leq d/6$, für Exzentrizitäten $d/6 \leq e \leq d/3$ ist die Lasteinleitung zu konzentrieren.

T4: 4.5.2.4

Für die Mindestwanddicken dürfen Zwischenwerte geradlinig interpoliert werden.

T4: 1.2.3

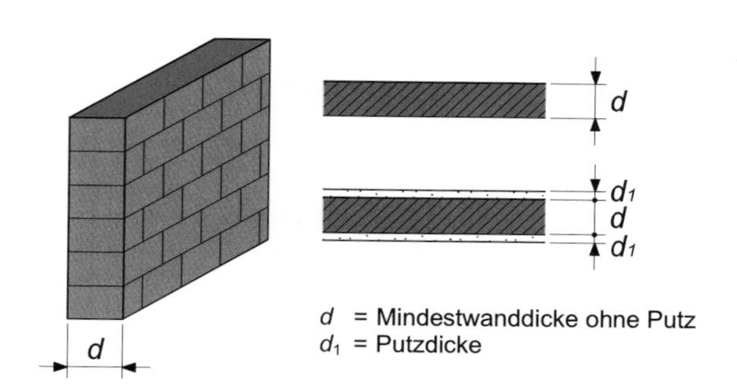

Tabelle 101: Mindestdicke d nichttragender, raumabschließender Wände[1] aus Mauerwerk oder Wandbauplatten
Die ( ) - Werte gelten für Wände mit beidseitigem Putz nach Abschnitt II/7.3.1

T4: Tab. 38

Feuerwiderstandsklasse	F 30-A	F 60-A	F 90-A	F 120-A	F 180-A
d: Mindestdicke (mm)	*d*	*d*	*d*	*d*	*d*
Porenbetonsteine (DIN V 4165, Plansteine und Planelemente), Porenbeton-Bauplatten und Porenbeton-Planbauplatten (DIN 4166)	75[2] (50)	75 (75)	100[3] (75)	115 (75)	150 (115)
Hohlwandplatten aus Leichtbeton (DIN 18148), Hohlblöcke aus Leichtbeton (DIN V 18151), Vollsteine und -blöcke aus Leichbeton (DIN V 18152), Mauersteine aus Beton (DIN V 18153), Wandbauplatten aus Leichtbeton (DIN 18162)	50 (50)	70 (50)	95 (70)	115 (95)	140 (115)
Mauerziegel aus Voll- und Hochziegel (DIN V 105-1), Wärmedämmziegel und Hochlochziegel (DIN V 105-2), hochfesten Ziegeln und hochfesten Klinkern (DIN 105-3), Keramikklinker (DIN 105-4) oder Planziegel (DIN V 105-6)	115 (70)	115 (70)	115 (100)	140 (115)	175 (140)
Kalksandsteine aus Voll-, Loch-, Block-, Hohlblock- und Plansteinen, Planelementen nach Zulassung und Bauplatten (DIN V 106-1) oder Vormauersteinen und Verblender (DIN V 106-2)	70 (50)	115[4] (70)	115[5] (100)[6]	115 (115)	175 (140)
Mauerwerk aus Ziegelfertigbauteilen (DIN 1053-4)	115 (115)	115 (115)	115 (115)	165 (140)	165 (140)
Wandbauplatten aus Gips (DIN 18163) für Rohdichten $\geq 0{,}6$ kg/dm³	60	80	80	80	100

[1] Wände mit Normal-, Dünnbett- oder Leichtmörtel.
[2] Bei Verwendung von Dünnbettmörtel: $d \geq 50$ mm.
[3] Bei Verwendung von Dünnbettmörtel: $d \geq 75$ mm.
[4] Bei Verwendung von Dünnbettmörtel: $d \geq 70$ mm.
[5] Bei Verwendung von Steinen der Rohdichteklasse $\geq 1{,}8$ und Dünnbettmörtel: $d \geq 100$ mm.
[6] Bei Verwendung von Steinen der Rohdichteklasse $\geq 1{,}8$ und Dünnbettmörtel: $d \geq 70$ mm.

Tabelle 102: Mindestdicke d tragender, raumabschließender Wände aus Mauerwerk
Die ( ) - Werte gelten für Wände mit beidseitigem Putz nach Abschnitt II/7.3.1

T4: Tab. 39

Feuerwiderstandsklasse		F 30-A	F 60-A	F 90-A	F 120-A	F 180-A
α_2: Ausnutzungsfaktor *d*: Mindestdicke (mm)	α_2	*d*	*d*	*d*	*d*	*d*
Porenbetonsteine (DIN V 4165, Plansteine und Planelemente nach Zulassung), Rohdichteklasse ≥ 0,4, Verwendung von Normal- und Dünnbettmörtel	0,2	115 (115)	115 (115)	115 (115)	115 (115)	150 (115)
	0,6	115 (115)	115 (115)	150 (115)	150 (150)	175 (175)
	1,0	115 (115)	150 (115)	175 (150)	175 (175)	200 (200)
Hohlblöcke aus Leichtbeton (DIN V 18151), Vollsteine und -blöcke aus Leichbeton (DIN V 18152), Mauersteine aus Beton (DIN V 18153), Rohdichteklasse ≥ 0,5, Verwendung von Normal- und Leichtmörtel	0,2	115 (115)	115 (115)	115 (115)	140 (115)	140 (115)
	0,6	140 (115)	140 (115)	175 (115)	175 (140)	190 (175)
	1,0	175 (140)	175 (140)	175 (140)	190 (175)	240 (190)
Mauerziegel aus Voll- und Hochlochziegel (DIN V 105-1), Lochung: Mz, HLz A, HLz B, Verwendung von Normalmörtel	0,2	115 (115)	115 (115)	115 (115)	115 (115)	175 (140)
	0,6	115 (115)	115 (115)	140 (115)	175 (115)	240 (140)
	1,0[1)]	115 (115)	115 (115)	175 (115)	240 (140)	240 (175)
Mauerziegel mit Lochung A und B (DIN V 105-2 und DIN V 105-6 nach Zulassung), Rohdichteklasse ≥ 0,8, Verwendung von Normal-, Dünn- und Leichtmörtel	0,2	175[2)] (115)	175[2)] (115)	175[2)] (115)	240[3)] (115)	- (140)
	0,6	175[2)] (115)	175[2)] (115)	175[2)] (115)	240[3)] (115)	- (140)
	1,0	175[2)4)] (115)	175[2)4)] (115)	175[2)4)] (115)	240[3)4)] (115)	- (140)
Mauerziegel aus Leichthochlochziegel W (DIN V 105-2), Rohdichteklasse ≥ 0,8, Verwendung von Normal-, Dünnbett- und Leichtmörtel	0,2	(115)	(115)	(140)	(175)	(240)
	0,6	(115)	(140)	(175)	(300)	(300)
	1,0	(115)	(175)	(240)	(300)	(365)
Kalksandsteine aus Voll-, Loch-, Block-, Hohlblock- und Plansteinen, Planelementen nach Zulassung und Bauplatten (DIN V 106-1) oder Vormauersteinen und Verblender (DIN V 106-2), Verwendung von Normal- und Dünnbettmörtel	0,2	115 (115)	115 (115)	115 (115)	115 (115)	175 (140)
	0,6	115 (115)	115 (115)	115 (115)	140 (115)	200 (140)
	1,0[1)]	115 (115)	115 (115)	115 (115)	200 (140)	240 (175)
Mauerwerk aus Ziegelfertigbauteilen (DIN 1053-4)	-	115 (115)	165 (115)	165 (165)	190 (165)	240 (190)

1) Bei 3,0 N/mm² < vorh σ ≤ 4,5 N/mm² gelten die Werte nur für Mauerwerk aus Voll-, Block- und Plansteinen.
2) Rohdichteklasse ≥ 0,9.
3) Rohdichteklasse ≥ 1,0.
4) Gilt nicht bei Verwendung von Dünnbettmörtel.

Lochungen von Steinen oder Wandbauplatten:

T4: 4.5.2.5

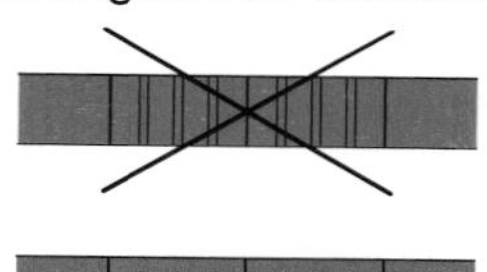

Draufsicht

Lochungen von Steinen und Wandbauplatten senkrecht zur Wandebene sind nicht zulässig.

Dämmschichten in Anschlussfugen:

T4: 4.5.2.6

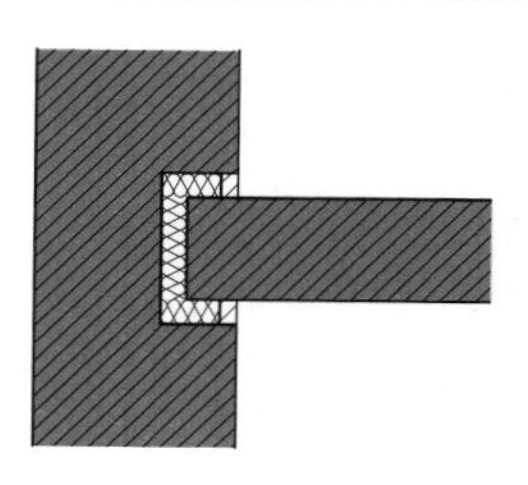

Mineralfaser-Dämmschichten nach DIN 18165-2, Abschnitt 2.2, der Baustoffklasse A, einem Schmelzpunkt ≥ 1000 °C nach DIN 4102-17 und einer Rohdichte ≥ 30 kg/m³.

Hohlräume müssen dicht ausgestopft werden.

Fugendichtstoff nach DIN EN 26927 auf der Außenseite zur Verschließung der Dämmschicht sind erlaubt.

Kunstharzmörtel zur Verbindung von Steinen, Platten und Fertigteilen im Lagerfugenbereich mit einer Dicke ≤ 3 cm sowie Sperrschichten gegen aufsteigende Feuchtigkeit beeinflussen die Feuerwiderstandsklasse nicht.

T4: 4.5.2.7 und *T4:* 4.5.2.8

Aussteifende Riegel und Stützen müssen mindestens derselben Feuerwiderstandsklasse wie die Wand angehören.

T4: 4.5.2.9

Putze zur Verbesserung der Feuerwiderstandsdauer:

T4: 4.5.2.10 und *TA1:* 3.2 / 4.5.2.10

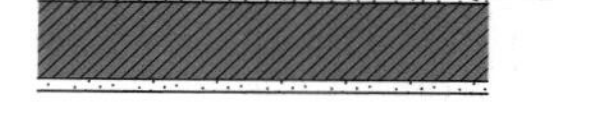

- Putze der Mörtelgruppe P IV nach DIN 18550-2, Wärmedämmputzsysteme nach DIN 18550-3 oder Leichtputze nach DIN 18550-4 verwendbar.
- Der Putzgrund muss die Anforderungen nach DIN 18550-2 für eine ausreichende Haftung erfüllen.
- Bei Wärmedämmverbundsystemen muss die Dämmschicht der Baustoffklasse A angehören.

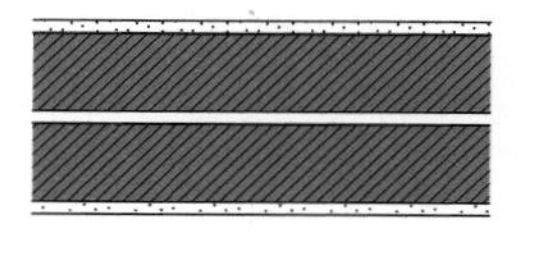

Putz bei zweischaligen Trennwänden nur auf den Außenseiten der Schalen notwendig.

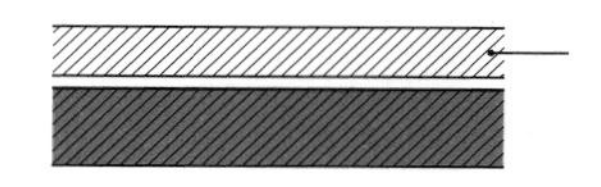

Putz kann durch zusätzliche Mauerwerksschale bzw. eine Verblendung aus Mauerwerk ersetzt werden.

Die Angaben in der Tabelle 101 und Tabelle 102 sowie der Tabelle 82 und Tabelle 107 gelten für alle Stoßfugenausbildungen nach DIN 1053-1. *T4:* 4.5.2.11

Bewehrtes Mauerwerk: *T4:* 4.5.4

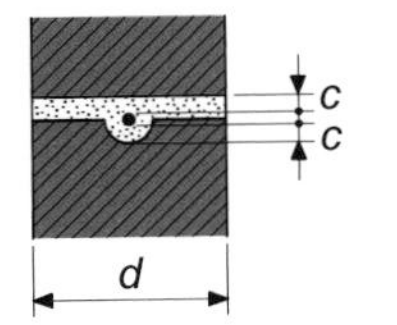

Horizontale Bewehrung nach DIN 1053, Abschnitt 2b

d = Mindestwanddicke nach Tabelle 101, Tabelle 82 bzw. Tabelle 107

c = Mörtelüberdeckung der Bewehrung nach den Angaben der Richtlinien für Bemessung und Ausführung von Flachstürzen

T4: 4.5.4.1 und *T4:* 4.5.4.2

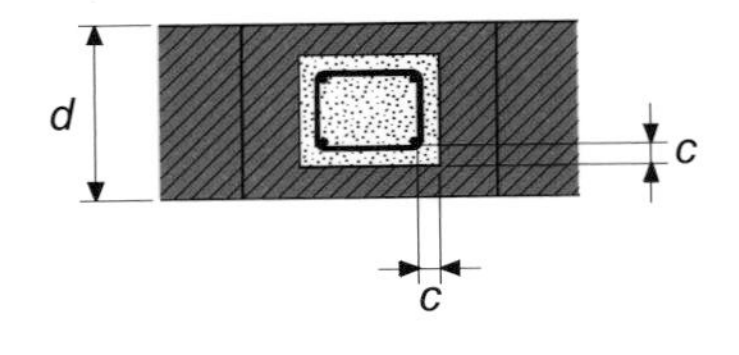

Vertikale Bewehrung nach DIN 1053, Abschnitt 2d und 2e

d = Mindestwanddicke nach Tabelle 101, Tabelle 82 bzw. Tabelle 107

c = Mörtelüberdeckung der Bewehrung nach Tabelle 70

T4: 4.5.4.1 und *T4:* 4.5.4.2

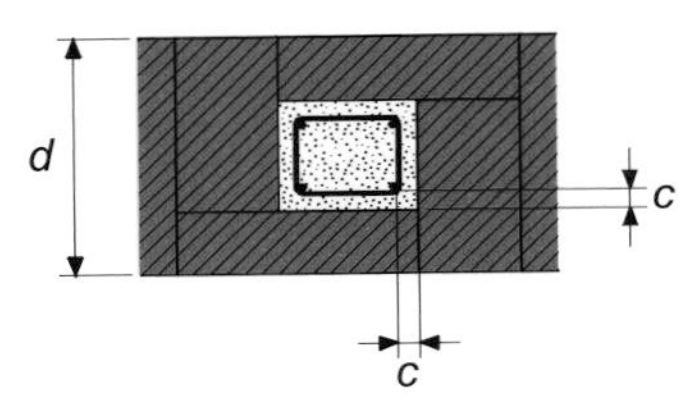

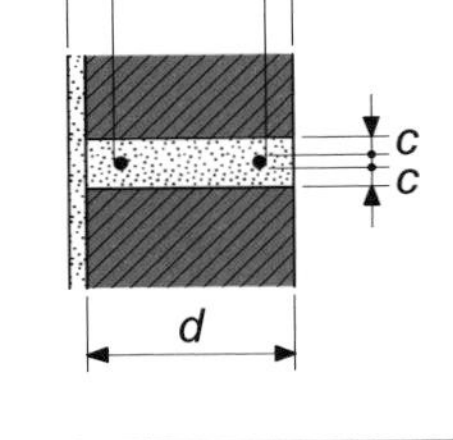

Horizontale Bewehrung nach DIN 1053, Abschnitt 2a für ≤ F 90

d = Mindestwanddicke nach Tabelle 101 bzw. Tabelle 107

c = Mörtelüberdeckung der Bewehrung ≥ 50 mm, die Dicke einer Putzschicht darf mit angerechnet werden

Für Feuerwiderstandsklassen > F 90 ist eine Beurteilung im Einzelfall nach DIN 4102-2 erforderlich.

T4: 4.5.4.3

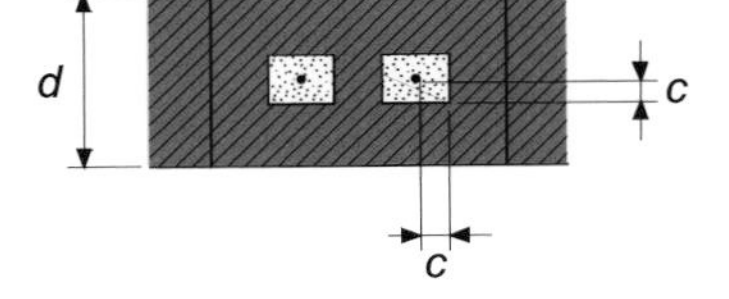

Vertikale Bewehrung nach DIN 1053, Abschnitt 2c für ≤ F 90

d = Mindestwanddicke nach Tabelle 101 bzw. Tabelle 107

c = Mörtelüberdeckung der Bewehrung ≥ 50 mm

Für Feuerwiderstandsklassen > F 90 ist eine Beurteilung im Einzelfall nach DIN 4102-2 erforderlich.

T4: 4.5.4.3

7.3.2 Stürze

T4: 4.5.3

T4: 4.5.3.1

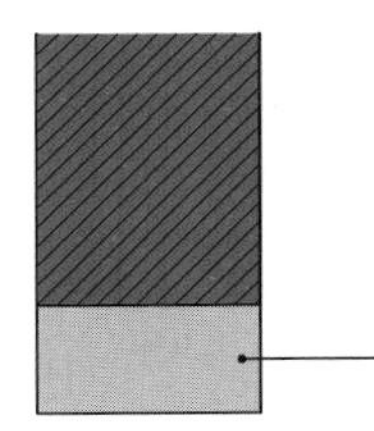

Stürze im Bereich von Mauerwerkswänden als:

- vorgefertigte Stürze (z. B. bewehrte Normal- und Leichtbetonstürze),
- Stahlstürze,
- Ortbetonstürze im Bereich von Ringbalken oder
- Unterzüge (z. B. Stahlbetonstürze mit und ohne U-Schalen).

Breite b von Stürzen aus Stahlbeton und bewehrtem Porenbeton:

T4: 4.5.3.2

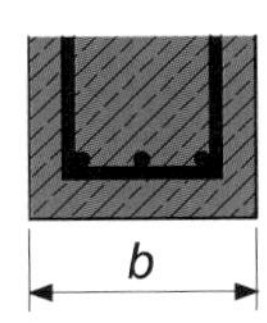

b = Breite des Sturzes
d = geforderte Mindestwanddicke

$b = d$

Stürze aus bewehrtem Porenbeton nach Zulassung.

Achsabstände von Stürzen aus Stahlbeton:

T4: 4.5.3.3

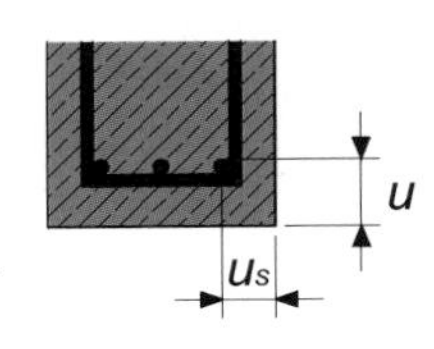

u, u_s = Achsabstand der Bewehrung nach Tabelle 89 für Wandbereiche über Öffnungen

Achsabstände von Stürzen aus Leichtbeton mit haufwerksporigem Gefüge:

T4: 4.6.2.5

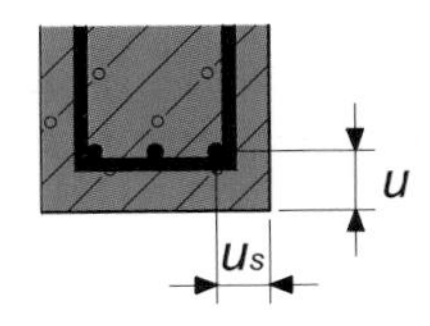

u, u_s = Achsabstand der Bewehrung nach Tabelle 7

Abmessungen von Stahlstürzen:

T4: 4.5.3.4

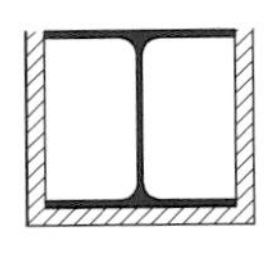

Stahlstürze sind zu ummanteln, Bemessung nach Abschnitt II/1.2.

Abmessungen von Flachstürzen, Stürzen aus ausbetonierten U-Schalen und Porenbetonstürzen:

T4: 4.5.3.5

Flachstürze und ausbetonierte U-Schalen

Porenbetonstürze

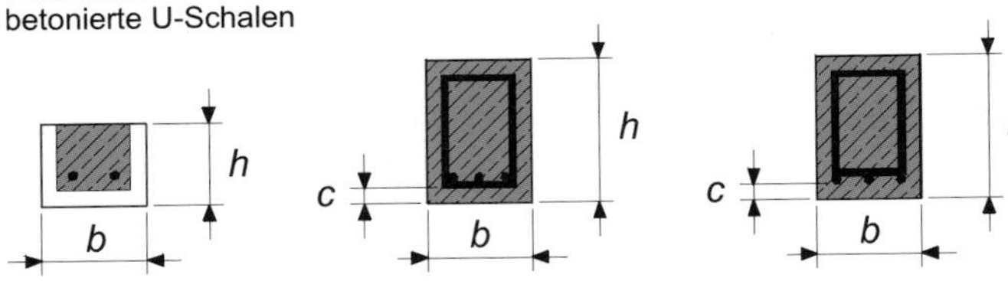

b = Mindestbreite
d = Mindesthöhe
c = Mindestbetondeckung

Tabelle 103: Mindestquerschnittsabmessungen von vorgefertigten Flachstürzen, ausbetonierten U-Schalen und Porenbetonstürzen Die ( ) - Werte gelten für Stürze mit dreiseitigem Putz nach Abschnitt II/7.3.1[1)]

T4: Tab. 42

Feuerwiderstandsklasse			F 30-A	F 60-A	F 90-A	F 120-A	F 180-A
c: Mindestbetondeckung (mm) *h*: Mindesthöhe (mm) *b*: Mindestbreite (mm)	*c*	*h*	*b*	*b*	*b*	*b*	*b*
Vorgefertigte Flachstürze							
Mauerziegel (DIN 105 Teil 1 bis Teil 5)	-	71	(115)	(115)	(115)	-	-
		113	115	115	175 (115)	-	-
Kalksandsteine (DIN V 106-1)	-	71	115	115	175 (115)	- (175)	-
		113	115	115	115	(175)	-
Leichtbeton	-	71	115	115	175	-	-
		113	115	115	115	-	-
Flachstürze und Kombistürze aus Porenbeton	-	124	175 (115)	175 (115)	240 (175)	-	-
Ausbetonierte U-Schalen							
Porenbeton	-	199	175	175	175	-	-
Leichtbeton	-	240	175	175	175	-	-
Mauerziegel	-	240	115	115	175	-	-
Kalksandsteinen	-	240	115	115	175	-	-
Porenbetonstürze (Mindeststabanzahl *n* = 3)							
	10	240	175 (175)	240 (200)	-	-	-
	20	240	175 (175)	240 (200)	300[2)] (240)	-	-
	30	240	175 (175)	175 (175)	200 (175)		

[1)] Auf den Putz an der Sturzunterseite kann bei Anordnung von Stahl- oder Holz-Umfassungszargen verzichtet werden.
[2)] Mindeststabanzahl *n* = 4.

8 Wände – nichtraumabschließend, tragend

8.1 Wände aus Beton- und Stahlbeton

8.1.1 Wände aus Normalbeton und Leichtbeton mit geschlossenem Gefüge

T4: 4.2

Allgemeine Anforderungen und Randbedingungen

Die Angaben gelten für Beton- und Stahlbetonwände aus Normalbeton bzw. Leichtbeton mit geschlossenem Gefüge nach DIN 1045-1 mit mehrseitiger Brandbeanspruchung.

T4: 4.2.1.1

Der Ausnutzungsfaktor α_1 und die sonstigen Bedingungen ergeben sich nach Abschnitt II/7.1.1.

8.1.1.1 Wände aus Normalbeton

Es gelten die Anforderungen aus Abschnitt II/7.1.1.1, die Bemessung der Wände erfolgt nach Tabelle 104.

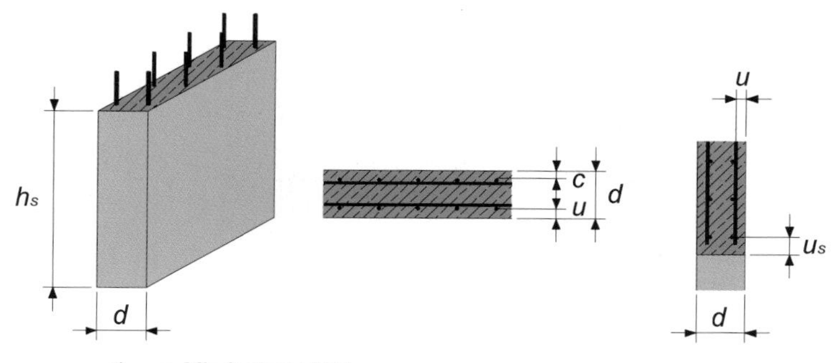

d = Mindestwanddicke
u = Mindestachsabstand der Tragbewehrung
u, u_s = Mindestachsabstand in Wandbereichen über Öffnungen
c = Mindestbetondeckung
h_s = Geschosshöhe

Tabelle 104: Tragende nichtraumabschließende Beton- und Stahlbetonwände aus Normalbeton

T4: Tab. 36

Feuerwiderstandsklasse	F 30-A	F 60-A	F 90-A	F 120-A	F 180-A
	unbekleidete Wände				
d: Mindestwanddicke (mm)	*d*	*d*	*d*	*d*	*d*
Ausnutzungsfaktor α_1 = 0,1	120	120	120	140	170
Ausnutzungsfaktor α_1 = 0,5	120	120	140	160	200
Ausnutzungsfaktor α_1 = 1,0	120	140	170	220	300
u: Mindestachsabstand (mm)	*u*	*u*	*u*	*u*	*u*
Ausnutzungsfaktor α_1 = 0,1	10	10	10	10	35
Ausnutzungsfaktor α_1 = 0,5	10	10	10	25	45
Ausnutzungsfaktor α_1 = 1,0	10	10	25	35	55
u, u_s: Mindestachsabstand (mm) in Wandbereichen über Öffnungen mit	u, u_s	u, u_s	u, u_s	u, u_s	u, u_s
einer lichten Weite ≤ 2,0 m	10	15	25	35	55
einer lichten Weite > 2,0 m	10	25	35	45	65
Wände mit beidseitiger Putzbekleidung nach Abschnitt I/2.2.4					
d: Mindestwanddicke (mm)	*d* nach dieser Tabelle, Abminderungen nach Tabelle 2 möglich, jedoch $d \geq 80$ mm				
u, u_s: Mindestachsabstände (mm)	u und u_s nach dieser Tabelle, Abminderungen nach Tabelle 2 möglich, jedoch u und $u_s \geq 10$ mm				

8.1.1.2 Wände aus Leichtbeton mit geschlossenem Gefüge

T4: 4.4

Die hier klassifizierten Wände dürfen nur bei Umweltbedingungen entsprechend den Expositionsklassen XC 1 und XC 3 nach DIN 1045-1, Tabelle 3 eingebaut werden.

T4: 4.4.3

Mindestdicke unbekleideter Wände:

T4: 4.4.4

Die Werte nach Tabelle 104 dürfen folgendermaßen verringert werden:

- Rohdichteklasse D 1,0 um 20 %,
- Rohdichteklasse D 2,0 um 5 %,
- Zwischenwerte dürfen geradlinig interpoliert werden.

Dabei gilt jedoch eine Mindestwanddicke von $d \geq 150$ mm.

Mindestachsabstand der Bewehrung:

T4: 4.4.5

Die Werte der Tabelle 104 dürfen folgendermaßen abgemindert werden:

- Rohdichteklasse D 1,0 um 20 %,
- Rohdichteklasse D 2,0 um 5 %,
- Zwischenwerte dürfen geradlinig interpoliert werden.

Dabei dürfen die folgenden Werte nicht unterschritten werden:

- F 30-A: u siehe Betondeckung c nach DIN 1045-1,
- $\geq$ F 60-A: $u \geq 30$ mm.

Es darf entweder die Mindestwanddicke oder der Mindestachsabstand der Bewehrung verringert werden. *T4:* 4.4.6

8.1.2 Gegliederte Stahlbetonwände

T4: 4.3

Allgemeine Anforderungen und Randbedingungen

Die Angaben gelten für Stahlbetonwände nach DIN 1045-1 mit Öffnungen für Türen und Fenster und mehrseitiger Brandbeanspruchung für die Feuerwiderstandsklasse F 90. Die Wände sind zunächst nach Tabelle 104 zu bemessen, die Wandteile zwischen den Öffnungen dann nach Abschnitt II/8.1.2 und Tabelle 105.

T4: 4.3.1.1 und *T4:* 4.3.1.2 und *T4:* 4.3.1.3

Anschluss Wand – Geschossdecke: *T4:* 4.3.2.1

Systemlängen ℓ und Querschnittsabmessungen: *T4:* 4.3.2.2

T4: Bild 22

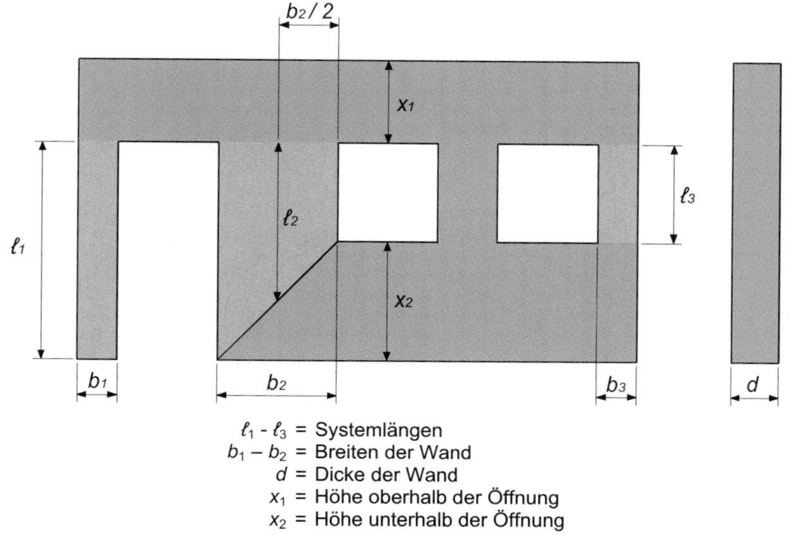

ℓ_1 - ℓ_3 = Systemlängen
b_1 – b_2 = Breiten der Wand
d = Dicke der Wand
x_1 = Höhe oberhalb der Öffnung
x_2 = Höhe unterhalb der Öffnung

x_1 oder $x_2 \geq 3 \cdot d$
≥ 50 cm

T4: 4.3.2.3

Randbedingungen für Tabelle 105:

T22: 5.2 / 4.3.2.4

Ausführung der Wände aus Beton C 35/45.

Bewehrung stützenähnlich über die gesamte Wandhöhe führen mit:

- 7,0 cm²/m je Seite für BSt 420 S bzw.
- 6,5 cm²/m je Seite für BSt 500 S oder M.

Achsabstand der tragenden Längsbewehrung von $u \geq 25$ mm:

T4: Bild 23

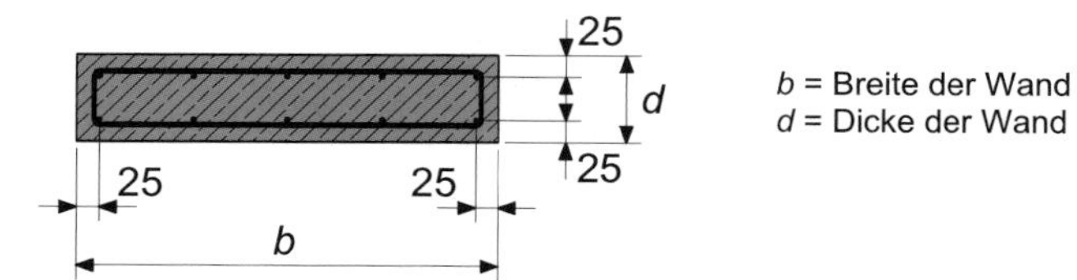

Aufnehmbare zentrische Last:

In Tabelle 105 sind die aufnehmbaren zentrischen Lasten angegeben. Zwischenwerte dürfen linear interpoliert werden. Eine Extrapolation ist nicht zulässig.

T4: 4.3.3.2

Tabelle 105: Aufnehmbare zentrische Last $N_{Rd,c,t}$ allseitig beflammter Wandteile

T22: 6.2 / Tab. 37

Feuerwiderstandsklasse	F 90-A		
$N_{Rd,c,t}$: aufnehmbare zentrische Last (kN)	$N_{Rd,c,t}$	$N_{Rd,c,t}$	$N_{Rd,c,t}$
Verhältnis *b/d* (cm)	Systemlänge l_1, l_2 oder l_3 1,50 m	2,50 m	3,50 m
20/20	- 410	- 310	- 210
40/20	- 1450	- 1200	- 930
60/20	- 1900	- 1600	- 1150
80/20	- 2750	- 2200	- 1650
100/20	- 3700	- 3100	- 2350
20/18	- 320	- 230	- 150
40/18	- 950	- 700	- 450
55/18	- 1420	- 1070	- 730
70/18	- 1900	- 1440	- 950
90/18	- 2550	- 1920	- 1300
20/16	- 235	- 160	- 100
40/16	- 680	- 450	- 255
60/16	- 1180	- 800	- 490
80/16	- 1650	- 1120	- 700
20/14	- 165	- 99	- 64
45/14	- 515	- 316	- 180
70/14	- 915	- 570	- 349
20/12	- 99	- 60	- 36
40/12	- 280	- 165	- 100
60/12	- 450	- 255	- 148

Aufnehmbare exzentrische Last:

Werden Normalkräfte mit einer planmäßigen Endexzentrizität in die Wandelemente eingeleitet ergibt sich die aufnehmbare exzentrische Last zu:

T22: 5.2 / 4.3.3.3

$$N_{\mathrm{Rd,e,t}} = \frac{N_{\mathrm{Rd,e,0}}}{N_{\mathrm{Rd,c,0}}} \times N_{\mathrm{Rd,c,t}} \tag{53}$$

T22: 5.2 / Gl. 8

mit $N_{\mathrm{Rd,c,0}}$: die aufnehmbare zentrische Last nach DIN 1045-1

$N_{\mathrm{Rd,e,0}}$: die aufnehmbare exzentrische Last nach DIN 1045-1

$N_{\mathrm{Rd,c,t}}$: die aufnehmbare zentrische Last nach 90 min Brandeinwirkung

$N_{\mathrm{Rd,e,t}}$: die aufnehmbare exzentrische Last nach 90 min Brandeinwirkung

8.1.3 Wände aus Leichtbeton mit haufwerksporigem Gefüge

T4: 4.6

Die Angaben gelten für Wände aus Leichtbeton mit haufwerksporigem Gefüge nach DIN 4232 mit einer Rohdichteklasse ≥ 0,8 und mehrseitiger Brandbeanspruchung.

T4: 4.6.1.1

Es gelten die Anforderungen aus Abschnitt II/7.1.2. Die Mindestdicke tragender, nichtraumabschließender Wände ergibt sich aus den Angaben in Tabelle 90 für tragende, raumabschließende Wände.

8.1.4 Wände aus bewehrtem Porenbeton

T4: 4.7

Die Angaben gelten für Wände aus bewehrtem Porenbeton mit mehrseitiger Brandbeanspruchung. Wände aus Porenbeton-Wandbauplatten sind nach Zulassung zu bemessen.

T4: 4.7.1.1

Die Angaben in Tabelle 91 für tragende, raumabschließende Wände und die sonstigen Angaben in Abschnitt II/7.1.3 gelten auch für tragende, nichtraumabschließende Wände.

8.1.5 Wände aus hochfestem Beton

Die Angaben in Abschnitt II/8.1.1 zu den Mindestquerschnittsabmessungen und den Mindestachsabständen der Bewehrung gelten auch für Wände aus hochfestem Beton (> C 50/60 bei Normalbeton und > LC 50/55 bei Leichtbeton) nach DIN EN 206-1.

TA1: 3.1 / 9.1

Schutzbewehrung von Wänden mit Querschnittsmaßen d < 300 mm und einer Schlankheit $\lambda > 45$ oder einer bezogenen Lastausmitte von $e/d \geq 1/6$:

TA1: 3.1 / 9.5

- Auf der brandbeanspruchten Seite ist eine Schutzbewehrung nach Abschnitt I/2.2.3 mit einer Betondeckung c_{nom} = 15 mm einzubauen.
- Bei Stützen in feuchter und/oder chemisch angreifender Umgebung ist c_{nom} um 5 mm zu erhöhen.
- Die Schutzbewehrung ist nicht erforderlich, wenn zerstörende Betonabplatzungen bei der Brandbeanspruchung durch betontechnische Maßnahmen nachweislich verhindert werden.

8.2 Wände aus Holz und Holzwerkstoffen

8.2.1 Wände in Holztafelbauart

T4: 4.12

Allgemeine Anforderungen und Randbedingungen

Die Angaben gelten für einschalige Wände in Holztafelbauart mit mehrseitiger Brandbeanspruchung. Zwischen den Beplankungen bzw. Bekleidungen ist keine Dämmschicht notwendig.

T4: 4.12.1.1

Der Ausnutzungsgrad der Schwellenpressung α_7 und die sonstigen Anforderungen ergeben sich nach Abschnitt II/7.2.1. Die Bemessung der raumabschließenden Wände, auch von tragenden Außenwänden mit einer Breite $b \leq 1{,}0$ m, erfolgt nach Tabelle 106.

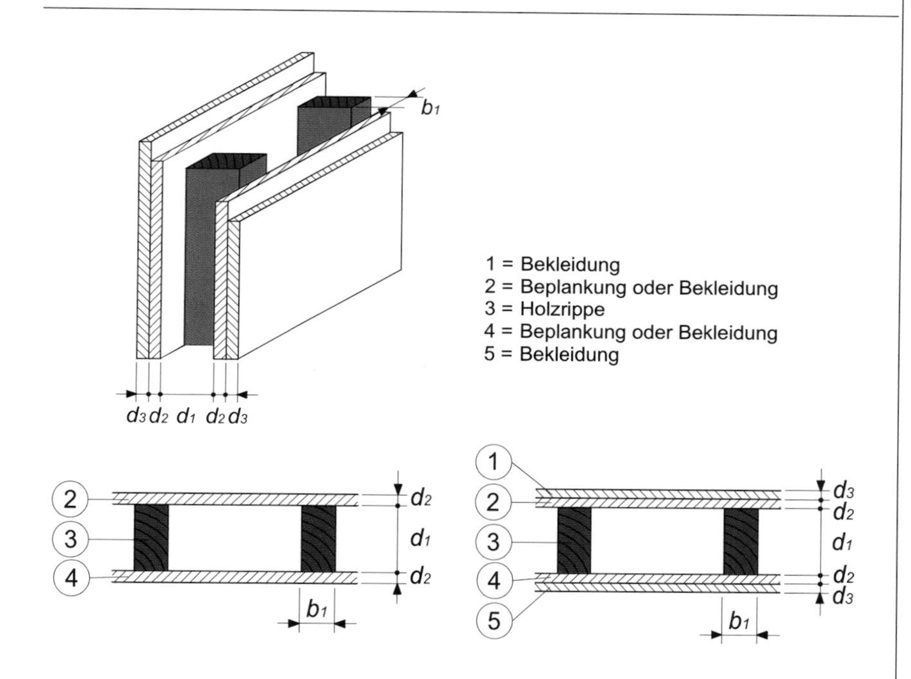

Tabelle 106: Tragende, nichtraumabschließende Wände in Holztafelbauart *T4:* Tab. 50

Feuerwiderstandsklasse	Holzrippen nach Abschnitt II/7.2.1			Untere Beplankung oder Bekleidung nach Abschnitt II/7.2.1 aus		
	Mindestbreite	Mindestdicke	Ausnutzungsgrad der Schwellenpressung $f_{c,90,d}$ nach DIN 1052	Holzwerkstoffplatten mit ρ ≥ 600 kg/m³	Gipskarton-Feuerschutzplatten (GKF)	
				Mindestdicke		
	b_1 mm	d_1 mm	α_7	d_2 mm	d_2 mm	d_2 mm
F 30-B	50	80	1,0	25	-	-
	50	80	1,0	2 x 16	-	-
	100	100	0,5	16[1)]	-	-
	40	80	1,0	-	18	-
	50	80	1,0	-	15[2)]	-
	100	100	1,0	-	12,5[3)]	-
	40	80	1,0	8	-	12,5[3)]
	40	80	1,0	13	-	9,5[4)]
	40	80	1,0	-	12,5	9,5[4)]
F 60-B	40	80	1,0	22	-	18[2)]
	50	80	1,0	-	15	12,5[3)]

1) Einseitig ersetzbar durch Bretterschalung nach Abschnitt II/7.2.1 (Aufzählungen für Bretter siehe Bekleidung) mit einer Dicke nach Bild 15.
2) Anstelle von 15 mm dicken GKF-Platten dürfen auch GKB-Platten mit $d \geq 18$ mm verwendet werden.
3) Anstelle von 12,5 mm dicken GKF-Platten dürfen auch GKB-Platten mit $d \geq 15$ mm oder $d \geq 2 \times 9,5$ mm verwendet werden.
4) Anstelle von GKF-Platten dürfen auch GKB-Platten verwendet werden.

Anschlüsse:

T4: 4.12.6

Für dichte Anschlüsse an angrenzende Holztafeln gilt abweichend zu Abschnitt II/7.2.1 für den Deckenanschluss folgende Ausführung: *T4:* 4.12.6.2

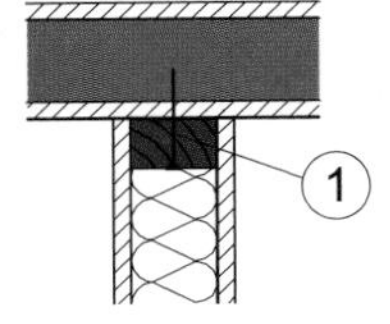

Deckenanschlüsse nichtraumabschließend:
1 = Verschraubung

8.2.2 Wände aus Vollholz-Blockbalken

T4: 4.13

Die Angaben gelten für zweischalige Wände mit mehrseitiger Brandbeanspruchung für die Feuerwiderstandsklasse F 30-B.

T4: 4.13.1

Die Mindestdicke tragender, nichtraumabschließender Wände aus Vollholz-Blockbalken ergibt sich nach Bild b, Abschnitt II/7.2.2 und den Angaben in Tabelle 96 für tragende, raumabschließende Wände.

8.2.3 Fachwerkwände mit ausgefüllten Gefachen

T4: 4.11

Die Angaben gelten für Wände nach DIN 1052 und nach DIN 4103-1 mit mehrseitiger Brandbeanspruchung für die Feuerwiderstandsklasse F 30-B.

T4: 4.11.1.1
T4: 4.11.1.2

Konstruktion und Anforderungen:

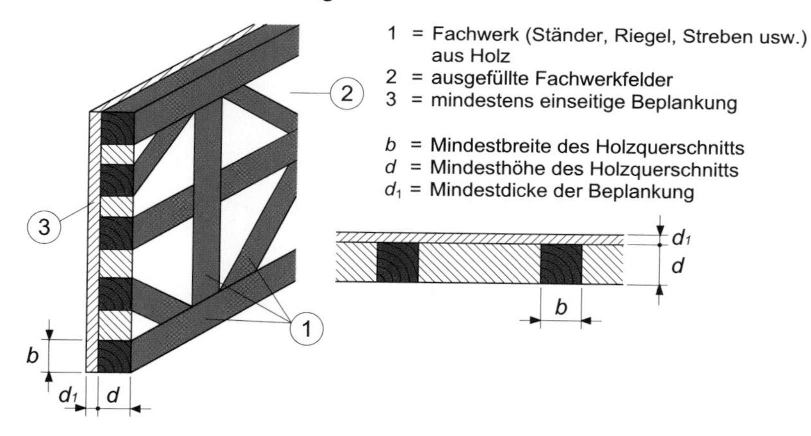

Die Anforderungen an das Fachwerk und die Gefache nach Abschnitt II/7.2.3 sind einzuhalten, für nichtraumabschließende Wände ist eine Bekleidung nach den Angaben in Abschnitt II/7.2.3 nicht erforderlich.

T4: 4.11.2

8.3 Wände aus Mauerwerk

T4: 4.5

Allgemeine Anforderungen und Randbedingungen

T4: 4.5.1.1

Die Angaben gelten für Wände aus Mauerwerk nach den Normen DIN 1053 Teil 1 bis Teil 4 mit mehrseitiger Brandbeanspruchung. Für Mauerwerk nach DIN 1053-2 ist eine Beurteilung im Einzelfall nach DIN 4102-2 erforderlich.

Die raumabschließenden Wände werden nach Tabelle 107 bemessen. Ansonsten gelten für den Ausnutzungsfaktor α_2 und die sonstigen Anforderungen Abschnitt II/7.3.1.

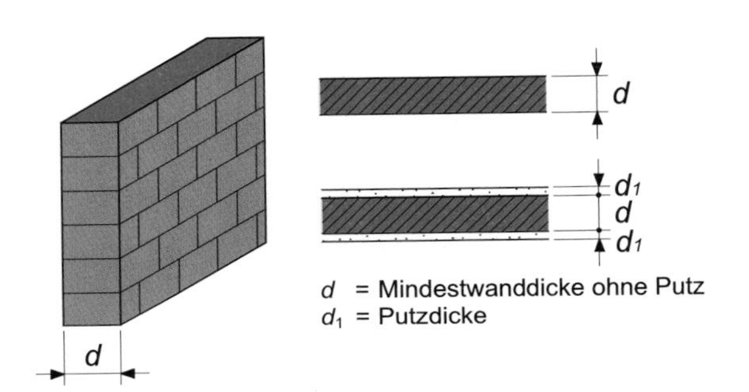

Tabelle 107: Mindestdicke d tragender, nichtraumabschließender Wände aus Mauerwerk
Die ( ) - Werte gelten für Wände mit beidseitigem Putz nach Abschnitt II/7.3.1

T4: Tab. 40

Feuerwiderstandsklasse		F 30-A	F 60-A	F 90-A	F 120-A	F 180-A
α_2: Ausnutzungsfaktor *d*: Mindestdicke (mm)	α_2	*d*	*d*	*d*	*d*	*d*
Porenbetonsteine (DIN V 4165, Plansteine und Planelemente nach Zulassung), Rohdichteklasse ≥ 0,4, Verwendung von Dünnbettmörtel	0,2	115 (115)	150 (115)	150 (115)	150 (115)	175 (115)
	0,6	150 (115)	175 (150)	175 (150)	175 (150)	240 (175)
	1,0	175 (150)	175 (150)	240 (175)	300 (240)	300 (240)
Hohlblöcke aus Leichtbeton (DIN V 18151), Vollsteine und -blöcke aus Leichbeton (DIN V 18152), Mauersteine aus Beton (DIN V 18153), Rohdichteklasse ≥ 0,5, Verwendung von Normal- und Leichtmörtel	0,2	115 (115)	140 (115)	140 (115)	140 (115)	175 (115)
	0,6	140 (115)	175 (140)	190 (175)	240 (190)	240 (240)
	1,0	175 (140)	175 (175)	240 (175)	300 (240)	300 (240)
Mauerziegel aus Voll- und Hochlochziegel (DIN V 105-1), Lochung: Mz, HLz A, HLz B, Verwendung von Normalmörtel	0,2	115 (115)	115 (115)	175 (115)	240 (115)	240 (175)
	0,6	115 (115)	115 (115)	175 (115)	240 (115)	300 (200)
	1,0[1)]	115 (115)	115 (115)	240 (115)	365 (175)	490 (240)
Mauerziegel mit Lochung A und B (DIN V 105-2 und DIN V 105-6 nach Zulassung), Rohdichteklasse ≥ 0,8, Verwendung von Normal- und Leichtmörtel	0,2	(115)	(115)	(115)	(115)	(175)
	0,6[2)]	(115)	(115)	(115)	(115)	(200)
	1,0	(115)	(115)	(115)	(175)	(240)
Mauerziegel aus Leichthochlochziegel W (DIN V 105-2), Rohdichteklasse ≥ 0,8, Verwendung von Normal-, Dünn- und Leichtmörtel	0,2	(175)	(175)	(175)	(175)	(240)
	0,6	(175)	(175)	(240)	(240)	(300)
	1,0	(240)	(240)	(240)	(300)	(365)
Kalksandsteine aus Voll-, Loch-, Block-, Hohlblock- und Plansteinen, Planelementen nach Zulassung und Bauplatten (DIN V 106-1) oder Vormauersteinen und Verblender (DIN V 106-2), Verwendung von Normal- und Dünnbettmörtel	0,2	115 (115)	115 (115)	115 (115)	140 (115)	175 (140)
	0,6	115 (115)	115 (115)	140[3)] (115)	150 (115)	200 (175)
	1,0[1)]	115 (115)	115 (115)	140[3)] (115)	200 (175)	240 (190)
Mauerwerk aus Ziegelfertigbauteilen (DIN 1053-4)	-	115 (115)	165 (115)	165 (165)	190 (165)	240 (190)

[1)] Bei 3,0 N/mm² < vorh σ ≤ 4,5 N/mm² gelten die Werte nur für Mauerwerk aus Voll-, Block- und Plansteinen.
[2)] Gilt auch bei Verwendung von Dünnbettmörtel.
[3)] Bei Verwendung von Dünnbettmörtel *d* ≥ 115 mm.

9 Verbindungen von Holzbauteilen

T4: 5.8

Allgemeine Anforderungen und Randbedingungen

Die Angaben gelten für mechanische Verbindungen zwischen Holzbauteilen nach DIN 1052, Abschnitte 12, 13 und 15. Die Angaben gelten nur für den Verbindungs-, Anschluss- und Stoßbereich. Die anzuschließenden Bauteile sind nach den Abschnitten II/1.4, II/2.3, II/2.4 bzw. II/3.3 zu bemessen.

T22: 6.2 / 5.8.1.1

Verbindungen:

T4: Bild 50

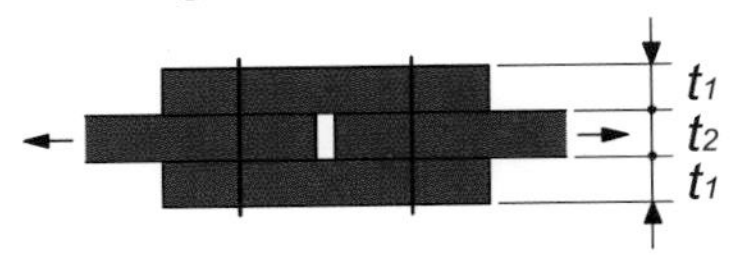

- Auf Druck, Zug oder Abscheren beansprucht.
- Keine Beanspruchung in Axialrichtung des Verbindungsmittels.
- Mit symmetrischer Kraftübertragung.

Holzabmessungen von tragenden Verbindungen und Verbindungen zur Lagesicherung:

T4: 5.8.2

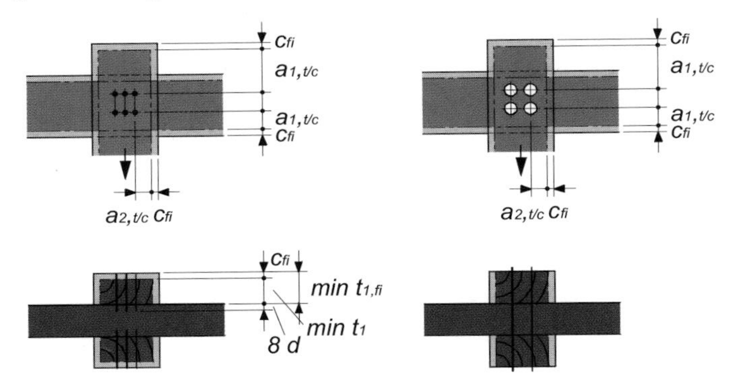

Randabstände der Verbindungsmittel vom beanspruchten bzw. unbeanspruchten Rand:

T22: 6.2 / 5.8.2.1

$$\min a_{1,t/c,fi} = a_{1,t/c} + c_{fi} \text{ in mm} \quad (54)$$

T22: 6.2 / Gl. 13

$$\min a_{2,t/c,fi} = a_{2,t/c} + c_{fi} \text{ in mm} \quad (55)$$

T22: 6.2 / Gl. 13.1

mit $a_{1,t/c}$: Randabstand II zur Faser nach DIN 1052
$a_{2,t/c}$: Randabstand ⊥ zur Faser nach DIN 1052
c_{fi} = 10 mm für F 30
30 mm für F 60

Für Stabdübel und Bolzen mit einem Durchmesser ≥ 20 mm gilt:

$\min a_{1/2,t/c,fi} = a_{1/2,t/c}$ in mm für F 30

$\min a_{1/2,t/c,fi} = a_{1/2,t/c} + 20$ in mm für F60 (56)

Für gegenüber Brandeinwirkung geschützte Ränder gelten die Abstände nach DIN 1052.

Seitenholzdicke:

$\min t_{1,fi}$ = 50 mm für F 30

$\min t_{1,fi}$ = 100 mm für F 60

Bei Verbindungen, für die nach DIN 1052 Mindestholzdicken vorgegeben sind, ist für das Seitenholz zusätzlich einzuhalten:

$\min t_{1,fi} = \min t_1 + c_{fi}$ in mm (57) *T22:* 6.2 / Gl. 13.2

Decklaschen:

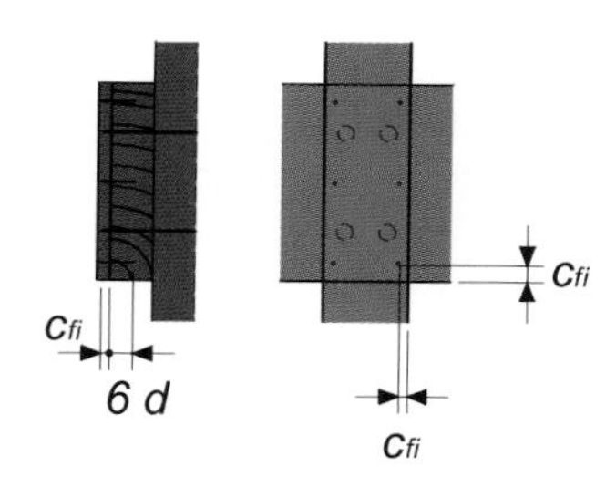

- Randabstand der Verbindungsmittel zur Befestigung der Laschen mindestens c_{fi}. *T4:* 5.8.2.2
- Laschendicke mindestens c_{fi}. *T4:* 5.8.2.3
- Einschlagetiefe der Nägel mindestens 6 *d*. *T4:* 5.8.2.5
- Je 150 cm² Decklasche ein Befestigungsmittel vorsehen.
- Randabstände der zu schützenden Verbindungsmittel nach diesem Abschnitt.
- Mindestseitenholzdicke unter Einbeziehung der Laschendicke nachweisbar.

Schutz der Verbindungsmittel durch eingeleimte Holzscheiben und Pfropfen:

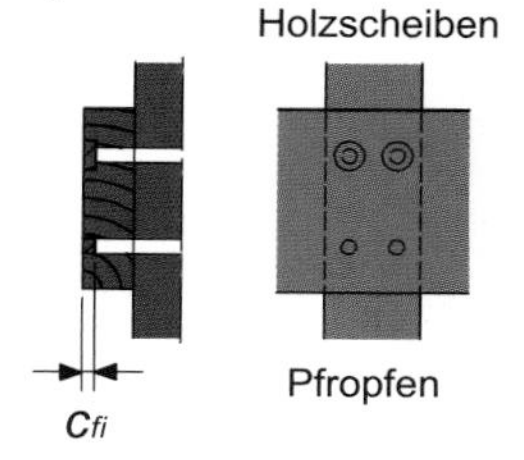

- Scheiben- bzw. Pfropfendicke mindestens c_{fi}. *T4:* 5.8.2.3
- Mindestseitenholzdicke unter Einbeziehung der Scheibendicke nachweisbar. *T4:* 5.8.2.5

Innenliegende Stahl- und Stahlblechformteile:

T4: 5.8.2.4

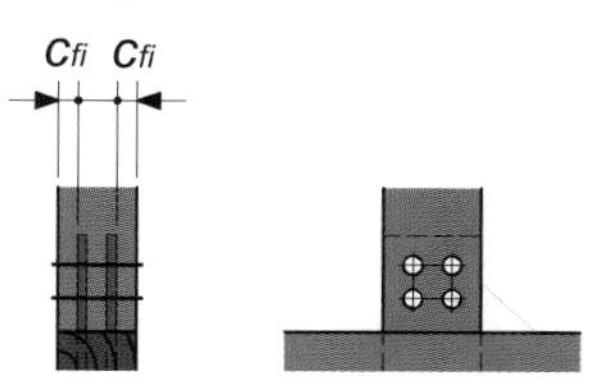

- Innen liegende Stahl- und Stahlblechformteile mit einer Überdeckung aus Holz der Mindestdicke c_{fi} gelten als brandschutztechnisch ausreichend bekleidet.

Bei Verbindungen zur Lagesicherung der Feuerwiderstandsklasse F 30 und F 60 brauchen nur die Holzabmessungen nach diesem Abschnitt nachgewiesen werden.

T4: 5.8.2.6

Biegebeanspruchte Zangenanschlüsse:

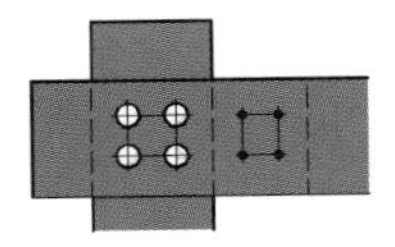

- Wird ein Kippen oder Abwölben der Zangen nicht durch konstruktive Maßnahmen behindert, sind zum Schutz der Verbindung Futterhölzer anzuordnen.

T4: 5.8.2.7

- Bei einer Auslastung der angrenzenden Bauteile nach DIN 1052 von weniger als 50 % und bei Verbindungen mit Bolzen oder Sondernägeln sind Futterhölzer nicht erforderlich.

T22: 6.2 / 5.8.2.7

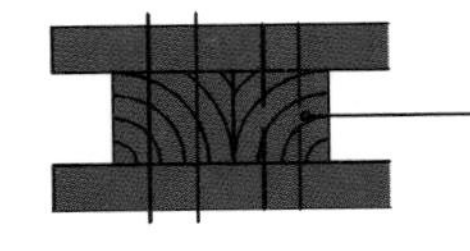

9.1 Dübelverbindungen mit Dübeln besonderer Bauart

T4: 5.8.3

Dübel mit ungeschützten Sondernägeln zur Lagesicherung bei Anschlüssen der Feuerwiderstandsklasse F 30:

T4: 5.8.3.1 und *T22:* 6.2 / 5.8.3.1

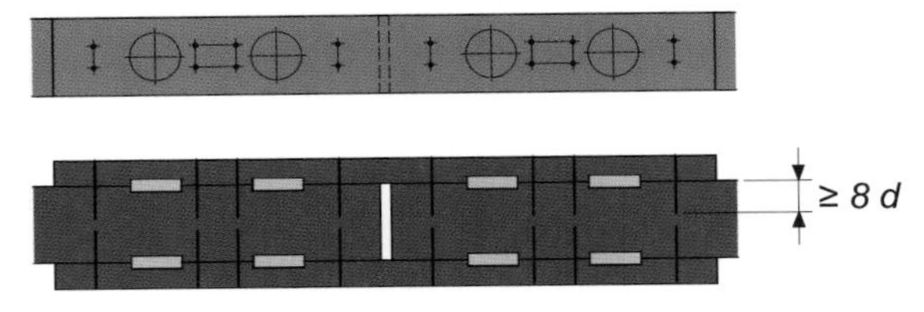

Keine Abminderung der Dübeltragfähigkeit erforderlich, wenn die Einschlagtiefe mindestens 8 d ins Mittelholz beträgt.

Dübel mit ungeschützten Schraubenbolzen bzw. Sechskantschrauben oder Sechskantholzschrauben bei Anschlüssen der Feuerwiderstandsklasse F 30:

T22: 6.2 / 5.8.3.2

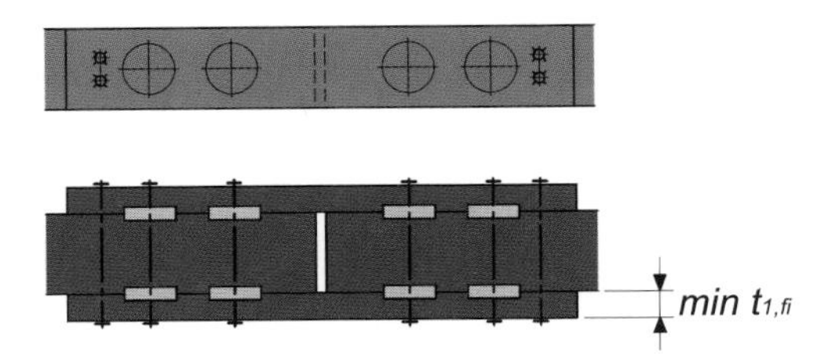

Ausführung mit zusätzlichen Sondernägeln (siehe auch vorheriges Bild):

Keine Abminderung der Tragfähigkeit erforderlich, sofern:

- Die Einschlagtiefe mindestens 8 d ins Mittelholz beträgt.

- Mindestens die Hälfte der Nägel, die für eine Verbindung mit Sondernägeln (ungeachtet des verwendeten Dübels) erforderlich wären, zusätzlich angeordnet werden. Es sind jedoch mindestens 4 Nägel bei einem Dübel und mindestens 6 Nägel bei zwei Dübeln erforderlich.

Ausführung ohne zusätzliche Sondernägel:

Die charakteristische Tragfähigkeit im Brandfall $R_{k,fi}$ je Dübel beträgt:

$$R_{k,fi} = 0{,}25 \times k_{fi} \times R_k \times \frac{t_{fi}}{\min t_{1,fi}} \leq 0{,}5 \times k_{fi} \times R_k \quad (58)$$

T22: 6.2 / Gl. 13.3

mit k_{fi}: Faktor nach Tabelle 18

R_k: charakteristische Dübeltragfähigkeit nach DIN 1052, Abschnitt 13

$\min t_{1,fi}$: Mindestseitenholzdicke nach Gleichung 57

Dübel mit Schraubenbolzen bzw. Sechskantschrauben oder Sechskantholzschrauben mit Schutz der Schrauben durch Holzscheiben, Pfropfen oder Decklaschen bei Anschlüssen der Feuerwiderstandsklasse F 30 oder F 60:

T4: 5.8.3.3

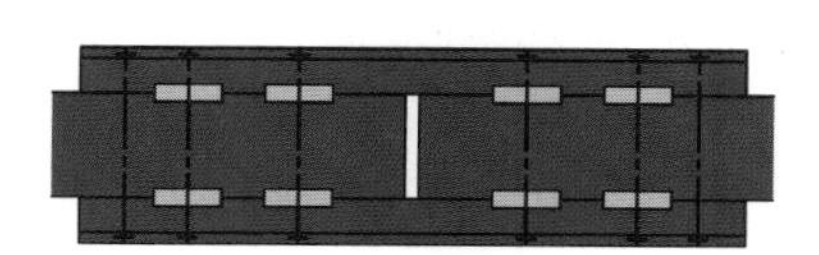

Die Anforderungen für ungeschützte Anschlüsse brauchen nicht eingehalten werden.

Bei verdübelten Balken der Feuerwiderstandsklasse F 30 und F 60 sind nur die Holzabmessungen nach Abschnitt II/9 einzuhalten.

T4: 5.8.3.4

9.2 Stabdübel- und Passbolzenverbindungen

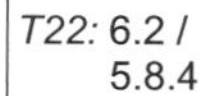
T22: 6.2 / 5.8.4

Ungeschützte Stabdübel mit innen liegenden Stahlblechen bei Anschlüssen der Feuerwiderstandsklasse F 30:

T22: 6.2 / 5.8.4.1

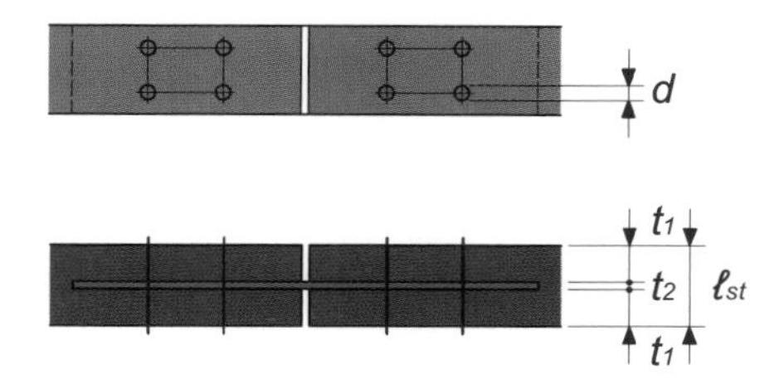

Für die Ausführung der Stahlbleche gilt Abschnitt II/9.5.

Die charakteristische Tragfähigkeit im Brandfall $R_{k,fi}$ beträgt:

$$R_{k,fi} = k_{conn,fi} \times f_{h,1,k} \times (t_1 - 30 \times \beta_n) \times d \times \eta \times \left(\frac{1}{k_{90} \times \sin^2 \alpha + \cos^2 \alpha} \right) \quad (59)$$

T22: 6.2 / Gl. 13.4

mit $k_{conn,fi}$: Faktor zur Berücksichtigung der Erwärmung im Holz und des veränderten Sicherheitsniveaus im Brandfall

$$k_{conn,fi} = (0{,}18 + 0{,}003 \times d) \times \frac{450}{\rho} \quad \text{für Nadelholz} \quad (60)$$

T22: 6.2 / Gl. 13.5

$$k_{conn,fi} = (0{,}14 + 0{,}002 \times d) \times \frac{30}{\sqrt{\rho}} \quad \text{für Laubholz} \quad (61)$$

T22: 6.2 / Gl. 13.6

$f_{h,1,k}$: charakteristische Lochleibungsfestigkeit des Holzes nach DIN 1052, Abschnitt 12

t_1: Seitenholzdicke

β_n: Abbrandrate nach Tabelle 17

d: Durchmesser des Stabdübels oder Passbolzens in mm

$$\eta = \frac{(d / t_1)}{\min (d / t_1)} \leq 1{,}0 \quad \text{mit min } (d/t_1) \text{ nach Gleichung 65} \quad (62)$$

T22: 6.2 / Gl. 13.7

k_{90}: Abminderungsfaktor bei einer Belastung senkrecht zur Faser nach DIN 1052, Abschnitt 12

α: Winkel zwischen Kraft- und Faserrichtung des Mitten- oder Seitenholzes ($\alpha \leq 90°$)

Eine (weitere) Abminderung der Dübeltragfähigkeit ist nicht erforderlich, sofern die folgenden Bedingungen eingehalten werden:

- Länge des Stabdübels:

$$\ell_{st} = 2 \times t_1 + t_2 \geq 120 \text{ mm} \quad \text{für Stabdübel ohne Überstand} \quad (63)$$

$$\ell_{st} = 2 \times t_1 + t_2 + 2 \times ü \geq 200 \text{ mm} \quad \text{für Stabdübel mit Überstand} \quad (64)$$

mit t_1: Seitenholzdicke

t_2: Stahlblechdicke

$ü \leq 20$ mm

Eine Fase von max. 5 mm am Ende des Stabdübels gilt nicht als Überstand.

- $d / t_1 \geq \min (d / t_1)$

$$\min (d / t_1) = 0{,}08 \left(1 + \left(\frac{110}{\ell'_{st}} \right)^4 \right) \times \left(1 - \frac{\alpha}{360} \right) \quad (65)$$

T22: 6.2 / Gl. 13.8

mit α: Winkel zwischen Kraft- und Faserrichtung des Mitten- oder Seitenholzes ($\alpha \leq 90°$)

$\ell'_{st} = \ell_{st}$ für Stabdübel ohne Überstand

$= 0{,}6\ \ell_{st}$ für Stabdübel mit Überstand

Ungeschützte Stabdübel ohne Stahlbleche bei Anschlüssen der Feuerwiderstandsklasse F 30:

T22: 6.2 / 5.8.4.2

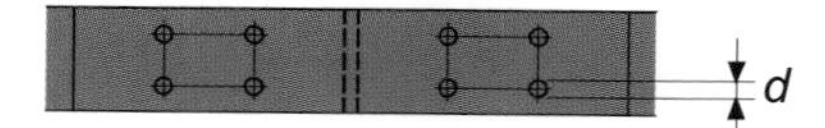

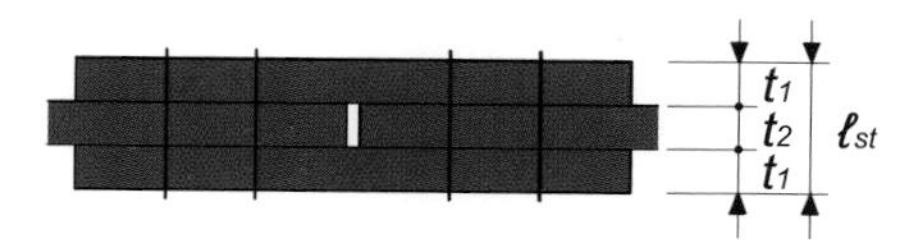

Die charakteristische Tragfähigkeit im Brandfall $R_{k,fi}$ ergibt sich entsprechend zu den Verbindungen mit Stahlblechen zu:

$$R_{k,fi} = k_{conn,fi} \times f_{h,1,k} \times (t_1 - 30 \times \beta_n) \times d \times \eta \times \left(\frac{1}{k_{90} \times \sin^2 \alpha + \cos^2 \alpha} \right) \quad (66)$$

T22: 6.2 / Gl. 13.9

Eine (weitere) Abminderung der Dübeltragfähigkeit ist nicht erforderlich, sofern die folgenden Bedingungen eingehalten werden:

- Länge des Stabdübels:

  $$\ell_{st} = 2 \times t_1 + t_2 \geq 120\,\text{mm} \text{ für Stabdübel ohne Überstand} \quad (67)$$

  $$\ell_{st} = 2 \times t_1 + t_2 + 2 \times ü \geq 200\,\text{mm} \text{ für Stabdübel mit Überstand} \quad (68)$$

  mit t_1: Seitenholzdicke
  t_2: Mittelholzdicke
  $ü \leq 20$ mm

  Eine Fase von max. 5 mm am Ende des Stabdübels gilt nicht als Überstand.

- $d / t_1 \geq \min(d / t_1)$

  $$\min(d / t_1) = 0{,}16 \times \sqrt{t_2 / t_1} \times \left(1 + \left(\frac{110}{\ell'_{st}} \right)^4 \right) \times \left(1 - \frac{\alpha}{360} \right) \quad (69)$$

  T22: 6.2 / Gl. 13.10

  mit α: Winkel zwischen Kraft- und Faserrichtung des Mitten- oder Seitenholzes ($\alpha \leq 90°$)
  $\ell'_{st} = \ell_{st}$ für Stabdübel ohne Überstand
  $= 0{,}6\ \ell_{st}$ für Stabdübel mit Überstand

Abminderung der Dübeltragfähigkeit von ungeschützten Stabdübeln:

T22: 6.2 / 5.8.4.3

Bei $d/t_1 < \min(d/t_1)$ ist die charakteristische Tragfähigkeit R_k je Stabdübel im Verhältnis $(d/t_1)/\min(d/t_1)$ für Verbindungen mit innen liegenden Stahlblechen abzumindern.

Geschützte Stabdübel bei Anschlüssen der Feuerwiderstandsklasse F 30 und F 60:

T4: 5.8.4.4

- Schutz durch eingeleimte Holzscheiben, Pfropfen oder Decklaschen.
- Die Bedingungen für ungeschützte Stabdübel brauchen nicht eingehalten werden.
- Futterhölzer bei biegebeanspruchten Zangenanschlüssen sind nicht erforderlich, wenn die Bedingungen für ungeschützte Stabdübel mit bzw. ohne Stahlbleche erfüllt werden.

Bei verdübelten Balken der Feuerwiderstandsklasse F 30 und F 60 sind nur die Holzabmessungen nach Abschnitt II/9 einzuhalten.

T4: 5.8.4.5

Passbolzenverbindungen:

T22: 6.2 / 5.8.4.6

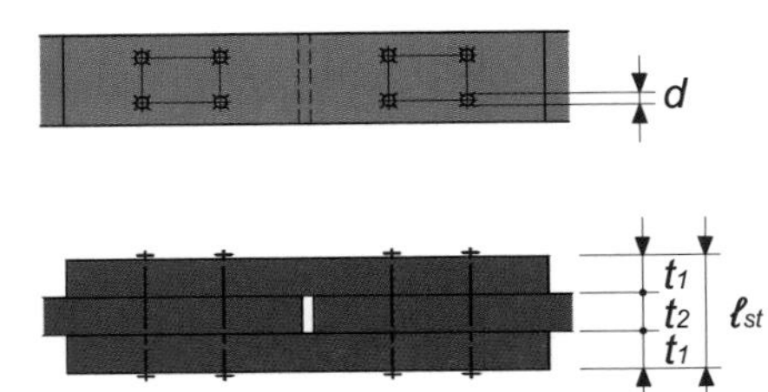

Die charakteristische Tragfähigkeit $R_{k,fi}$ von Passbolzen ergibt sich zu maximal 25 % der entsprechend Stabdübelverbindung nach Gleichung 59 bzw. Gleichung 66.

9.3 Bolzenverbindungen

T22: 6.2 / 5.8.5

Ungeschützte Bolzen bei Anschlüssen der Feuerwiderstandsklasse F 30:

T22: 6.2 / 5.8.5.1

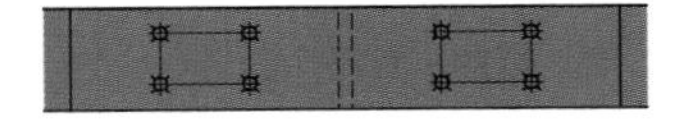

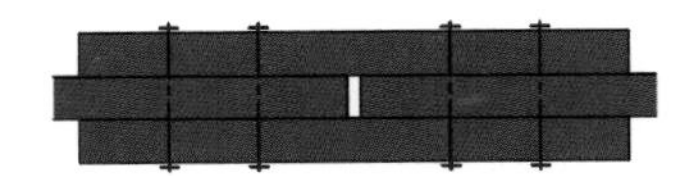

Ausführung mit zusätzlichen Sondernägeln:

Keine Abminderung der Tragfähigkeit erforderlich, sofern:

- Die Einschlagtiefe mindestens 8 d ins Mittelholz beträgt.
- Mindestens die Hälfte der Nägel, die für eine Verbindung nur mit Sondernägeln erforderlich wären, zusätzlich angeordnet werden. Es sind jedoch mindestens 4 Nägel bei einem Bolzen und mindestens 6 Nägel bei zwei Bolzen erforderlich.

Ausführung ohne zusätzliche Sondernägel:

Die charakteristische Tragfähigkeit im Brandfall $R_{k,fi}$ je Bolzen beträgt:

$$R_{k,fi} = 0{,}25 \times k_{fi} \times R_k \tag{70}$$

T22: 6.2 / Gl. 13.11

mit k_{fi}: Faktor nach Tabelle 18

R_k: charakteristische Bolzentragfähigkeit nach DIN 1052, Abschnitt 12

Geschützte Bolzen bei Anschlüssen der Feuerwiderstandsklasse F 30 und F 60:

T4: 5.8.5.2

- Schutz durch eingeleimte Holzscheiben, Pfropfen oder Decklaschen.
- Die Bedingungen für ungeschützte Bolzen brauchen nicht eingehalten werden.

9.4 Nagelverbindungen

T22: 6.2 / 5.8.6

Ungeschützte Nägel mit innen liegenden Stahlblechen bei Anschlüssen der Feuerwiderstandsklasse F 30:

T4: 5.8.6.1

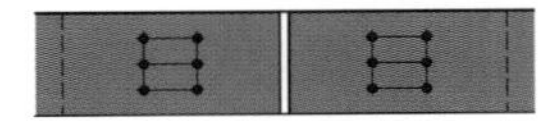

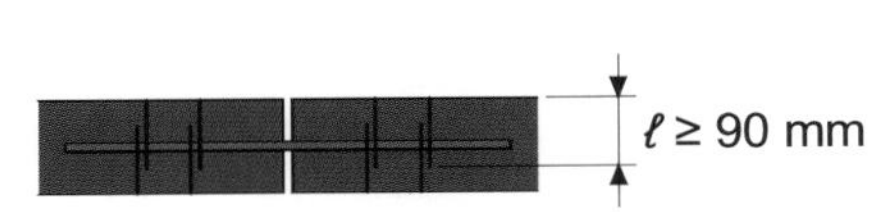

Folgende Bedingungen sind einzuhalten:

- Ausführung der Stahlbleche nach Abschnitt II/9.5.
- Nagellänge $\ell \geq 90$ mm.

Ungeschützte Nägel ohne Stahlbleche bei Anschlüssen der Feuerwiderstandsklasse F 30:

T22: 6.2 / 5.8.6.2

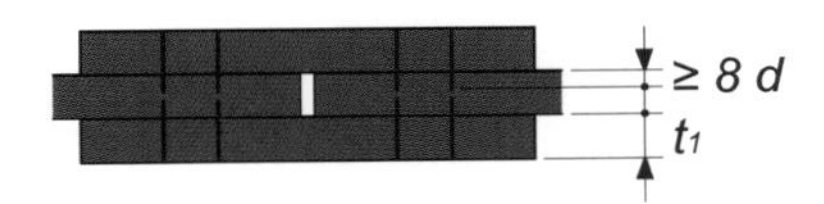

Folgende Bedingungen sind einzuhalten:

- Einschlagtiefe $\geq 8\,d$.
- $d/t_1 \geq \min(d/t_1)$

$$\min(d/t_1) = 0{,}05 \times \left(1 + \left(\frac{110}{\ell}\right)^4\right) \quad (71)$$

T22: 6.2 / Gl. 13.12

Bei $d/t_1 < \min(d/t_1)$ ist die charakteristische Tragfähigkeit R_k je Nagel im Verhältnis $(d/t_1)/\min(d/t_1)$ abzumindern.

Bei Sondernägel sind folgende Bedingungen sind einzuhalten:

- Einschlagtiefe $\geq 8\,d$.

Geschützte Nägel bei Anschlüssen der Feuerwiderstandsklasse F 30 und F 60:

T4: 5.8.6.3

- Schutz durch eingeleimte Holzscheiben, Pfropfen oder Decklaschen.
- Die Bedingungen für ungeschützte Nägel brauchen nicht eingehalten werden.

Nagelverbindungen zur Lagesicherung der Feuerwiderstandsklasse F 30 und F 60:

T4: 5.8.6.4

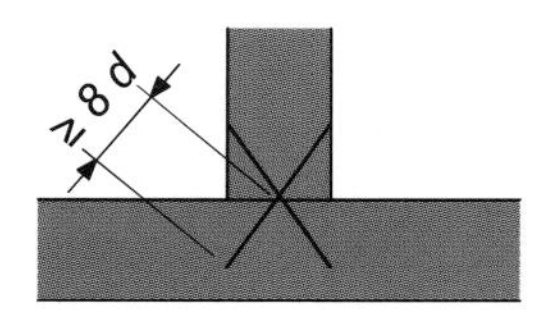

- Holzabmessungen nach Abschnitt II/9 einhalten.
- Einschlagtiefe ≥ 8 *d*.

9.5 Verbindungen mit innen liegenden Stahlblechen

T4: 5.8.7

Stahlbleche müssen eine Mindestdicke von $t \geq 2$ mm besitzen.

Stahlbleche mit ungeschützten Rändern:

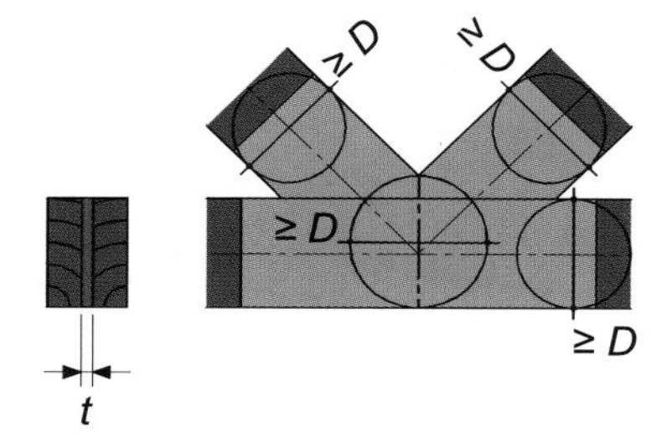

Blechmaß mit ungeschützten Rändern mindestens:

T4: 5.8.7.1

- F 30: D = 200 mm
- F 60: D = 440 mm

Blechmaß mit nur einem bzw. zwei gegenüberliegenden ungeschützten Rändern mindestens:

T4: 5.8.7.2

- F 30: D = 120 mm
- F 60: D = 280 mm

Stahlbleche mit geschützten Rändern:

Werden die Blechmaße *D* nicht eingehalten müssen die Blechränder geschützt werden. Diese gelten als geschützt, wenn:

T4: 5.8.7.3

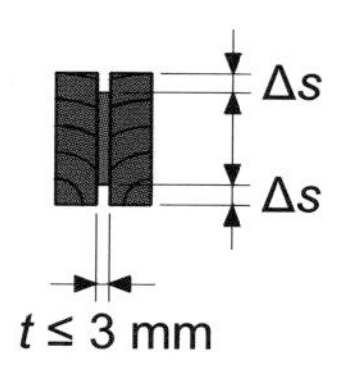

$t \leq 3$ mm

Δs

Δs

stehen gelassenes Holz oder eingeleimte Holzleisten

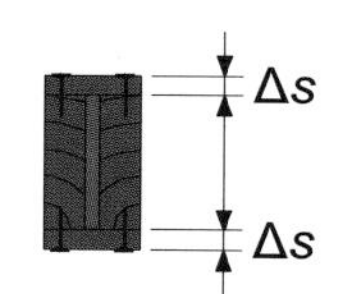

vorgeheftete Decklaschen

- F 30: $\Delta s \geq 20$ mm
- F 60: $\Delta s \geq 60$ mm

- F 30: $\Delta s \geq 10$ mm
- F 60: $\Delta s \geq 30$ mm

Verbindungen mit freiliegenden, ungeschützten Blechflächen werden durch die Angaben für Stahlbleche mit geschützten Rändern nicht abgedeckt:

T4: 5.8.7.4

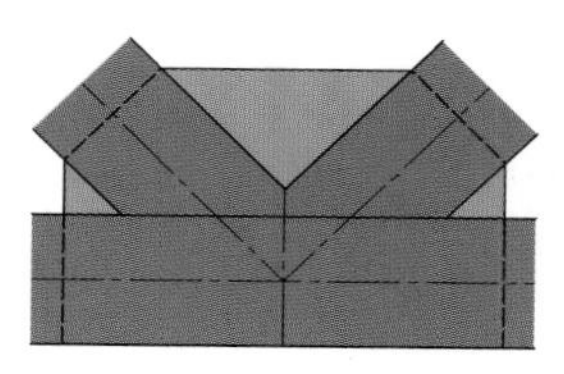

Die Eignung der Verbindung ist durch Prüfung nach DIN 4102-2 nachzuweisen.

9.6 Verbindungen mit außen liegenden Stahlblechen

T4: 5.8.8

Bei außen liegenden Stahlblechen zur Lagesicherung sind für die Feuerwiderstandsklassen F 30 und F 60 nur die Holzabmessungen nach Abschnitt II/9 einzuhalten.

T4: 5.8.8.1

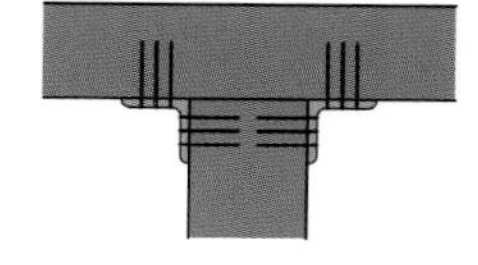

Auflager aus Stahl-Balkenschuhen:

T4: 5.8.8.2

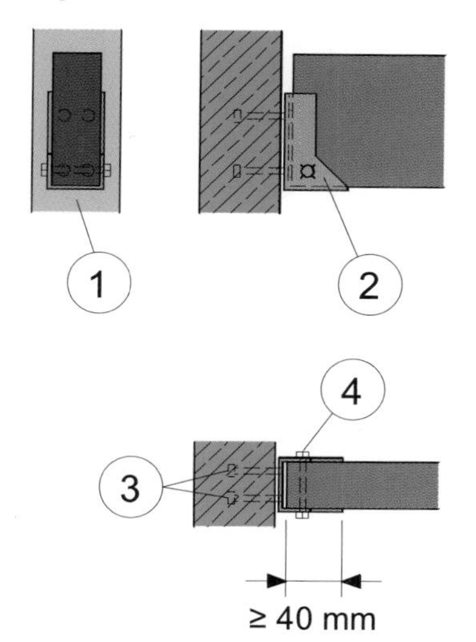

Ausführungen nach nebenstehendem Bild können bei Blechdicken ≥ 10 mm in die Feuerwiderstandsklasse F 30 eingestuft werden.

1 = Stahlbetonstütze oder -wand
2 = Stahlschuh
3 = ≥ 4 Verankerungen
4 = Bolzen zur Lagesicherung

9.7 Holz-Holz-Verbindungen

T22: 6.2 / 5.8.9

Versätze bei Anschlüssen der Feuerwiderstandsklasse F 30 und F 60:

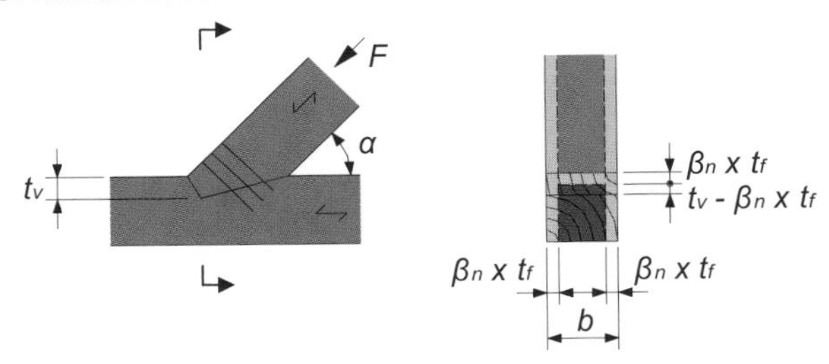

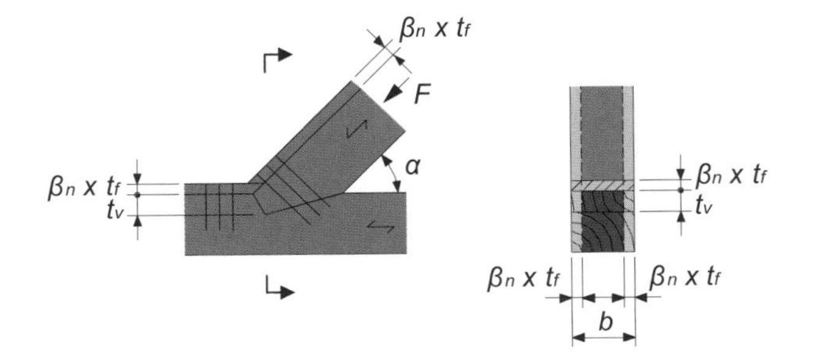

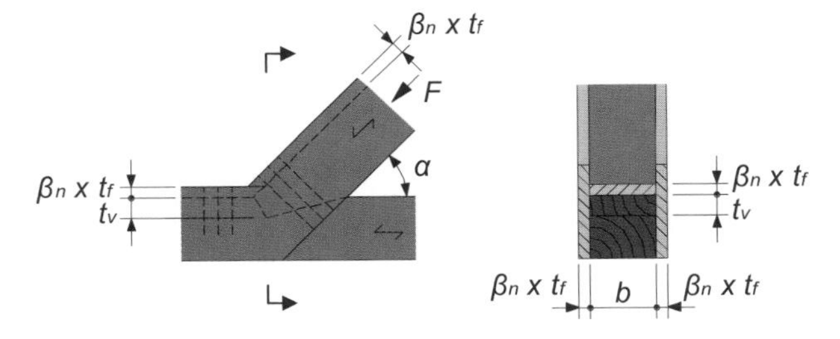

Es ist nachzuweisen, dass:

$$F \leq \alpha_4 \times F_{c,\alpha,d} \times 0{,}8 \quad (72)$$

T22: 6.2 / Gl. 13.13

mit $F_{c,\alpha,d}$: Bemessungswert der Beanspruchbarkeit der anzuschließenden Strebe oder Ähnlichem bei Bemessung der Versätze nach DIN 1052, Abschnitt 15

$$\alpha_4 = \begin{cases} (t_v - \beta_n \times t_f) \times (b - 2 \times \beta_n \times t_f) / (t_v \times b) & \text{für ungeschützte Versätze} \\ (b - 2 \times \beta_n \times t_f) / b & \text{für Versätze mit Decklaschen} \\ 1{,}0 & \text{für Versätze mit allseitigen Decklaschen} \end{cases} \quad (73)$$

T22: 6.2 / Gl. 13.14

t_v: statisch erforderliche Versatztiefe

β_n: Abbrandrate nach Tabelle 17

t_f: geforderte Feuerwiderstandsdauer in min

b: Breite des Anschlusses

Der Versatz muss mit mindestens drei Befestigungsmitteln in seiner Lage gesichert werden.

9.8 Sonstige Verbindungen

T4: 5.8.10

Firstgelenke der Feuerwiderstandsklasse F 30 und F 60:

T4: 5.8.10.1

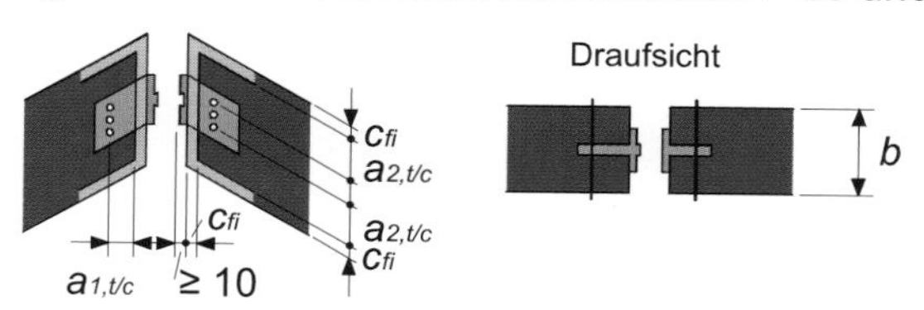

Gerbergelenke:

T4: 5.8.10.2 und *T22:* 6.2 / 5.8.10.2

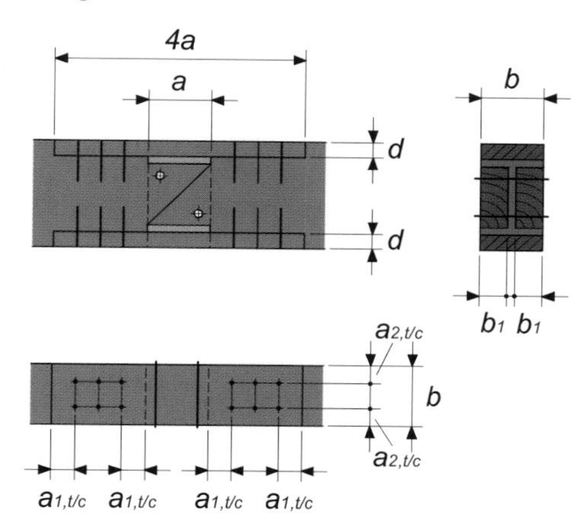

Tabelle 108: Randbedingungen für unbekleidete Gerbergelenke F 30-B

T4: Tab. 86

Feuerwiderstandsklasse	F 30-B
Mindestabmessungen und Mindestanzahl der Nägel für Vollholz	
b: Mindestbalkenbreite (mm), sofern bei der Bemessung nach Abschnitt II/1.4 keine größeren Breiten einzuhalten sind	140
b_1: Mindestauflagerbreite (mm)	65
d: Mindestlaschendicke (mm)	30
$a_{1,t/c}$; $a_{2,t/c}$: Mindestnagelabstände (mm)	35
n: Mindestanzahl der Laschennägel je Laschenseite (mm)	6
Mindestabmessungen und Mindestanzahl der Nägel für Brettschichtholz	
b: Mindestbalkenbreite (mm), sofern bei der Bemessung nach Abschnitt II/1.4 keine größeren Breiten einzuhalten sind	120
b_1: Mindestauflagerbreite (mm)	55
d: Mindestlaschendicke (mm)	30
$a_{1,t/c}$; $a_{2,t/c}$: Mindestnagelabstände (mm)	35
n: Mindestanzahl der Laschennägel je Laschenseite (mm)	6
Bemessungswerte der Beanspruchbarkeit	
Bemessungswert der Schubfestigkeit im Holz $f_{v,d}$	$f_{v,d}$ nach DIN 1052
Bemessungswert der Druckfestigkeit rechtwinkelig zur Faserrichtung	$k_{c,90} \times f_{c,90,d}$ nach DIN 1052
Bemessungswert der Biegefestigkeit im Stahlflansch	Beanspruchbarkeit nach DIN 18800-1
Bemessungswert der Zugfestigkeit im Stahlsteg	25 % des Bemessungswertes der entsprechenden Beanspruchbarkeit nach DIN 18800-1

10 Sonderbauteile

T4: 8

10.1 Raumabschließende Außenwände

T4: 8.1

Raumabschließende Außenwände:

T4: 8.1.1

Raumabschließende, nichttragende Außenwände der Feuerwiderstandsklasse W 30 bis W 180 sind unabhängig von ihrer Breite wie raumabschließende bzw. nichttragende Wände der Feuerwiderstandsklasse F 30 bis F180 nach Abschnitt II/7 zu bemessen.

Brüstungen und Schürzen:

T4: 8.1.2

Brüstungen der Feuerwiderstandsklasse W 30 bis W 180, die auf einer Stahlbetonkonstruktion ganz aufgesetzt sind, sind unabhängig von ihrer Höhe wie raumabschließende bzw. nichttragende Wände der Feuerwiderstandsklasse F 30 bis F180 nach Abschnitt II/7 zu bemessen.

T4: 8.1.2.1

Sonstige Brüstungen (teilweise oder ganz vorgesetzt), Schürzen sowie Brüstungen in Kombination mit Schürzen sind zum Nachweis der Feuerwiderstandsklasse nach DIN 4102-3 zu prüfen.

T4: 8.1.2.2

10.2 Gegen Flugfeuer und strahlende Wärme widerstandsfähige Bedachungen

T4: 8.7

Folgende Bedachungen gelten unabhängig von der Dachneigung für gegen Flugfeuer und strahlende Wärme widerstandsfähig. Die Angaben gelten auch für senkrechte oder annähernd senkrechte Bedachungen, wenn deren Höhe $\leq$ 100 cm ist.

T4: 8.7.1.1 und *T4:* 8.7.1.2

1) Bedachungen aus natürlichen und künstlichen Steinen der Baustoffklasse A sowie aus Beton oder Ziegeln.
2) Bauprodukte, mindestens der Baustoffklasse B 2 aus:

T4: 8.7.2 und *TA1:* 3.5 / 8.7.2

   a) Großformatigen selbsttragenden und nicht selbsttragenden Metalldachdeckungen aus Aluminium, Aluminiumlegierungen, verzinktem Stahl, Kupfer, Kupferlegierungen mit einer Dicke $\geq$ 0,5 mm, nichtrostendem Stahl mit einer Dicke $\geq$ 0,4 mm auf
      - Unterkonstruktionen aus nichtbrennbaren Baustoffen,
      - Schalungen aus Holz und Holzwerkstoffen mit oder ohne beliebiger Trennlage,
      - Holzlattungen mindestens 40/60 mm oder
      - Wärmedämmstoffen aus Mineralwolle der Baustoffklasse A oder Schaumglas der Baustoffklasse A, PUR- oder PIR-Hartschaum mit oder ohne beliebiger Trennlage.

b) Kernverbundelemente mit beidseitiger Deckschicht aus Blech, wobei das obere Blech und der Wärmedämmstoff nach a) auszuführen sind.

c) Metalldachdeckungen mit Pfannenblechen, Metallschindeln oder Paneelblechen aus Aluminium, Aluminiumlegierungen, verzinktem Stahl, Kupfer, Kupferlegierungen mit einer Dicke ≥ 0,5 mm, nichtrostendem Stahl mit einer Dicke ≥ 0,4 mm auf

- nichtbrennbaren Halteprofilen,
- Schalungen aus Holz und Holzwerkstoffen mit oder ohne beliebiger Trennlage,
- Holzlattungen mindestens 40/60 mm und Schalung aus Holz oder Holzwerkstoffen oder
- Holzlattungen mindestens 40/60 mm und Wärmedämmstoffen aus Mineralwolle der Baustoffklasse A oder Schaumglas der Baustoffklasse A, PUR- oder PIR-Hartschaum, jeweils mit oder ohne beliebiger Trennlage.

d) Großformatige profilierte und nicht selbsttragende Metalldachdeckungen in handwerklicher Falztechnik aus Zink, Zinklegierungen mit einer Dicke ≥ 0,7 mm auf

- geschlossener Unterkonstruktion aus nichtbrennbaren Baustoffen,
- nicht hinterlüfteter Schalung aus Holz und Holzwerkstoffen ohne Trennlage,
- Schalung aus Holz und Holzwerkstoffen mit Trennlage aus Bitumenbahn mit Glasvlies oder Glasgewebeeinlage nach DIN 52143, DIN 52130 oder DIN 52131 auch in Kombination mit einer strukturierten Trennlage mit einer Dicke ≥ 8 mm,
- Wärmedämmung aus Mineralwolle der Baustoffklasse A ohne Trennlage oder
- Wärmedämmung aus Schaumglas der Baustoffklasse A, PUR- oder PIR-Hartschaum mit oder ohne beliebiger Trennlage.

Alle Metalldeckungen a) bis d) müssen eine sichtseitige Beschichtung haben, die

- anorganisch ist,
- bei Metalldachdeckungen aus Aluminium, Aluminiumlegierungen, verzinktem Stahl, Kupfer, Kupferlegierungen, Zink, Zinklegierung einen Brennwert PCS ≤ 4,0 MJ/m² oder eine Masse ≤ 200 g/m² hat oder
- bei großformatigen, profilierten, selbsttragenden Metalldachdeckungen aus verzinktem Stahl einen Brennwert PCS ≤ 6,0 MJ/m² oder eine Masse ≤ 250 g/m² hat.

3) Fachgerecht verlegte Bedachung auf einer tragenden Konstruktion, auch auf Zwischenschichten aus Wärmedämmstoffen, mindestens der Baustoffklasse B 2 aus:

   a) Bitumen-Dachbahnen nach DIN 52128,

   b) Bitumen-Dachdichtungsbahnen nach DIN 52130,

   c) Bitumen-Schweißbahnen nach DIN 52131 oder

   d) Glasvlies-Bitumen-Dachbahnen nach DIN 52143.

   Die Bahnenbedachung muss mindestens zweilagig sein. Bei mit PS-Hartschaum gedämmten Dächern muss eine Bahn eine Trägereinlage aus Glasvlies oder Glasgewebe aufweisen, wobei Kaschierungen von Rolldämmbahnen mit Glasvlieseinlage hierbei nicht zählen.

4) Beliebige Bedachung mit vollständig bedeckender, mindestens 5 cm dicker Schüttung aus Kies 16/32 oder mit Bedeckung aus mindestens 4 cm dicken Betonwerksteinplatten oder anderen mineralischen Platten.

10.3 Sonstige Sonderbauteile

In Kapitel 8 der DIN 4102-4 sind zu folgenden Sonderbauteilen weitere Angaben, auf die hiermit verwiesen wird:

- Feuerwiderstandsklassen von Abschlüssen in Fahrschachtwänden der Feuerwiderstandsklasse F 90 — *T4:* 8.3
- Feuerwiderstandsklassen von G-Verglasungen — *T4:* 8.4
- Feuerwiderstandsklassen von Lüftungsleitungen — *T4:* 8.5
- Installationsschächte und -kanäle sowie Leitungen in Installationsschächten und -kanälen — *T4:* 8.6

Literaturverzeichnis

[1] Kordina, K.; Meyer-Ottens, C.: *Beton Brandschutz Handbuch*. 2. Auflage, Verlag Bau+Technik, Düsseldorf, 1999

[2] Hass, R.; Meyer-Ottens, C.; Richter, E.: *Stahlbau Brandschutz Handbuch*. Verlag Ernst & Sohn, Berlin, 1993

[3] Hass, R.; Meyer-Ottens, C.; Quast, U.: *Verbundbau Brandschutz Handbuch*. Verlag Ernst & Sohn, Berlin, 1989

[4] Kordina, K.; Meyer-Ottens, C.: *Holz Brandschutz Handbuch*. 2. Auflage, Verlag Ernst & Sohn, Berlin, 1995

[5] Mauerwerk-Kalender. Verlag Ernst & Sohn, Berlin, ab 1995

[6] Mayr, J. (Hrsg.): *Brandschutzatlas: Baulicher Brandschutz*. FeuerTRUTZ, Verlag für Brandschutzpublikationen, Wolfratshausen, ab 1995

[7] Richter, E.: *Brandschutzbemessung von Stahlbetonstützen nach DIN 1045-1 und DIN 4102*. In: Tagungsband zum 11. Fachseminar Brandschutz - Forschung und Praxis, Braunschweiger Brandschutz-Tage '05. Institut für Baustoffe, Massivbau und Brandschutz der TU Braunschweig, Heft 185, Braunschweig, 2005

[8] Musterbauordnung - MBO. Fassung November 2002

[9] Muster-Richtlinie über brandschutztechnische Anforderungen an hochfeuerhemmende Bauteile in Holzbauweise – M-HFHHolzR. Fassung Juli 2004

[10] Bauregelliste A. DIBt, jährlich

[11] DIN 1042-4: *Brandverhalten von Baustoffen und Bauteilen – Teil 4: Zusammenstellung und Anwendung klassifizierter Baustoffe, Bauteile und Sonderbauteile*. März 1994

[12] DIN 1042-4/A1: *Brandverhalten von Baustoffen und Bauteilen – Teil 4: Zusammenstellung und Anwendung klassifizierter Baustoffe, Bauteile und Sonderbauteile; Änderung A1*. November 2004

[13] DIN 1042-22: *Brandverhalten von Baustoffen und Bauteilen – Teil 22: Anwendungsnorm zu DIN 4102-4 auf der Bemessungsbasis von Teilsicherheitsbeiwerten*. November 2004

[14] DIN V 105-1: *Mauerziegel – Teil 1: Vollziegel und Hochlochziegel der Rohdichteklassen größer gleich 1,2*. Juni 2002

[15] DIN V 105-2: *Mauerziegel – Teil 2: Wärmedämmziegel und Hochlochziegel der Rohdichteklasse kleiner gleich 1,0*. Juni 2002

[16] DIN 105-3: *Mauerziegel – Teil 3: Hochfeste Ziegel und hochfeste Klinker*. Mai 1984

[17] DIN 105-4: *Mauerziegel – Teil 4: Keramikklinker*. Mai 1984

[18] DIN 105-5: *Mauerziegel – Teil 5: Leichtlanglochziegel und Leichtlangloch-Ziegelplatten*. Mai 1984

[19] DIN V 105-6: *Mauerziegel – Teil 6: Planziegel*. Juni 2002

[20] DIN V 106-1: *Kalksandsteine – Teil 1: Voll-, Loch-, Block-, Hohlblock-, Plansteine, Planelemente, Fasensteine, Bauplatten, Formsteine*. Februar 2003

[21] DIN V 106-2: *Kalksandsteine – Teil 2: Vormauersteine und Verblender*. Februar 2003

[22] DIN 278: *Tonhohlplatten (Hourdis) und Hohlziegel, statisch beansprucht*. September 1978

[23] DIN 1045-1: *Tragwerke aus Beton, Stahlbeton und Spannbeton – Teil 1: Bemessung und Konstruktion*. Juli 2001

[24] DIN 1045-2: *Tragwerke aus Beton, Stahlbeton und Spannbeton – Teil 2: Beton: Festlegung, Eigenschaften, Herstellung und Konformität. Deutsche Anwendungsregeln zu DIN EN 206-1*. Juli 2001

[25] DIN 1045-4: *Tragwerke aus Beton, Stahlbeton und Spannbeton – Teil 4: Ergänzende Regeln für die Herstellung und Konformität von Fertigteilen*. Juli 2001

[26] DIN 1052: *Entwurf, Berechnung und Bemessung von Holzbauwerken – Allgemeine Bemessungsregeln und Bemessungsregeln für den Hochbau*. August 2004

[27] DIN 1053-1: *Mauerwerk – Teil 1: Berechnung und Ausführung*. November 1996

[28] DIN 1053-2: *Mauerwerk – Teil 2: Mauerwerksfestigkeitsklassen aufgrund von Eignungsprüfungen*. November 1996

[29] DIN 1053-3: *Mauerwerk – Teil 3: Bewehrtes Mauerwerk; Berechnung und Ausführung*. Februar 1990

[30] DIN 1053-4: *Mauerwerk – Teil 4: Fertigbauteile*. Februar 2004

[31] DIN 1055-100: *Einwirkungen auf Tragwerke – Teil 100: Grundlagen der Tragwerksplanung – Sicherheitskonzept und Bemessungsregeln*. März 2001

[32] DIN 1101: *Holzwolle-Leichtbauplatten und Mehrschicht-Leichtbauplatten als Dämmstoffe für das Bauwesen – Anforderungen, Prüfung*. Juni 2000

[33] DIN 1102: *Holzwolle-Leichtbauplatten und Mehrschicht-Leichtbauplatten nach DIN 1101 als Dämmstoffe für das Bauwesen; Verwendung, Verarbeitung*. November 1989

[34] DIN 1200: *Drahtgeflecht mit sechseckigen Maschen*. August 1981

[35] DIN 4028: *Stahlbetondielen aus Leichtbeton mit haufwerksporigem Gefüge – Anforderungen, Prüfung, Bemessung, Ausführung, Einbau*. Januar 1982

[36] DIN 4072: *Gespundete Bretter aus Nadelholz*. August 1977

[37] DIN 4102-1: *Brandverhalten von Baustoffen und Bauteilen – Teil 1: Baustoffe, Begriffe, Anforderungen und Prüfungen*. Mai 1998

[38] DIN 4102-1 Berichtigung 1: *Berichtigung zu DIN 4102-1*. August 1998

[39] DIN 4102-2: *Brandverhalten von Baustoffen und Bauteilen – Teil 2: Bauteile, Begriffe, Anforderungen und Prüfungen*. September 1977

[40] DIN 4102-3: *Brandverhalten von Baustoffen und Bauteilen – Teil 3: Brandwände und nichttragende Außenwände; Begriffe, Anforderungen und Prüfungen*. September 1977

[41] DIN 4102-17: *Brandverhalten von Baustoffen und Bauteilen – Teil 17: Schmelzpunkt von Mineralfaser-Dämmstoffen; Begriffe, Anforderungen, Prüfung.* Dezember 1990

[42] DIN 4103-1: *Nichttragende innere Trennwände – Teil 1: Anforderungen, Nachweise.* Juli 1984

[43] DIN 4103-2: *Nichttragende innere Trennwände – Teil 2: Trennwände aus Gips-Wandbauplatten.* Dezember 1985

[44] DIN 4103-4: *Nichttragende innere Trennwände – Teil 4: Unterkonstruktion in Holzbauart.* November 1988

[45] DIN 4121: *Hängende Drahtputzdecken; Putzdecken mit Metallputzträgern, Rabitzdecken, Anforderungen für die Ausführung.* Juli 1978

[46] DIN 4158: *Zwischenbauteile aus Beton, für Stahlbeton- und Spannbetondecken.* Mai 1978

[47] DIN 4159: *Ziegel für Decken und Vergusstafeln, statisch mitwirkend.* Oktober1999

[48] DIN 4159 Berichtigung 1: *Berichtigung zu DIN 4159.* Oktober1999

[49] DIN 4160: *Ziegel für Decken, statisch nicht mitwirkend.* April 2000

[50] DIN V 4165: *Porenbetonsteine – Plansteine und Planelemente.* Juni 2006

[51] DIN 4166: *Porenbeton-Bauplatten und Porenbeton-Planbauplatten.* Oktober 1997

[52] DIN 4213: *Anwendung von vorgefertigten bewehrten Bauteilen aus haufwerksporigem Leichtbeton in Bauwerken.* Juli 2003

[53] DIN 4223: *Bewehrte Dach- und Deckenplatten aus dampfgehärtetem Gas- und Schaumbeton – Richtlinien für Bemessung, Herstellung, Verwendung und Prüfung.* Juli 1958

[54] DIN 4232: *Wände aus Leichtbeton mit haufwerksporigem Gefüge – Bemessung und Ausführung.* September 1987

[55] DIN 18148: *Hohlwandplatten aus Leichtbeton.* Oktober 2000

[56] DIN V 18151: *Hohlblöcke aus Leichtbeton.* Oktober 2003

[57] DIN V 18152: *Vollsteine und Vollblöcke aus Leichtbeton.* Oktober 2003

[58] DIN V 18153: *Mauersteine aus Beton (Normalbeton).* Oktober 2003

[59] DIN 18162: *Wandbauplatten aus Leichtbeton, unbewehrt.* Oktober 2000

[60] DIN 18163: *Wandbauplatten aus Gips – Eigenschaften, Anforderungen, Prüfung.* Juni 1978

[61] DIN V 18164-1: *Schaumkunststoffe als Dämmstoffe für das Bauwesen – Teil 1: Dämmstoffe für die Wärmedämmung.* Januar 2002

[62] DIN V 18165-1: *Faserdämmstoffe für das Bauwesen – Teil 1: Dämmstoffe für die Wärmedämmung.* Januar 2002

[63] DIN V 18165-2: *Schaumkunststoffe als Dämmstoffe für das Bauwesen – Teil 2: Dämmstoffe für die Trittschalldämmung.* September 2001

[64] DIN 18168-1: *Leichte Deckenbekleidungen und Unterdecken – Teil 1: Anforderungen für die Ausführung.* Oktober 1981

[65] DIN 18169: *Deckenplatten aus Gips; Platten mit rückseitigem Randwulst.* Dezember 1962

[66] DIN 18180: *Gipskartonplatten; Arten, Anforderungen, Prüfung.* September 1989

[67] DIN 18181: *Gipskartonplatten im Hochbau; Grundlagen für die Verarbeitung.* September 1990

[68] DIN 18182-1: *Zubehör für die Verarbeitung von Gipskartonplatten – Teil 1: Profile aus Stahlblech.* Januar 1987

[69] DIN 18182-2: *Zubehör für die Verarbeitung von Gipskartonplatten – Teil 2: Schnellbauschrauben.* Januar 1987

[70] DIN 18182-3: *Zubehör für die Verarbeitung von Gipskartonplatten – Teil 3: Klammern.* Januar 1987

[71] DIN 18182-4: *Zubehör für die Verarbeitung von Gipskartonplatten – Teil 4: Nägel.* Januar 1987

[72] DIN 18183: *Montagewände aus Gipskartonplatten; Ausführung von Metallständerwänden.* November 1988

[73] DIN 18550-2: *Putz – Teil 2: Putze aus Mörteln mit mineralischen Bindemitteln, Ausführung.* Januar 1985

[74] DIN 18550-3: *Putz – Teil 3: Wärmedämmputzsysteme aus Mörteln mit mineralischen Bindemitteln und expandiertem Polystyrol (EPS) als Zuschlag.* März 1991

[75] DIN 18550-4: *Putz – Teil 4: Leichtputze, Ausführung.* August 1993

[76] DIN 18800-1: *Stahlbauten – Teil 1: Bemessung und Konstruktion.* November 1990

[77] DIN 18800-1/A1: *Stahlbauten – Teil 1: Bemessung und Konstruktion, Änderung A1.* Februar 1996

[78] DIN 18800-2: *Stahlbauten, Stabilitätsfälle – Teil 2: Knicken von Stäben und Stabwerken.* November 1990

[79] DIN 18800-2/A1: *Stahlbauten, Stabilitätsfälle – Teil 2: Knicken von Stäben und Stabwerken, Änderung A1.* Februar 1996

[80] DIN 18800-3: *Stahlbauten, Stabilitätsfälle – Teil 3: Plattenbeulen.* November 1990

[81] DIN 18800-3/A1: *Stahlbauten, Stabilitätsfälle – Teil 3: Plattenbeulen, Änderung A1.* Februar 1996

[82] DIN 18800-4: *Stahlbauten, Stabilitätsfälle – Teil 4: Schalenbeulen.* November 1990

[83] DIN 18800-5: *Stahlbauten – Teil 5: Verbundtragwerke aus Stahl und Beton – Bemessung und Konstruktion.* November 2004

[84] DIN 18806-1: *Verbundkonstruktionen – Teil 1: Verbundstützen.* März 1984

[85] DIN V 20000-1: *Anwendung von Bauprodukten in Bauwerken – Teil 1: Holzwerkstoffe.* Januar 2004

[86] DIN 52128: *Bitumendachbahnen mit Rohfilzeinlage; Begriff, Bezeichnung, Anforderungen.* März 1977

[87] DIN 52130: *Bitumen-Dachdichtungsbahnen – Begriffe, Bezeichnungen, Anforderungen.* November 1995

[88] DIN 52131: *Bitumen-Schweißbahnen – Begriffe, Bezeichnungen, Anforderungen.* November 1995

[89] DIN 52143: *Glasvlies-Bitumendachbahnen – Begriffe, Bezeichnung, Anforderungen.* August 1985

[90] DIN 68122: *Fasebretter aus Nadelholz.* August 1977

[91] DIN 68123: *Stülpschalungsbretter aus Nadelholz.* August 1977

[92] DIN 68126-1: *Profilbretter mit Schattennut – Teil 1: Maße.* Juli 1983

[93] DIN 68705-3: *Sperrholz – Teil 3: Bau-Furniersperrholz.* Dezember 1981

[94] DIN 68705-5: *Sperrholz – Teil 5: Bau-Furniersperrholz aus Buche.* Oktober 1980

[95] DIN 68754-1: *Harte und mittelharte Holzfaserplatten für das Bauwesen – Teil 1: Holzwerkstoffklasse 20.* Februar 1976

[96] DIN EN 206-1: *Beton – Teil 1: Festlegungen, Eigenschaften, Herstellung und Konformität.* Juli 2001

[97] DIN EN 300: *Spanplatten – Platten aus langen, schlanken, ausgerichteten Spänen (OSB).* Juni 1997

[98] DIN EN 312: *Spanplatten – Anforderungen.* November 2003

[99] DIN EN 1520: *Vorgefertigte bewehrte Bauteile aus haufwerksporigem Leichtbeton.* Juli 2003

[100] DIN EN 10025: *Warmgewalzte Erzeugnisse aus unlegierten Baustählen; Technische Lieferbedingungen.* März 1994

[101] DIN EN 13501-2: *Klassifizierung von Bauprodukten und Bauarten zu ihrem Brandverhalten – Teil 2: Klassifizierung mit den Ergebnissen aus den Feuerwiderstandsprüfungen, mit Ausnahme von Lüftungsanlagen.* Dezember 2003

[102] DIN EN 13986: *Holzwerkstoffe zur Verwendung im Bauwesen – Eigenschaften, Bewertung der Konformität und Kennzeichnung.* September 2002

[103] DIN EN 26927: *Hochbau; Fugendichtstoffe, Begriffe (ISO 6927:1981).* Mai 1991

Stichwortverzeichnis

Schoch

EnEV – Novelle 2004 Altbauten

Mit komplett durchgerechneten Praxisbeispielen

Mit CD-ROM
(Berechnungsprogramm – Demo-Version)

2004. Etwa 212 Seiten.
17 x 24 cm. Kartoniert.
Mit Abbildungen.

EUR 39,–
ISBN 3-89932-026-3

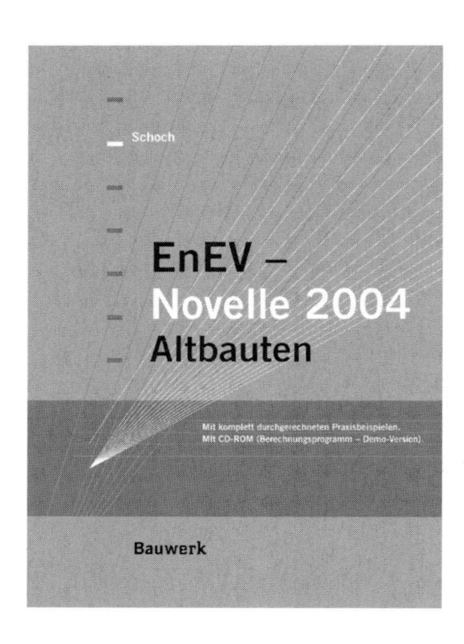

Dieses Buch stellt in übersichtlicher und verständlicher Form die Grundlagen der neuen Energieeinsparverordnung sowie der daraus entstehenden Anforderungen für bestehende Gebäude dar.
Die komplett durchgerechneten Beispiele erlauben es, die Nachweise bei Maßnahmen im Bestand (Anbau, Erweiterung, Aufstockung etc.) Schritt für Schritt nachzuvollziehen.

Aus dem Inhalt:
- Einführung in die EnEV
- Die Anforderungen der EnEV an den Gebäudebestand: Übersicht und Erläuterungen
- Komplett durchgerechnete Praxisbeispiele zu: Bauteilanforderungen bei Maßnahmen im Bestand, Nachweise bei Anbauten/ Aufstockungen, Nachweise bei wesentlichen Erweiterungen bestehender Gebäude, Anlagenbewertung im Bestand, Energiebedarfsausweise für Bestandsbauten, Nachweis sommerlicher Wärmeschutz in Bestandsbauten

Autor:
Dipl.-Ing. Torsten Schoch ist Bauingenieur und seit mehreren Jahren in führenden Positionen der Mauerwerks-industrie sowie als Tragwerksplaner tätig. Er ist Mitglied in zahlreichen europäischen und nationalen Normenausschüssen im Bereich „Bauphysik“.

Interessenten:
Architektur- und Bauingenieurbüros, Baubehörden, Baufirmen, Studierende der Architektur und des Bauingenieurwesens, Technikerschulen Bau

Bauwerk www.bauwerk-verlag.de

Wiemuth (Hrsg.)

HOAI Texte – Tafeln – Fakten

Mit CD-ROM.

Dezember 2005. ca. 300 Seiten.
17 x 24 cm. Kartoniert.

EUR 35,–
ISBN 3-89932-092-1

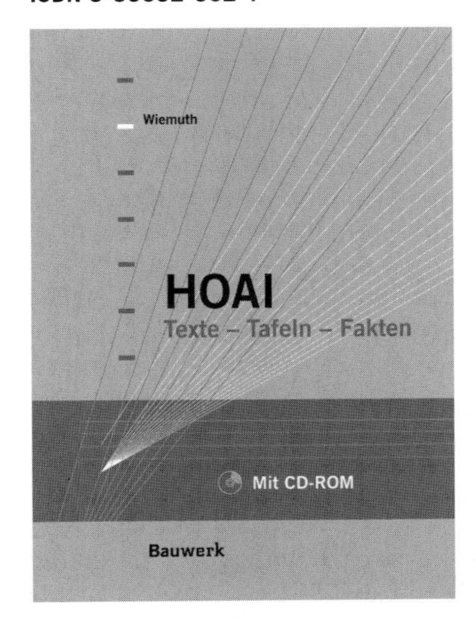

Herausgeber:
RA Stefan Wiemuth, Neuwied.

Mit diesem Buch erhält der Leser wesentliche Informationen zur HOAI, übersichtlich zusammengefasst und synoptisch dargestellt.

Aus dem Inhalt:

- **Texte:** HOAI 2002, DIN 276 (1981), DIN 276 (1993)
- **Tafeln:** Honorartafeln auf einen Blick, Anrechenbare Kosten auf einen Blick, DIN 276 (1981/1993) auf einen Blick (synoptische Übersicht)
- **Fakten:** Aus der Rechtsprechung zur Prüffähigkeit der Schlussrechnung.

Inhalt der CD-ROM:

- Excel-Berechnungsblätter für die Honorarermittlung
- Arbeitsblätter zu DIN 276/81 und /93
- HOAI-Text mit Stichwortsuche
- Honorartabellen HOAI 2002 und 1996
- Demoversionen folgender Software-Programme:
  - HOAI-EURO-digital
  - Persönliche Wissensdatenbank
  - Baufachwissendatenbank

Bauwerk www.bauwerk-verlag.de